Murphy's law

墨菲定律

真的可以帮你解决困扰人生的问题

李彩霞◎主编

团结出版社
UNITY PRESS

图书在版编目（CIP）数据

墨菲定律 / 李彩霞主编 . —北京：团结出版社，
2018.1

ISBN 978-7-5126-5918-6

Ⅰ . ①墨… Ⅱ . ①李… Ⅲ . ①成功心理－通俗读物
Ⅳ . ①B848.4－49

中国版本图书馆 CIP 数据核字（2017）第 310924 号

出　版：团结出版社
　　　　（北京市东城区东皇根南街 84 号　邮编：100006）
电　话：(010) 65228880　65244790（出版社）
　　　　(010) 65238766　85113874　65133603（发行部）
　　　　(010) 65133603　　（邮购）
网　址：http：//www.tipress.com
E－mail：65244790@163.com（出版社）
　　　　fx65133603@163.com（发行部邮购）
经　销：全国新华书店
印　刷：北京中振源印务有限公司

开　本：165 毫米×235 毫米　16 开
印　张：20
印　数：5000 册
字　数：220 千
版　次：2018 年 1 月第 1 版
印　次：2018 年 6 月第 2 次印刷

书　号：978-7-5126-5918-6
定　价：59.00 元

前 言

世界是纷繁复杂的，很多事情我们虽然习以为常，但并不了解其真相，我们需要用一些理论来揭示事物运行的逻辑规律，推演命运发展的因果关系。我们更需要用一些理论来指导我们的生活和工作，以使我们的生活更加美好，工作更加顺利。

世界上有许多神奇的人生定律、法则、效应，运用这些神奇的理论，我们能洞悉世事，解释人生的诸多现象；更重要的是，这些理论能指导我们如何去做，如何去改变我们的命运。不管你是否知道这些定律和法则，这些定律和法则都在起着决定性的作用——只是我们很少去关注它们。古今中外，那些伟大的成功者，都深谙这些定律和法则的奥妙所在。无论我们是谁，无论我们从事什么职业，我们都需要知道这些定律和法则。

为什么很多人感觉自己工作很尽力，却没有达到预期的效果或者收效甚微？这个问题可以用二八法则来解释：通常我们所做的工作80％都是无用功，只有20％可以收效。如何避免这种情况的发生？二八法则告诉我们，要把主要精力放在20％的工作上，让其产生80％的收效。

此外，我们还可以用奥卡姆剃刀定律来分析和解决这个问题。奥卡姆剃刀定律认为，在我们做过的事情中，可能绝大部分是毫无意义的，真正有效的活动只是其中的一小部分，而它们通常隐含于繁杂的事物中。找到关键的部分，去掉多余的活动，成功就由复杂变得简单了。

为什么很多人情绪低迷，毫无斗志，乃至平庸一生？这个问题可以用马蝇效应来解释和解决。马蝇效应认为，没有马蝇叮咬，马就会慢慢腾腾，走走停停；如果有马蝇叮咬，马就不敢怠慢，跑得飞快。也就是说，人是需要一根鞭子的，只有被不停地抽打，才不会松懈，才会努力拼搏，不断进步。这根鞭子是压力，是挫折和困难，是危机意识。这一解释不仅适用于个人，同样也适用于企业管理。

为什么算命先生有时说得那么准？难道他们真的有未卜先知的能力吗？当然不是。这个问题可以用巴纳姆效应来解释：人常常迷失在自我当中，很容易受到周围信息的暗示，并把他人的言行作为自己行动的参照，常常认为一种笼统的、一般性的人格描述十分准确地揭示了自己的特点。也就是说，算命先生所说的话一般是共性的，即这些话对谁说都能有一定的准确性。人在那种特殊的情况下，就会在无形中把被说中的部分扩大了，所以会感觉很准。对此，巴纳姆效应告诉我们：要认识你自己，要相信你自己，树立科学的人生观，才不会被一些骗子所迷惑。

……

本书中共介绍了墨菲定律、蘑菇定律、马太效应、二八法则、破窗效应、彼得原理、帕金森定律、吸引力法则、羊群效应、蝴蝶效应等100多个最经典的人生定律、法则、效应，在简单地介绍了每个定律或法则的来源和基本理论后，就如何运用其解释人生中的现象并指导我们的工作和生活等进行了重点阐述，是一部可以启迪智慧、改变命运的人生枕边书。

这些定律、法则、效应风靡全世界，无论是做人还是做事，都是成功人士所必知的。只要认真阅读此书，相信你一定会有所收获。你也可以利用这些神奇的定律和法则来驾驭你的一生，它将助你改变命运。

目 录

第一章　成功学的秘密

洛克定律：确定目标，专注行动

有目标才会成功

目标，是赛跑的终点线，是跳高的最高点，是篮圈，是球门，是一个人要做一件事所要达成的自己，是奋斗的方向。没有目标，人就会变成没头的苍蝇，盲目而不知所措。没有目标，你终会因碌碌无为而悔恨；没有目标，你就很难与成功相见。

人要有一个奋斗目标，这样活起来才有精神，有奔头。那些整天无所事事、无聊至极的人，就是因为没有目标。从小就要为自己的人生制定一个目标，然后不断地向它靠近，终有一天你会达到这个目标。如果从小就糊里糊涂，对自己的人生不负责任，没有目标没有方向，那这一生也难有作为。每个人出门，都会有自己的目的地，如果不知道自己要去哪里，漫无目的地闲逛，那速度就会很慢；但当你清楚你自己要去的地方，你的步履就会情不自禁地加快。如果你分辨不清自己所在的方位，你会茫然若失；一旦你弄清了自己要去的方向，你会精神抖擞。这就是目标的力量。所以说，一个人有了目标，才会成功。

美国哈佛大学曾经做过一项关于"目标"的跟踪调查，调查的对象是一群智力、学历和环境等都差不多的年轻人。调查结果显示：

90％的人没有目标，6％的人有目标，但目标模糊，只有 4％的人有非常清晰明确的目标。20 年后，研究人员回访发现，那 4％有明确目标的人，生活、工作、事业都远远超过了另外 96％的人。更不可思议的是，4％的人拥有的财富，超过了 96％的人所拥有财富的总和。由此可见目标的重要性。

一位哲人曾经说过，除非你清楚自己要到哪里去，否则你永远也到不了自己想去的地方。要成为职场中的强者，我们首先就要培养自己的目标意识。古希腊彼得斯说："须有人生的目标，否则精力全属浪费。"古罗马小塞涅卡说："有些人活着没有任何目标，他们在世间行走，就像河中的一棵小草，他们不是行走，而是随波逐流。"

在这个世界上有这样一种现象，那就是"没有目标的人在为有目标的人达到目标"。因为有明确、具体的目标的人就好像有罗盘的船只一样，有明确的方向。在茫茫大海上，没有方向的船只能跟随着有方向的船走。

有目标未必能够成功，但没有目标的人一定不能成功。博恩·崔西说："成功就是目标的达成，其他都是这句话的注解。"顶尖的成功人士不是成功了才设定目标，而是设定了目标才成功。

目标是灯塔，可以指引你走向成功。有了目标，就会有动力；有了目标，就会有方向；有了目标，就会有属于自己的未来。

目标要"跳一跳，够得着"

目标不是越大越好，越高越棒，而是要根据自己的实际情况，制定出切实可行的目标才最有效。这个目标不能太容易就能达到，也不能高到永远也碰不着，"跳一跳，够得着"最好。

这个目标既要有未来指向，又要富有挑战性。比如那篮圈，定在那个高度是有道理的，它不会让你轻易就进球，也不会让你永远也进不了球，它正好是你努努力就能进球的高度。试想，如果把篮圈定在 1.5 米的高度，那进球还有意义吗？如果把篮圈定在 15 米的高度，还有人会去打篮球吗？所以，制定目标就像这篮圈一样，要不高不低，通过努力能达到才有效。

　　曾经有一个年轻人，很有才能，得到了美国汽车工业巨头福特的赏识。福特想要帮这个年轻人完成他的梦想，可是当福特听到这位年轻人的目标时，不禁吓了一跳。原来这个年轻人一生最大的愿望就是要赚到1000亿美元，超过福特当时所有资产的100倍。这个目标实在是太大了，福特不禁问道："你要那么多钱做什么？"年轻人迟疑了一会儿，说："老实讲，我也不知道，但我觉得只有那样才算是成功。"福特看看他，意味深长地说："假如一个人果真拥有了那么多钱，将会威胁整个世界，我看你还是先别考虑这件事，想些切实可行的吧。"5年后的一天，那位年轻人再次找到福特，说他想要创办一所大学，自己有10万美元，还差10万美元，希望福特可以帮他。福特听了这个计划，觉得可行，就决定帮助这位年轻人。又过了8年，年轻人如愿以偿地成功创办了自己的大学—伊利诺斯大学。

　　所以说，如果一个人的目标定得过大，听起来很空洞，没有一点可行性，那这个目标只是一个空谈，永远没有可以兑现的一天。

　　千里之行始于足下，汪洋大海积于滴水。成功都是一步一步走出来的。当然也有人一夜暴富，一下成名，但是谁又能看到他们之前的努力与艰辛。在俄国著名生物学家巴甫洛夫临终前，有人向他请教成功的秘诀。巴甫洛夫只说了八个字："要热诚而且慢慢来。""热诚"，有持久的兴趣才能坚持到成功。"慢慢来"，不要急于求成，做自己力所能及的事情，然后不断提高自己；不要妄想一步登天，要为自己定一个切实可行的目标，有挑战又能达到，不断追求，走向成功。

　　拿破仑·希尔说过："一个人能够想到一件事并抱有信心，那么他就能实现它。"换句话说，一个人如果有坚定明确的目标，他就能达成这一目标。坚定是说态度，明确是讲对自我的认识程度。每个人都有自己的优点和缺点，有自己的爱好与厌恶，所以每个人所制定的目标也是不一样的。

要根据自己的实际情况，制定自己"跳一跳，够得着"的目标。首先要对自己的实际情况有一个清晰的认识。对自己的能力，潜力，自己的各方面条件都有一个明确的把握，经过仔细考虑定出属于自己的奋斗目标。有些人之所以一生都碌碌无为，是因为他的人生没有目标；有些人之所以总是失败，是由于他的目标总是太大太空，不切实际。因此，想要成功，就要先为自己制定一个奋斗目标，属于自己的"跳一跳，够得着"的奋斗目标。

瓦拉赫效应：成功，要懂得经营自己的长处

经营自己的长处，让人生增值

曾有一个叫奥托·瓦拉赫的人，中学时，父母为他选了文学之路，可一学期下来，老师给他的评语竟为："瓦拉赫很用功，但过分拘泥，这样的人即使有着完美的品德，也绝不可能在文学上发挥出来。"无奈，他又改学油画，但这次得到的评语更令人难以接受："你是绘画艺术方面的不可造就之才。"面对如此"笨拙"的学生，大多数老师认为他已成才无望，只有化学老师觉得他做事一丝不苟，这是做好化学实验应有的品格，建议他试学化学。谁料，瓦拉赫的智慧火花一下子被点燃了，并最终成了诺贝尔化学奖的得主……

这就是人们广为传颂的"瓦拉赫效应"。

比尔·盖茨，这位赫赫有名的世界级成功典范，令无数的人仰慕不已。他的成功，与他把握住未来的大趋势，尤其是懂得经营自己的强项密不可分。

事实上，盖茨一开始就与伙伴保罗·艾伦看到了个人电脑将改变整个世界的趋势，他们两个人经常通宵达旦地探讨个人电脑世界将会是什么样子，对这场革命的到来深信不疑。对于初出茅庐的微软来说，"它将到来"是他们的坚定信念，而他们为这将要到来的计算机时代开发软件。虽然他们没想到他们的公司能迅速跻身于世界舞台的前列，并发挥着超凡的作用，但当时他们至少窥见了IBM或数字设备公司这样的主板生产公司已陷入他们自身无法意识到的困境了。"我记得从一开始我们就纳闷，像数字设备公司这样的微机生产商生产出的机器功能强大而价格低廉，那么他们的发展前景在哪里呢？""IBM的前景又在哪里呢？在我们看来，他们好像把一切都弄糟了，而且他们的未来也将是一团糟。我们对上帝说，天啊，这些人怎么能不警觉呢？他们怎么能不震惊害怕呢？"

盖茨的技术知识是微软所向披靡的成功秘诀中最重要的一条，而这也正是他的核心强项，他始终保持着对这一领域的决定权。在许多时候，他比他的对手更清楚地看到了未来科技的走势。

微软公司的同事们都盛赞盖茨的技术知识让他独具优势。他总是能提出正确的问题，他对程序的复杂细节几乎了如指掌。"你会纳闷，他怎么知道的呢？"布莱德·斯利夫伯格这位参加了视窗开发设计的人这么说过。

和盖茨个人以强项打天下的套路几乎如出一辙，微软公司把开发新产品作为全部事业的中心，根据市场需求推陈出新，发挥自身优势，力求变弱为强，深谋远虑，未雨绸缪，牢牢把握住了世界信息产业市场的未来。

微软与任何公司一样，实际上类似于一个动态的人体系统。它之所以能够有效运行，是因为微软人将竞争所需的各种技术能力和市场知识结合起来，并且把它们付诸行动。产品开发是微软所有事业的中心，公司的存亡和盛衰关键在于新产品。

微软还必须源源不断地增添有用功能来说服其成百万的现有顾客

购买产品的新版本，虽然旧版本对于绝大多数人已经够用。为了保持市场份额在未来持续增长，微软计划创建种类繁多的、结合先进的多媒体及网络通信技术的消费性产品。显然，微软面临的一个关键问题是公司是否能够继续增进其开发能力，并且建立更大、更复杂的软件产品和以软件为基础的信息服务。就像我们已经指出的那样，微软还必须极大地简化这些中间产品，从而将它们成功地推销给世界上数十亿的新兴家庭消费者。

不言而喻，微软公司今日的成功，很大程度上得益于盖茨准确的市场定位和产品的推陈出新。人们公认微软公司的成功是由于"不停地创新"，而盖茨对未来形势精确的分析和其独有的战略眼光，以及对自己强项的经营程度，不仅为微软公司的员工，也为其对手所称道。

这一切，也正是"瓦拉赫效应"的典型体现，幸运之神就是那样垂青于忠于自己个性长处的人。正如松下幸之助所言：人生成功的诀窍在于经营自己的个性长处，经营长处能使自己的人生增值，否则，必将使自己的人生贬值。

承认缺憾，弥补缺陷

在美国某个学校的一间教室里，坐着一个 8 岁的小孩，他胆小而脆弱，脸上经常带着一种惊恐的表情。他呼吸时就好像别人喘气一样。

一旦被老师叫起来背诵课文或者回答问题，他就会惴惴不安，而且双腿抖个不停，嘴唇也颤动不安。自然，他的回答时常含糊而不连贯，最后，他只好颓废地坐到座位上。如果他能有副好看的面孔，也许给人的感觉会好一点。但是，当你向他同情地望过去时，你一眼就能看到他那一副实在无法恭维的龅牙！通常，像他这种小孩，自然很敏感，他们会主动地回避多姿多彩的生活，不喜欢交朋友，宁愿让自己成为一个沉默寡言的人。但是，这个小孩却不如此，他虽然有许多的缺憾，然而同时，在他身上也有一种坚韧的奋斗精神，一种无论什么人都可具有的奋斗精神。事实上，对他而言，正是他的缺憾增强了他去奋斗的热忱。他并没有因为同伴的嘲笑而使自己奋斗的勇气有丝毫减弱。相反，他使经常喘气的习惯变成了一种坚定的声响；他用坚强的意志，咬紧牙根使嘴唇不再颤动；他挺直腰杆使自己的双腿不再战栗，以此来克服他与生俱来的胆小和众多的缺陷。

这个小孩就是西奥多·罗斯福。

他并没有因为自己的缺憾而气馁。相反，他还千方百计把它们转化为自己可以利用的资本，并以它们为扶梯爬到了荣誉的顶峰。他用一种方法战胜了自己的缺憾，这种方法是大家都可以用得上的。到他晚年时，已经很少有人知道他曾经有过严重的缺憾，他自己又曾经如何地惧怕过它。美国人民都爱戴他，他成了美国有史以来最得人心的总统之一。

盖茨说："我们尊敬罗斯福，同时，也希望我们能像他一样，为改变自己的命运做些努力。如果我们尝试着去做一件还有点价值的事，假如失败了，我们便借故来掩饰自己，那么我们就是在以自己的缺憾为借口了。"缺憾应当成为一种促使自己向上的激励机制，而不是一种自甘沉沦的理由，它暗示你在它上面应当做一点努力。

重要的并不在于你所做的是什么事，而在于你应当采取某种行动。最不可取的态度是一点事情都不去做，一味让自己躲藏在困难的后面，动不动就被困难吓倒，这很容易让自己滋生一种自卑感，久而久之，就什么事情都不敢去做了。那么，一个人什么时候应当坦然承认自己的缺陷，什么时候又应当去和困难斗争呢？

不言而喻，真正懂得经营自己强项的人是十分明智的，但同时，我们也要学会承认缺憾，弥补缺陷。

【定律链接】经营强项要有条理性

你最大的敌人是你自己。要巧妙经营自己的强项，就要善于管理自我。而要想成功，必须有条理地安排自己的活动，否则你不可能有什么过人的强项，甚至生活会变成一团糟。

某杂志刊载了这样一个故事：有一位老商人在小市镇做了几十年生意，到后来竟然完全失败。当一位债主跑来要债时，那位老商人正在紧皱双眉，思索他失败的原因。

他说："我为什么会失败呢？难道我对顾客不热情、不客气吗？"而债主却劝他从头干起。

"什么？要从头干起？"

"是啊！你应该把你目前的经营情况列在一张资产负债表上，好好清算一下，然后从头做起。"

"你的意思是要我把所有的资产和负债项目详细核算一下，列出一张表格吗？要把门面、地板、桌厅、茶几、橱柜都重新洗刷油漆一番，弄成新开张一样吗？"

"是的！"

"这些事我早在15年前就想去做了，但后来因为我没有下定决心，所以一直没有去做。"

无论你是在大都市里还是小城镇里经营生意，你都应该把物资管理得井井有条，把账目记得清清楚楚——这是最重要的一件事。那些把什么东西都弄得乱七八糟的人，终有一天是要失败的。

经营任何事业千万不要做做停停、停停做做。有许多人往往今天说得头头是道，但明天还是毫无改善。对这种人也可以毫不客气地称之为"莽汉"或"懒猪"。他们哪里知道：没有一样事业仅靠喊口号就能成功的，要成就事业，非得集中心思，有条有理，持之以恒，不断地奋斗不可！

所以，要经营自己的强项，使之达到成功，就要做到有条有理。

木桶定律：抓最"长"的，不如抓最"短"的

克服人性"短板"，避开成事"暗礁"

一位老国王给他的两个儿子一些长短不同的木板，让他各做一个木桶，并承诺：谁做的木桶装下的水多，谁就可以继承王位。大儿子为把自己的木桶做大，每块挡板都削得很长，可做到最后一条挡板时没有木材了；小儿子则平均地使用了木板，做了一个并不是很高的木桶。结果，小儿子的木桶装的水多，最终继承了王位。

与此类似，遇到问题时，我们若能先解决导致问题的"短板"，便可大大缩短解决问题的时间。

俗话说"人无完人"，确实，人性是存在许多弱点的，如恶习、自卑、犯错、忧虑、嫉妒等等。根据木桶定律，这些短处往往是限制我们能力的关键。就像木桶一样，一个木桶能装多少水，并不是用最长的木板来衡量的，而是要靠最短的木板来衡量，木桶装水的容量受到最短木板的限制，所以，要想让木桶装更多的水，我们必须加长自己最短的木板。

1. 恶习

我们时时刻刻都在无意识地培养着习惯，这令我们在很多情况下都要臣服于习惯。然而，好的习惯可为我们效力，不好的习惯，尤其是恶习（如果拖沓、酗酒等），会在做事时严重拖我们的后腿。所以，我们要学会对自己的习惯分类，对不好的习惯进行改正、完善，以免将成功毁在自己的恶习之中。

2. 自卑

自卑，可以说是一种性格上的缺陷，表现为对自己的能力、品质

评价过低。它往往会抹杀我们的自信心，本来有足够的能力去完成学业或工作任务，却因怀疑自己而失败，显得处处不行，处处不如别人。所以，做事情要相信自己的能力，要告诉自己"我能行"、"我是最棒的"，那样，才能把事情办好，走向成功。

3. 犯错

人们通常不把犯错误看成是一种缺陷，甚至把"失败是成功之母"当成自己的至理名言。殊不知，有两种情况下犯错误就是一种缺陷。一种是不断地在同一个问题上犯错误，另一种是犯错误的频率比别人高。这些错误，或许是因他们态度问题，或许是因他们做事不够细心，没有责任心导致的，但无论哪种，都是成功的绊脚石。因此，平时要学会控制自己，改掉马虎大意等不良习惯；犯错后不要找托辞和借口，懂得正视错误，并加以改正。

4. 忧虑

有位作家曾写道：给人们造成精神压力的，并不是今天的现实，而是对昨天所发生事情的悔恨，以及对明天将要发生事情的忧虑。没错，忧虑不仅会影响我们的心情，而且会给我们的工作和学习带来更大的压力。更重要的是，无休止的忧虑并不能解决问题。所以，我们要学会控制自己的情绪，客观地去看问题，在现实中磨炼自己的性格。

5. 妒忌

妒忌是人类最普遍、最根深蒂固的感情之一。它的存在，总是令我们不能理智地、积极地做事，于是，常导致事倍功半，甚至劳而无功的结果。因此，无论在生活中，还是在工作中，我们都应平和、宽容地对待他人，客观地看待自己。

6. 虚荣

每一个人都有一点虚荣心，但是过强的虚荣心，使人很容易被赞美之词迷惑，甚至不能自持，很容易被对手打败。所以，我们要控制虚荣，摆脱虚荣，正确地认识自己。

7. 贪婪

由于太看重眼前的利益，该放弃时不能放弃，结果铸成大错，甚至悔恨终生。众所周知，很多人因太贪钱财等身外之物而毁了大好前程，有时明知是圈套，却因为抵御不住诱惑而落入陷阱。说到底，不是人不聪明，而是败给了自己的贪欲。可见，要成事，先要找对心态，知足才能常乐。

一位伟人曾经说过："轻率和疏忽所造成的祸患将超乎人们的想象。"许多人之所以失败，往往是因为他们没有注意到自己成功路上的那块短板，如车祸、建筑工程质量、行贿受贿等。所以，我们要想做好事情，应先学会做人，找到自己成功路上的短板，取长补短，从而摆脱弱点对我们的控制。

找到"阿喀琉斯之踵"，让问题迎刃而解

在希腊神话中，有这样一个意义深刻的故事：

阿喀琉斯是希腊神话中最伟大的英雄之一。他的母亲是一位女神，在他降生之初，女神为了使他长生不死，将他浸入冥河洗礼。阿喀琉斯从此刀枪不入，百毒不侵，只有一点除外——他的脚踵被提在女神手里，未能浸入冥河，于是脚踵就成了这位英雄的唯一弱点。

在漫长的特洛伊战争中，阿喀琉斯一直是希腊人最勇敢的将领。他所向披靡，任何敌人见了他都会望风而逃。

但是，在十年战争快结束时，敌方的将领帕里斯在众神的示意下，抓住了阿喀琉斯的弱点，一箭射中他的脚踵，阿喀琉斯最终不治而亡。

与"阿喀琉斯之踵"类似，任何事情或组织都有它的最薄弱之处，而问题又往往由这里产生。那么，如果我们把这个最薄弱处解决，问题往往就迎刃而解了。

曾有一家刚起步的电子商务公司，采购与销售是两个独立的部门，

公司规定两个部门的资料每周沟通2次。然而，由于平时业务繁忙，再加上两个部门的员工不能及时交流沟通，总是造成销售人员在认为商品有货源的情况下接受了顾客的订单，但采购部实际上并不能在短时间内找到相应的货源。于是，顾客不能按时收到商品，公司经常接到投诉和顾客的抱怨，严重影响了业绩和公司的形象。

总经理发现了两个部门缺少沟通这一关键而又薄弱的环节后，为全公司所有员工电脑安装了及时沟通软件，让两个部门的员工能及时沟通。同时，还在公司建立了库存与近期货源一览表。从而避免了原来有单无货的不良现象，既提高了公司的业绩，又提升了公司的形象。

通过这个例子可以看出，如果不能及时解决采销两个部门沟通的这块"短板"，无论销售人员如何努力接订单，对解决问题仍没有实质性的收效。因此，抓住导致问题的短板，并从根本上予以解决，才能使问题迎刃而解。

与此类似的例子还很多，例如，你和竞争对手同时争取一个项目，那么，你就需要了解对方的薄弱之处在哪儿，如何用你的强势攻克对手的薄弱环节；家庭因家电超负荷导致停电，检查电线和电器往往不起丝毫作用，而真正的解决方法应该是修好脆弱的保险丝；孩子成绩不好，解决的方法不是帮他们做题、写作业，也不是用训斥来打击他们幼小的心灵，而是要找到孩子在学习上的薄弱之处，从这里着手，才能从根本上提高孩子的成绩……

木桶定律让我们明白，遇到问题，不要蛮干，要找到导致问题的短板，科学地予以解决，从而达到事半功倍的效果。

艾森豪威尔法则：分清主次，高效成事

做事分等级，先抓牛鼻子

一天，动物园管理员发现袋鼠从笼子里跑出来了，于是开会讨论，大家一致认为是笼子的高度过低。所以他们将笼子由原来的 10 米加高到 30 米。第二天，袋鼠又跑到外面来，他们便将笼子的高度加到 50 米。这时，隔壁的长颈鹿问笼子里的袋鼠："他们会不会继续加高你们的笼子?"袋鼠答道："很难说。如果他们再继续忘记关门的话!"

事有"本末""轻重""缓急"，关门是本，加高笼子是末，舍本而逐末，当然不见成效了。与之类似，我们常常会看到这样的现象，一个人忙得团团转，可是当你问他忙些什么时，他却说不出个具体来，只说自己忙死了。这样的人，就是做事没有条理性，一会儿做这一会儿做那，结果没一件事情能做好，不仅浪费时间与精力，更没见什么成效。

其实，无论在哪个行业，做哪些事情，要见成效，做事过程的安排与进行次序非常关键。

有一次，苏格拉底给学生们上课。他在桌子上放了一个装水的罐子，然后从桌子下面拿出一些正好可以从罐口放进罐子里的鹅卵石。当着学生的面，他把石块全部放到了罐子里。

接着，苏格拉底向全体同学问道："你们说这个罐子是满的吗?"

学生们异口同声地回答说："是的。"

苏格拉底又从桌子下面拿出一袋碎石子，把碎石子从罐口倒下去，然后问学生："你们说，这罐子现在是满的吗?"

这次，所有学生都不做声了。

过了一会，班上有一位学生低声回答说："也许没满。"

苏格拉底会心地一笑，又从桌下拿出一袋沙子，慢慢地倒进罐子里。倒完后，再问班上的学生："现在再告诉我，这个罐子是满的吗？"

"是的！"全班同学很有信心地回答说。

不料，苏格拉底又从桌子旁边拿出一大瓶水，把水倒在看起来已经被鹅卵石、小碎石、沙子填满了的罐子里。然后又问："同学们，你们从我做的这个实验得到了什么启示？"

话音刚落，一位向来以聪明著称的学生抢答道："我明白，无论我们的工作多忙，行程排得多满，如果要逼一下的话，还是可以多做些事的。"

苏格拉底微微笑了笑，说："你的答案也并不错，但我还要告诉你们另一个重要经验，而且这个经验比你说的可能还重要，它就是：如果你不先将大的鹅卵石放进罐子里去，你也许以后永远没机会再把它们放进去了。"

通过这个故事，我们发现，做事前的规划非常重要。在行动之前，一定要懂得思考，把问题和工作按照性质、情况等分成不同等级，然后巧妙地安排完成和解决的顺序。这样才能收到事半功倍的成效。

这就是艾森豪威尔原则的明智之处。它告诉我们，做事前需要科学地安排，要事第一，先抓住牛鼻子，然后再依照轻重缓急逐步执行，一串串、一层层地把所有的事情拎起来，条理清晰，成效才能显著，不要眉毛胡子一把抓。再如最前面动物园的例子，凡事都有本与末、轻与重的区别，千万不能做本末倒置、轻重颠倒的事情。

艾森豪威尔原则分类法

我们知道了做任何事情，只有事前理清事情的条理，排定具体操作的先后顺序，一切才能流畅地进行，并得到良好的收效。

在这方面，艾森豪威尔原则给出了一些具体的方法，可以帮助我们根据自己的目标，确定事情的顺序。

这一原则将工作区分为 5 个类别：

A：必须做的事情；

B：应该做的事情；

C：量力而为的事情；

D：可委托他人去做的事情；

E：应该删除的工作。

每天把要做的事情写在纸上，按以上 5 个类别将事情归类：

A：需要做；

B：应该做；

C：做了也不会错；

D：可以授权别人去做；

E：可以省略不做。

然后，根据上面归类，在每天大部分的时间里做 A 类和 B 类的事情，即使一天不能完成所有的事情，只要将最值得做的事情做完就好。

同样的道理，把自己 1～5 年内想要做的事情列出来，然后分为 ABC 三类：

A：最想做的事情；

B：愿意做的事情；

C：无所谓的事情。

接着，从 A 类目标中挑出 A1、A2、A3，代表最重要、次重要和第三重要的事情。

再针对这些 A 类目标，抄在另外一张纸上，列出你想要达成这些目标需要做的工作，接着将这份清单再分出 ABC 等级：

A：最想做的事情；

B：愿意做的事情；

C：做了也不会错的事情。

把这些工作放回原来的目标底下，重新调整结构，规划步骤，接着执行。

这些又被称为六步走方法，即挑选目标、设定优先次序、挑选工作、设定优先次序、安排行程、执行。把这些培养成每天的习惯，长期坚持并贯彻下去，相信，无数个条理性的成功慢慢累积，将会使你拥有非常成功的人生。

现实生活中，很多时候，我们总觉得自己身边有"时间盗贼"，没做多少事情，一天就匆匆过去。忙忙碌碌，年复一年，成绩、业绩却寥寥无几。

有句老话说得好："自知是自善的第一步。"要想改善现状，首先要找出问题的根源。此刻，请你仔细地考虑一下，到底是什么偷走了你的时间？是什么让你日复一日地感到时间的压力？想明白这些问题，拿起笔和纸，按照艾森豪威尔原则，开始规划你的每一天，让时间不再像以往那样在不知不觉中被偷走。

相关定律：条条大路通罗马，万事万物皆联系

源自"万事万物皆有联系"的"以此释彼"智慧

哲学认为，万事万物皆有联系，世界上没有孤立存在着的事物。例如，水涨船高，说的是水与船的联系；积云成雨，说的是云与雨的联系；冬去春来，说的是冬季与春季之间的联系……

正是由于事物之间存在这种普遍联系，它们才会相互作用，相互影响。因此，一个问题的解决，往往影响到其周围与之相连的众多事物。这就为我们解决问题带来了很好的启发：在进行创造性思维、寻找最佳思维结论时，可根据其他事物的已知特性，联想到与自己正在寻求的思维结论相似和相关的东西，从而把两者结合起来，达到"以

此释彼"的目的。即运用心理学中的相关定律。

在这方面，美国铁路两条铁轨之间标准距离的由来就是最好的例证。

美国的铁路两条铁轨之间的标准距离是 4.85 英尺。人们对于这个很奇怪的标准非常好奇。美国的铁路原先是由英国人建造的，所以采用了英国的铁路标准 4.85 英尺。

人们又问："英国人又为什么要用这个标准呢?"原来英国的铁路是由建电车的人所设计的，而 4.85 英尺是电车轨道所用的标准。

那电车的铁轨标准又是从哪里来的呢? 原来最先造电车的人以前是造马车的，而他们则是沿用了马车的轮宽标准。

可马车为什么一定要用这个轮距标准呢? 因为如果那时候的马车用任何其他轮距的话，马车的轮子很快会在英国的老路上撞坏的。这又是为什么呢? 因为这些路上的辙迹的宽度都是 4.85 英尺。

那么，这些辙迹又是从何而来的呢? 答案是古罗马人所制定的，而 4.85 英尺正是罗马战车的宽度。

于是又会有人问："为什么会选择罗马战车的宽度呢?"因为在欧洲，包括英国的长途老路，都是由罗马人的军队所铺的，所以，如果任何人用不同的轮宽在这些路上行车的话，轮子的寿命都不会长。

最后，人们还会问："罗马人为什么以 4.85 英尺为战车的轮距宽度呢?"

原因很简单，这是两匹拉战车的马的屁股的宽度……

通过这个经典的实例，我们可以看出，人们想知道美国铁路两条铁轨之间的标准距离是根据什么设计出来的，并不是一下子就在马屁股上找到答案的，而是通过英国铁路、英国电车、马车、老路辙迹、罗马战车、罗马老路等一系列与该问题相关的事物，顺藤摸瓜，最终找到了想要的答案。

其实，由于万事万物无不处于联系之中，我们遇到问题，应学会发散思维，不要总揪住一个点不放，想不通时，不妨找些与问题相关联的事物，从这些相关处着手，利用"以此释彼"的智慧，往往会令你恍然大悟。

做人不要一根筋，做事不要一条路跑到黑

生活中，我们常用"一条路跑到黑"来形容那些一根筋或钻牛角尖的人。然而，在遇到难题的时候，人们又往往不自觉地成为"一条路跑到黑"的傻瓜。那么，我们如何在难题面前不当傻瓜呢？先看一看下面这个例子：

加拿大伯塔省有一名叫斯考吉的高中女生。为了实现自己到 25 岁成为百万富翁的誓言，斯考吉从小就喜欢看比尔·盖茨的书，并研究《财富》杂志每年所列全球最富有的 100 个人。她发现：那些人中，有 95% 以上的人从小就有发财的欲望，57% 的全球巨富在 16 岁之前就想到了开自己的公司，3% 的全球巨富在未成年之前至少做过一桩生意。于是，她得出结论，要致富，就必须从小有赚钱的意识。

在赚钱方面，小斯考吉选择了投资股票。很多投资股票的人，不是盯着电视就是盯着报纸，因为这些媒体都对股市做直接报道。然而，小斯考吉并没有选择这种直接的途径，而是根据证券营业部门口的摩托车数量决定该股是抛售还是买进。

例如，她专盯一家钢铁企业的股票。当这家企业股票下跌到 4 美元以下时，某证券营业部门口的摩托车便多起来，过一段时间，股价又涨了回去；当这只股票涨到 8 美元左右时，该证券营业部门口的摩托车又会开始多起来，接下去，该股必跌。期间，她经过调查发现，该企业的工人们不愿意看到工厂的股票下跌，每次股价太低时，他们就自发地去买进一些股票，从而带动股价上升；当上升到一定高位后，工人们便抛售股票，致使该股下跌。

就是这样，小斯考吉借助工人们往返证券营业部的摩托车的数量的变化，采取抛售或买进的举措，取得了不小的收获。

通过这个事例我们可以看出，小斯考吉巧妙利用相关定律，从与股市相关的抛买人群的行动变化下手，反而比那些只知道盯着直接报道股市的媒体的人们更有收效。

与此类似，我们在日常生活中会遇到很多棘手的问题，这些问题往往让人不知如何处理。于是，有的人在困难面前驻足不前，绞尽脑汁也想不出什么好方法；而有的人转换思维，从与之相关的事情着手，很快使问题迎刃而解。

所以，我们平时要大力培养自己洞察事物间相关性的能力，抓住事物和问题的关键，合理利用相关定律寻求解决方法，不做"一条路跑到黑"的傻瓜。其中，培养自己的洞察能力，一方面要虚心，绝不视任何主意为无用，倾听跟你不同的观点，任何人都有东西值得你学习；另一方面，训练你的思想来为你工作，让你的脑子做你要它做的事，而且当你要它做的时候才做。此外，还要培养自己的好奇心，对不懂的事提出问题来，训练你的想象力。

奥卡姆剃刀定律：把握关键，化繁为简

"简单"，真正的大智慧

近几年，随着人们认识水平的不断提高，"精兵简政""精简机构""删繁就简"等一系列追求简单化的观念在整个社会不断深入和普及。根据奥卡姆剃刀定律，这正是一种大智慧的体现。

如今，科技日新月异，社会分工越来越精细，管理组织越来越完善化、体系化和制度化，随之而来的，还有不容忽视的机械化和官僚化。于是，文山会海和繁文缛节便不断滋生。可是，国内外的竞争都日趋激烈，无论是企业还是个人，快与慢已经决定其生死。如同在竞技场上赛跑，穿着水泥做的靴子却想跑赢比赛，肯定是不可能的。因此，我们别无选择，只有脱掉水泥靴子，比别人更快、更有效率，领先一步，才能生存。换言之，就是凡事要简单化。

很多人会问："简单能为我们带来什么呢？"看了下面的例子，我们自然就会明白。

有人曾经请教马克·吐温："演说词是长篇大论好呢？还是短小精悍好？"他没有正面回答，只讲了一件亲身感受的事："有个礼拜天，我到教堂去，适逢一位传教士在那里用令人动容的语言讲述非洲传教士的苦难生活。当他讲了 5 分钟后，我马上决定对这件有意义的事捐助 50 元；他接着讲了 10 分钟，此时我就决定将捐款减到 25 元；最后，当他讲了 1 个小时后，拿起钵子向听众请求捐款时，我已经厌烦之极，1 分钱也没有捐。"

在上面马克·吐温的例子中，我们发现，他通过自身的经历，向求教者说明：短小精悍的语言，其效果事半功倍；而冗长空泛的语言，不仅于事无益，反而有碍。

事实上，不仅语言如此，现实生活亦同样如此。这就要求我们要学会简化，剃除不必要的生活内容。这种简化的过程，就如同冬天给植物剪枝，把繁盛的枝叶剪去，植物才能更好地生长。每个园丁都知道不进行这样的修剪，来年花园里的植物就不能枝繁叶茂。每个心理学家都知道如果生活匆忙凌乱，为毫无裨益的工作所累，一个人很难充分认识自我。

为了发现你的天性，亦需要简化生活，这样才能有时间考虑什么对你才是重要的。否则，就会损害你的部分天资，而且极有可能是最重要的一部分。

那么，我们如何来实现这种简化呢？很简单，就是重新审视你所做的一切事情和所拥有的一切东西，然后运用奥卡姆剃刀，舍弃不必要的生活内容。

　　博恩·崔西是美国著名的激励和营销大师，他曾与一家大型公司合作。该公司设定了一个目标：在推出新产品的第一年里实现 100 万件的销售量。该公司的营销精英们开了 8 个小时的群策会后，得出了几十种实现 100 万件销售量的不同方案。每一种方案的复杂程度都不同。这时，博恩·崔西建议他们在这个问题上应用奥卡姆剃刀原理。

　　他说："为什么你们只想着通过这么多不同的渠道，向这么多不同的客户销售数目不等的新产品，却不选择通过一次交易向一家大公司或买主销售 100 万件新产品呢？"

　　当时整个房间内鸦雀无声，有些人看着博恩·崔西的表情就像在看一个疯子。然后有一名管理人员开口说话了："我知道一家公司，这种产品可以成为他们送给客户的非常好的礼物或奖励，而他们有几百万客户。"

　　最后，根据这一想法，他们得到了一笔 100 万件产品的订单。他们的目标实现了。

　　可见，不论你正面临什么问题或困难，都应当思考这样一个问题："什么是解决这个问题或实现这个目标的最简单、最直接的方法？"你可能会发现一个简便的方法，为你实现同一目标节约大量的时间和金钱。记住苏格拉底的话："任何问题最可能的解决办法是步骤最少的办法。"正如奥卡姆剃刀定律所阐释的，我们不需要人为地把事情复杂化，要保持事情的简单性，这样我们才能更快更有效率地将事情处理好。

　　与此相关的，还有一个非常有趣的故事：

　　日本最大的化妆品公司收到客户抱怨，买来的肥皂盒里面是空的。他们为了预防生产线再次发生这样的事情，工程师想尽办法发明了一台 X 光监视器去透视每一台出货的肥皂盒。同样的问题也发生在另一家小公司，他们的解决方法是买一台强力工业用电扇去吹每个肥皂盒，被吹走的便是没放肥皂的空盒。

面对同样的问题，两家公司采用的是两种截然不同的办法。无论从经济成本方面，还是资源消耗角度，相信第二种方案的优势都是不言而喻的。这个例子给了我们一个深刻的启示：如果有多个类似的解决方案，最简单的选择，就是最智慧的选择。

所以，在现实生活中，当遇到问题时，我们要勇敢地拿起"奥卡姆剃刀"，把复杂事情简单化，以选择最智慧的解决方案。

剃掉复杂，切勿乱删

相传，有位科学家带着自己的一个研究成果请教爱因斯坦。爱因斯坦随意地看了一眼最后的结论方程式，就说："这个结果不对，你的计算有问题。"科学家很不高兴："你过程都不看，怎么就说结果不对?"爱因斯坦笑了："如果是对的，那一定是简单的，是美的，因为自然界的本来面目就是这样的。你这个结果太复杂了，肯定是哪里出了问题。"

这个科学家将信将疑地检查自己的推导，果然如爱因斯坦所言，结果不对。

也许你认为奥卡姆剃刀只存在于天才的身边，其实，它无处不在，只是有待人们把它拿起。当我们绞尽脑汁为一些问题烦恼时，试着摒弃那些复杂的想法，也许会立刻看到简单的解决方法。人生的任何问题，我们都可运用奥卡姆剃刀。奥卡姆剃刀是最公平的，无论科学家还是普通人，谁能有勇气拿起它，谁就是成功的人。

越复杂越容易拼凑，越简单就越难设计。在服装界有"简洁女王"之称的简·桑德说："加上一个扣子或设计一套粉色的裙子是简单的，因为这一目了然。但是，对简约主义来说，品质需要从内部来体现。"她认为，简单不仅仅是摈除多余的、花哨的部分，避免喧嚣的色彩和繁琐的花纹，更重要的是体现清纯、质朴、毫不造作。

但需要注意的是，这里所谓的"简单"，不是乱砍一气，而是在对事物的规律有深刻的认识和把握之后的去粗取精，去伪存真。

正如一个雕刻家，能把一块不规则的石头变成栩栩如生的人物雕像，因为他胸中有丘壑。如果你抓不住重点，找不到要害，不知道什么最能体现内在品质，运用剃刀的结果只能是将不该删除的删除了。

那么，我们要合理地使用奥卡姆剃刀，不能盲目。例如，IBM 在电脑产品营销中具有得天独厚的优势，如其前 CEO 郭士纳所指，他们具有非常有优势的集成能力。然而，其广告宣传语却将这一点删掉了，留下推广小型电脑的"小行星问题的解决方法"。结果，IBM 自然未能凭这则广告获得区别于其他电脑的地位。可见，没有什么比删掉自己的优势更可悲了。

所以，在我们使用奥卡姆剃刀时，要将其用在恰当的位置上，而不是盲目乱删。

墨菲定律：与错误共生，迎接成功

不存侥幸心理，从失败中汲取教训

众所周知，人类即使再聪明也不可能把所有事情都做到完美无缺。正如所有的程序员都不敢保证自己在写程序时不会出现错误一样，容易犯错误是人类与生俱来的弱点。这也是墨菲定律一个很重要的体现。

想取得成功，我们不能存有侥幸心理，想方设法回避错误，而是要正视错误，从错误中汲取经验教训，让错误成为我们成功的垫脚石。关于这一点，丹麦物理学家雅各布·博尔就是最好的证明。

一次，雅各布·博尔不小心打碎了一个花瓶，但他没有像一般人那样一味地悲伤叹惋，而是俯身精心地收集起了满地的碎片。

他把这些碎片按大小分类称出重量，结果发现：10～100 克的最少，1～10 克的稍多，0.1 克和 0.1 克以下的最多；同时，这些碎片的重量之间表现为统一的倍数关系，即较大块的重量是次大块重量的 16 倍，次大块的重量是小块重量的 16 倍，小块的重量是小碎片重量的 16 倍……

于是，他开始利用这个"碎花瓶理论"来恢复文物、陨石等不知其原貌的物体，给考古学和天体研究带来意想不到的效果。

事实上，我们主要是从尝试和失败中学习，而不是从正确中学习。例如，超级油轮卡迪兹号在法国西北部的布列塔尼沿岸爆炸后，成千上万吨的油污染了整个海面及沿岸，于是石油公司才对石油运输的许多安全设施重加考虑。还有，在三里岛核反应堆发生意外后，许多核反应过程和安全设施都改变了。

可见，错误具有冲击性，可以引导人想出更多细节上的事情，只有多犯错，人们才会多进步。假如你工作的例行性极高，你犯的错误就可能很少。但是如果你从未做过此事，或正在做新的尝试，那么发生错误在所难免。发明家不仅不会被成千的错误击倒，而且会从中得到新创意。在创意萌芽阶段，错误是创造性思考必要的副产品。正如耶垂斯基所言："假如你想打中，先要有打不中的准备。"

现实生活中，每当出现错误时，我们通常的反应都是："真是的，又错了，真是倒霉啊！"这就是因为我们以为自己可以逃避"倒霉""失败"等，总是心存侥幸。殊不知，错误的潜在价值对创造性思考具有很大的作用。

人类社会的发明史上，就有许多利用错误假设和失败观念来产生新创意的人。哥伦布以为他发现了一条到印度的捷径，结果却发现了新大陆；开普勒发现了行星间引力的概念，却是偶然间由错误的理由得到的；爱迪生也是知道了上万种不能做灯丝的材料后，才找到了钨丝……

所以，想迎接成功，先放下侥幸心理，加强你的"冒险"力量。遇到失败，从中汲取经验，尝试寻找新的思路、新的方法。

从哪里跌倒，就从哪里爬起来

英国小说家、剧作家柯鲁德·史密斯曾说过："对于我们来说，最大的荣幸就是每个人都失败过。而且每当我们跌倒时都能爬起来。"成功者之所以成功，只不过是他不被失败左右而已。

1927年，美国阿肯色州的密西西比河大堤被洪水冲垮，一个9岁的黑人小男孩的家被冲毁，在洪水即将吞噬他的一刹那，母亲用力把他拉上了堤坡。

1932年，男孩8年级毕业了，因为阿肯色的中学不招收黑人，他只能到芝加哥就读，但家里没有那么多钱。那时，母亲做出了一个惊人的决定——让男孩复读一年，她给50名工人洗衣、熨衣和做饭，为孩子攒钱上学。

1933年夏天，家里凑足了那笔费用，母亲带着男孩踏上火车，奔向陌生的芝加哥。在芝加哥，母亲靠当佣人谋生。男孩以优异的成绩读完中学，后来又顺利地读完大学。1942年，他开始创办一份杂志，但最后一道障碍是缺少500美元的邮费，不能给订户发函。一家信贷公司愿借贷，但有个条件，得有一笔财产作抵押。母亲曾分期付款好长时间买了一批新家具，这是她一生最心爱的东西，但她最后还是同意将家具作为抵押。

1943年，那份杂志获得巨大成功。男孩终于能做自己梦想多年的事了：将母亲列入他的工资花名册，并告诉她她算是退休工人，再不用工作了。母亲哭了，那个男孩也哭了。

后来，在一段反常的日子里，男孩经营的一切仿佛都坠入谷底，面对巨大的困难和障碍，男孩感到已无力回天。他心情忧郁地告诉母亲："妈妈，看来这次我真要失败了。"

"儿子，"她说，"你努力试过了吗？"

"试过。"

"非常努力吗？"

"是的。"

"很好。"母亲果断地结束了谈话，"无论何时，只要你努力尝试，就不会失败。"

果然，男孩渡过了难关，攀上了事业新的巅峰。这个男孩就是驰名世界的美国《黑人文摘》杂志创始人、约翰森出版公司总裁、拥有3家无线电台的约翰·H. 约翰森。

事实上，得失本来就不是永恒的，是可以相互转化的矛盾共同体。记得有一本杂志曾归纳出关于失败的优胜可能：

失败并不意味着你是一位失败者——失败只是表明你尚未成功。

失败并不意味着你一事无成——失败表明你得到了经验。

失败并不意味着你是一个不知灵活性的人——失败表明你有非常坚定的信念。

失败并不意味着你要一直受到压抑——失败表明你愿意尝试。

失败并不意味着你不可能成功——失败表明你也许要改变一下方法。

失败并不意味着你比别人差——失败只表明你还有缺点。

失败并不意味着你浪费了时间和生命——失败表明你有理由重新开始。

失败并不意味着你必须放弃——失败表明你还要继续努力。

失败并不意味着你永远无法成功——失败表明你还需要一些时间。

失败并不意味着命运对你不公——失败表明命运还有更好的给予。

那么，期待成功的你，不要再被一时的失败左右了，在哪里跌倒，就在哪里爬起来吧！

酝酿效应：灵感来自偶然，有时不期而至

为何遇到难题会"百思不得其解"

现在，你面前有4条小链子，每条链子有三个环（下图左侧所示）。打开一个环要花2分钱，封合一个环要花3分钱。开始时所有的环都是封合的。你的任务是要把这12个环全部连接成一个大链子（下图右侧所示），但花钱不能超过15分钱。请问，你该怎么办？

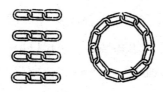

上面的"项链问题"你想到答案了吗？客观而言，虽然这看似一道有些难度的问题，但如果你找到了正确的解法，就会发现它并不复杂。先把一条小链子的三个环都打开，花4分钱；再用这3个环把剩下的3条小链都连在一起，再花9分钱，项链不就在限定不超过15分钱的条件下做成了吗？

事实上，这是美国的女心理学家西尔维拉在1971年设计的一个实验，专门演示酝酿效应的现象。

西尔维拉选了3组人作为被试者，每组成员的性别、年龄和智力水平等都大致相同。实验要求第一组用半个小时来思考，中间不休息；第二组先用15分钟想问题，无论解出与否都要休息半小时，打球、玩牌什么的，然后再回来思考15分钟；第三组与第二组类似，仍用前后各15分钟思考问题，只不过把中间休息的时间延长到4个小时。

结果，第一组有55%的人解决了问题，第二组有64%的人解决了

问题，第三组有 85% 的人解决了问题。

实验结束后，当西尔维拉要求被试者大声说出解决问题的过程，结果发现：第二、三组被试者回头来解决项链问题时，并不是接着原来的思路去做，而是从头做起。

你一定很好奇，同样的思考时间，只是安排有些不同，竟会造成 3 组成绩如此大的差别？正如成功的被试者自己所言，当他们休息回来以后，并不是接着原来的思路去做，而是仍然像刚开始那样从头想起。这才是真正的原因。

生活中，我们都会有类似的体验：遇到某个难题，冥思苦想不得其解，花了几个小时仍一无所获。不过，暂时忘掉它休息一会儿，可能就会突然茅塞顿开，问题迎刃而解了。

很显然，这种把难题暂时放一放穿插一些其他事情的做法，使人们不会陷入某一种固定的思维模式，而且能够采取新的步骤，从而使问题更容易被解决。心理学上把这种现象叫做"酝酿效应"。

不仅是前面那些普通的被试者，就连一些伟大的科学家，在解决问题过程中，同样会运用到"把难题放在一边，放上一段时间，才能得到满意的答案"的"酝酿效应"。阿基米德发现浮力定律就是其中一个经典的故事。

在古希腊，国王让人做了一顶纯金的王冠，但他又怀疑工匠在王冠中掺了银子。于是将阿基米德找来，要他在不损坏王冠的条件下，想法测定出王冠是否掺了假。

阿基米德为了解决这个难题冥思苦想，尝试了很多想法，但都失败了。有一天他去洗澡，当他的身体在浴盆里沉下去的时候，就有一部分水从浴盆边溢出来；而且，他觉得入水愈深，体重就愈轻。他恍然大悟，然后便进宫去面见国王。

在国王面前，阿基米德将与王冠一样重的一块金子、一块银子和王冠，分别放在水盆里，只见金块排出的水量比银块排出的水量少，而王冠排出的水量比金块排出的水量多。阿基米德对国王说："王冠里确实掺了银子!"

国王不解，阿基米德解释说："一公斤的木头和一公斤的铁相比，木头的体积大。如果分别把它们放入水中，体积大的木头排出的水量比体积小的铁排出的水量多。可以将这个道理用在金子、银子和王冠上。因为金子的密度大，银子的密度小，故同样重量的金子和银子，必然是银子体积大于金子的体积，放入水中，金块排出的水量就比银块少。刚才王冠排出的水量比金子多，说明王冠的密度比金块密度小，从而证明王冠不是用纯金制造的。"

事情往往就是这样，当我们对一个难题束手无策时，思维就进入了"酝酿阶段"。当我们抛开面前的问题去做其他的事情时，突然某一刻，百思不得其解的答案却出现在我们面前。正如南宋诗人陆游那句脍炙人口的诗句所言："山重水复疑无路，柳暗花明又一村。"

劳逸结合，让你的灵感迸发

心理学家认为，人们在酝酿过程中，存在潜意识层面推理，储存在记忆里的相关信息是在潜意识里组合，而在穿插其他事情的时候突然找到答案，是因为个体消除了前期的心理紧张，忘记了个体前面不正确的、导致僵局的思路，从而具有了创造性的思维状态。

那么，遇到难题的时候，我们应学会劳逸结合，先把它放在一边，小憩一会儿或去喝杯茶，时隔几小时、几天，甚至更长时间之后再来解决它，往往能收到"踏破铁鞋无觅处，得来全不费工夫"的效果。

在化学界里，苯在 1825 年就被发现了，可是后几十年间，人们一直没有弄清它的结构。尽管很多证据都表明苯分子由 6 个碳原子和 6 个氢原子构成，结构是对称的，但大家怎么也想不出这些原子是如何排列、形成整个稳定的分子的。德国化学家凯库勒长期研究这一问题，但同样找不到答案。

1864年冬天的某个晚上，凯库勒在火炉边看书时，不知不觉进入半睡眠状态。他梦见一条蛇咬住了自己的尾巴，形成了旋转的环状。

他如同受了电击一样，突然惊醒。那晚他为这个假设的结果工作了整夜，这个环形结构被证实是苯的分子结构。

这是一个化学史上最著名的梦，苯分子结构的秘密也由此解开。

凯库勒在这个研究的过程中所运用的，正是我们所讲的酝酿效应。他自己也曾说过："当事情进行得不顺利时，我的心就想着别的事了。"没错，被难题卡住、怎么都想不通的时候，我们就应该想想别的事情，让大脑劳逸结合。

从心理学角度讲，人的这种酝酿来自想象，是人脑对于对象中隐含的整体性、次序性、和谐性的某种迅速而直接的洞察和领悟。长期不间歇地思考一个问题，会造成精神紧张，于是一时间什么都想不出来。然而，我们头脑中收集到的资料不会消极地储存在那里，一旦让大脑合理地休息，它就能按照一种我们所不知道的或很少意识到的方式进行加工和重组原来存储的那些资料，进而产生新的想法。也就是说，直觉可以引导我们绕过不可逾越的高山，曲径通幽，达到柳暗花明的境界。

所以，我们一定要明白，当对一个问题进行研究，在收集了充分的资料并且经过深入探索仍难以找到答案时，不应一条道跑到黑，而应做到劳逸结合，把对该问题的思考抛开，转而想别的事情，这样才会给新想法和好想法自然酝酿、成熟并迸发出来的机会。

基利定理：失败是成功之母

坦然面对失败就是成功

失败是我们人生经历最多的课题，怎么逃也逃不过的仇敌。但如果你坦然地面对了这个课题，你会发现这不是个无解的方程式；如果你直面了这个仇敌，你会发现它可以让你学到很多东西。失败，就像黎明前的黑暗，与成功只差那一瞬间，只要你挺过去了，那么你就能够看到属于你的光辉黎明。

奥城良治，一个连续 16 年荣获日本汽车销售冠军的伟大推销员，他之所以能取得如此骄人的成绩，只源于小时候的一次偶遇。在奥城良治还是个小孩的时候，有一次在田埂间看到一只瞪眼的青蛙，就调皮地向青蛙的眼睑撒了一泡尿。之后，却发现青蛙的眼睑非但没有闭起来，而是一直张着眼瞪着他。他很惊讶，这奇特的一幕给他留下了深刻的印象。但没想到，这一幕竟成了他成功的秘诀。若干年后，他做了一名推销员。每当遭到客户拒绝时，他就会想起童年时那只被尿浇也不闭眼的青蛙。于是，他就像那只青蛙一样，面对客户的拒绝，总是逆来顺受，张眼面对客户，从不惊慌失措。

客户的拒绝，对于推销员来说，就是最大的失败。而奥城良治从不逃避，而是坦然面对，这是他从青蛙那儿学来的，我们也应该从他那里学来。

男子 100 米和 200 米两项世界纪录的保持者尤塞因·博尔特，在国际田联钻石联赛斯德哥尔摩站的 100 米比赛中却败给了盖伊。这是他两个赛季以来的首次败绩，但博尔特认为，这次失败并没有给他造成什么震动。他谈道："我（对比赛失利）并不惊奇，这只是一场失败而已。我早说过，如果有谁想战胜我，最好就是赶在今年。"这种坦然面对失败的态度，让人相信尤塞因·博尔特在以后的比赛中，还会再创佳绩。因为，这种坦然面对，就是下一次成功的征兆。

一个人是否活得丰富不能看他的年龄，而是要看他生命的过程是否多彩，还要看他在体验生命的过程中是否能把握住机会。人生的机会通常是有伪装的，它们穿着可怕的外衣来到你的身边，大多数人会避之不及，但那些具有独特素质的人却能看到其本质并抓住它们。这些素质中最重要的就是承受失败的能力和勇气。

在你成长的过程中，会遭遇很多的失败，但最好的机会也往往就藏在这些失败背后。懂得坦然面对挫折和失败，并把它变成你的一种常态，这样你就离成功不远了，或者说这本身就是一种心理的成功。一个人可以从生命的磨难和失败中成长，正像腐朽的土壤可以生长鲜活的植物一样。土壤也许腐朽，但它可以为植物提供营养。失败固然可惜，但它可以磨炼我们的心智和勇气，进而创造更多的机会。只有当我们能够以平和的心态面对失败和考验时，我们才能收获成功。而那些失败和挫折，都将成为生命中的无价之宝，值得我们在记忆深处永远收藏。

经过失败才能走向成功

当今最具影响力的激励演讲家安东尼·罗宾曾说过："成功很难，但不成功更难，因为你要承受一辈子的失败。""这世界没有失败，只有暂时停止成功，因为过去并不等于未来。"所以，失败只是暂时的，只是走向成功的一条必经之路，或者说是成功之路上的一段过程。走过它，你就会拥有成功。

人生的99%都是失败，所以每当你干一件事的时候，失败可能随时伴随着你。如果你害怕失败，那么你就将一事无成。每一个做父母的都知道，孩子不摔几跤是学不会走和跑的。所有人都是这样摔着长大的，你也不例外。人生就逃不开失败，只有在失败中，你才能真正学到本领。想长大成人，想实现梦想，那么就必须记住："失败是成功之母!"有这样一个故事：

有一个人在走路的时候，因为路不平而摔了一跤，他爬了起来。可是没走几步，一不小心又摔了一跤，于是他便趴在地上不再起来了。有人问他："你怎么不爬起来继续走呢?"那人说："既然爬起来还会跌倒，我干吗还要起来，不如就这样趴着，就不会再被摔了。"这样的人，摔两次就怕得不敢再起来继续往前走了，那么他肯定永远也无法到达他的目的地了。

如果我们都像这个趴在地上不起来的人一样，在一两次失败后就选择放弃，那么我们也就永远不会得到成功的眷顾。对于"成功"和"失败"，我们应该客观看待。它们不是一对不可调和的矛盾体，而是可以互相依存的，我们只有经历过"失败"才能体会到"成功"的珍贵，也只有在"成功"后才会知道"失败"的意义。"成功"的背后是用"失败"砌成的台阶，如果没有这一层一层的台阶，我们可能永远待在原地，无法迈出任何一步。"成功"是"失败"永远的灯塔，只有在历经艰难困苦后，才能找到正确的方向去接近灯塔，获得光明。正如歌里所唱的那样："不经历风雨，怎么见彩虹，没有人能随随便便成功。"失败过后，只要我们永不放弃，最终会见到美丽的彩虹。失败不要紧，重要的是不要失去信心，这一次失败，可以换来下一次的成功。

数学上有名的平行公理，从它问世以来，一直遭到人们的怀疑。几千年来，无数数学家致力于求证平行公理，但都失败了。数学家波里埃虽终身从事对平行公理的求证，最终也不得不成为那失败者中的一员。似乎平行公理根本无法证明。但罗巴切夫斯基在经过7年求证而毫无结果后，潜心思考找到了失败的原因，从而取得了成功。虽说"失败是成功之母"，但是要把失败转化为成功，还必须经过不断的探索和分析，找到失败的原因，吸取其中的教训，指导今后的工作，这样才会让失败成为成功之母。

应该说，失败不可怕，它是通向成功的桥梁；失败不可悲，它意味着你又有了重新开始的理由。因此，当一切可能的失败都尝试过之后，拥抱你的一定是成功。成功者之所以成功，只不过是他不被失败左右而已。不允许失败，无异于拒绝成功。

韦特莱法则：先有超人之想，才有超人之举

敢于想象，才能有惊人之举

有这样一句话："思想有多远，你就能走多远。"其中的道理很简单——先要敢想，才能做大事。换而言之，先有超人之想，才有超人之举。

生活中，大人都喜欢问小孩一个问题：长大后想要做什么？这是一个关于梦想的问题，更是测试志向的问题。如果小孩回答以后想要做国家主席、科学家或富豪之类的，大人会说他有志气、有出息。敢于为自己设计远大的理想，才能成就大事业。像周恩来总理，从小就有"为中华崛起而读书"的远大志向，最终也为中华的崛起做出了巨大的贡献。一个人要想成功，就要敢于想象。

这个想象，不是空想，是一种自信，是一种勇敢。每个人都想成功，但很多人都缺少这种自信和勇气。而那些成功的人往往多的也就是这点自信和勇气，就像在美国历史上颇有作为的林肯总统，在被记者问到他之前的两届总统之所以没有签署《解放黑奴宣言》是不是要留给他来成就英名时，他说道："可能有这个意思吧。不过，如果他们知道拿起笔需要的仅是一点勇气，我想他们一定非常懊丧。"一个人之

所以没有成功，缺少的往往不是机会，而是敢于把握机会的勇气。林肯敢于把握机会，最终名扬天下，而他之前的两任总统却因缺乏勇气而"错失了良机"。

"敢想敢干"，是在成功者的评语中出现频率最高的词之一，没有想法就不会有作为。人生就好比一个"梦工厂"，没有大胆的想象，就不可能有惊人的举动。激烈的竞争，从来不容许懦夫成功。那些取得成功的人，与你没什么两样，如果说有区别的话，那就是他们想了你们不敢想的事，做了你们不敢做的事。

20世纪初期，美国的汽车大王亨利·福特为了使汽车具有更好的性能，决定生产一种有8只汽缸的引擎，而这在当时的技术环境下几乎是不可能的。但是，亨利·福特却不这么认为，他给工程师们下达了完成"不可能任务"的死命令——无论如何也要生产这种引擎，去做，直到你们成功为止，不管需要多长时间。结果，8只汽缸的引擎真的被工程师们给制造出来了，福特的想法得到了实现。

可见，只要你敢想，就有可能会成功；如果你连想都不敢想，那今生肯定与成功无缘。

勇于做别人不愿意做的事

孟子曰："故天将降大任于斯人也，必先苦其心志，劳其筋骨，饿其体肤，空乏其身，行拂乱其所为，所以动心忍性，曾益其所不能。"就是说，能成就大业的人，都要经历一个痛苦的过程，出乎意外，才能得乎意外。就像美国管理学家韦特莱提出的韦特莱法则：成功者所从事的工作，是绝大多数的人不愿意去做的。所以许多时候，他们的成功只是因为他们做了许多人不以为然的、不愿意去做的事情而已。

小李中专毕业，找到一份在影楼做销售的工作。他知道自己的学历低，比不上那些大学生、研究生，所以他就尽量做些别人不愿意做的事。比如，提前来上班，往饮水机里加水，主动打扫卫生，帮同事订盒饭等等，没想到连续这样做了几周后，他不但和同事都成了好朋友，连平时没怎么注意过他的老板，也开始夸他勤快能干了。他很高兴，干起这些来更加起劲了。两个月后，影楼分店要选拔店长，小李意外地被选中，成为了影楼最年轻的店长。

老子云："天下难事，必作于易。"意思是说天底下最难的事，都是从最容易的事开始做起的。所以，想要成功，就从别人不愿意做的事做起吧。

因在细菌研究方面的卓越成就而获得了1905年诺贝尔生理学与医学奖的科学家科赫，也正是因为做了别人不愿意做的事才获得了如此大的成就。在他刚刚入读德国哥丁根大学医学院时，他的教授亨利为他们同级的新生们布置了一个很简单也很无聊的作业——抄写亨利教授多年积累下来的论文手稿，而且要求他们务必要工整和仔细。当同学们翻开亨利教授的论文手稿时，发现这些手稿已经非常工整了。于是，他们得出了一个结论：只有傻子才会坐在那里当抄写员。其他人都去实验室做实验、搞研究去了，只有科赫一个人将信将疑地把论文手稿完完整整地抄写了一遍。结果，这件事让他受益匪浅。当他拿着抄好的手稿去找亨利教授时，亨利教授对他说了这么一席话："孩子，我向你表示由衷的敬意！因为只有你完成了这项抄写工作，而那些我认为很聪明的学生，竟然都不愿做这种繁重、乏味的工作。我们从事医学研究的人，不光需要聪明的头脑和勤奋的干劲，更重要的是，一定要具备一种一丝不苟的精神。作为年轻人，往往急于求成，这样很容易忽略细节。要知道，医学上走错任何一步，都是人命关天的大事！我让你们做那些抄写手稿的工作，既是让你们学习医学知识，也是让你们进行一种心性的修炼。"

正是亨利教授的那席话，让科赫明白了自己所从事的研究的真谛和自己应该抱有的研究态度。也正是因为他牢记了这席话，敢于做别人不愿意做的事，使他日后在医学界有了那么大的作为。

　　如果你现在有追求成功的念头，那么，就从身边最简单的别人不愿意做的事做起吧。

第二章　职场行为学准则

蘑菇定律：新人，想成蝶先破茧

职场起步，切勿过早锋芒毕露

众所周知，蘑菇长在阴暗的角落，得不到阳光，也没有肥料，自生自灭，只有长到足够高的时候才开始被人关注。

这种经历，对于成长中的职场年轻人来说，就像蛹，是化蝶前必须经历的一步。只有承受这些磨难，才能成为展翅的蝴蝶。初涉职场的新人，不仅要承受住"蘑菇"阶段的历练，还要注意不能过早地锋芒毕露。

有一位图书情报专业毕业的硕士研究生被分到上海的一家研究所，从事标准化文献的分类编目工作。

他认为自己是学这个专业的，比其他人懂得多，而且刚上班时领导也以"请提意见"的态度对他。于是工作伊始，他便提出了不少意见，上至单位领导的工作作风与方法，下至单位的工作程序、机制与发展规划，都一一列举了现存的问题与弊端，提出了周详的改进意见。对此领导表面点头称是，其他人也不反驳，可结果呢，不但现状没有一点儿改变，他反倒成了一个处处惹人嫌的主儿，还被单位掌握实权的某个领导视为狂妄、骄傲，一年多竟没有安排他做什么具体活儿。

后来，一位同情他的老太太悄悄对他说："小王啊，你还是换个单位吧，在这儿你把所有的人都得罪了，别想有出息。"

于是，这位研究生闭上了嘴。一段时间后，他发觉所有的人都在有意无意地为难他，连正常的工作都没有人支持他，他只好"炒领导的鱿鱼"，离开了。

临走时，领导拍着他的肩头："太可惜了！我真不想让你走，我还准备培养你当我的接班人哩！"

那位研究生一边玩味着"太可惜"三个字，一边苦笑着离去。

在现实社会中，与这位研究生一样的年轻人并不少见。他们处世往往不留余地，锋芒毕露，有十分的才能与聪慧，就要表露出十二分。殊不知，职场有职场的游戏规则，你如果想在职场有所作为，就要先适应这里的游戏规则，实力壮大、羽翼丰满之后，再通过你的能力来制定新的游戏规则，否则，你一定会被碰得头破血流，留下"壮志未酬身先死"的怨叹。

小说《一地鸡毛》中描写到，主人公小林夫妇都是大学生，很有事业心，努力、奋发，有远大的理想。二人志向高得连单位的处长、局长，社会上的大小机关都不放在眼里，刚刚工作就锋芒毕露。于是，两人初到单位，各方面关系都没处理好，而且因为一开始就留下了"伤疤"，后来的日子也经常是磕磕碰碰。说到底，夫妇俩都败给了自己的职场第一步。

中国有一个成语叫"大智若愚"，行走职场，必要的时候，你一定要学会做一个"愚人"来保全自己，这往往能让你以不变应万变。

做"蘑菇"该做的事，以智慧突破"蘑菇"境遇

曾有人说过这样一番话："一个人既然已经经历'蘑菇'的痛苦，哭也好，骂也好，对克服困难毫无帮助，只能是挺住，你没有资格去悲观。因为，此时假如你自己不帮助自己，还有谁能帮助你呢？"

这句话说明了一个很重要的道理：正因身处"蘑菇"境遇，你得比别人更加积极。谁都知道，想做一个好"蘑菇"很难，但那又能怎样呢？如果只是一味地强调自己是"灵芝"，起不了多大作用，结果往往是"灵芝"未当成，连"蘑菇"也没资格做了。

所以，你想要突破"蘑菇"的境遇，使自己从"蘑菇堆"里脱颖而出，在最开始就要做好"蘑菇"该做的事，用智慧去突破"蘑菇"境遇。

你要学会从工作中获得乐趣，而不仅仅是按照命令被动地工作。确立自己的人生观，根据你自己的做事原则，恰如其分地把精力投入工作中。要想让企业成为一个对你来说有乐趣的地方，只有靠你自己努力去创造、去体验。

身为新人，工作中你要注意礼貌问题。也许你觉得这样是在走形式，但正因为它已经形式化了，所以你更需要做到，从而建立良好的人际关系。记得有这样一句话：礼貌这东西就像旅途使用的充气垫子，虽然里面什么也没有，却令人感觉舒适。记住：有礼貌不一定是智慧的标志，可是不礼貌会被人认为愚蠢。

常言道：少说话，多做事，这对新人更是适用。每一个刚开始工作的年轻人都要从最简单的工作做起。如果你在开始的工作中就满腹牢骚、怨气冲天，那么你就会对工作草率行事，从而有可能导致错误的发生；或者本可以做得更好，却没有做到，这会使你在以后的职务分配中很难得到你本可以争取到的工作。

还有，毕业后一旦走向社会，会发现梦想与现实总是存在很大的差距。当你到了一个并不满意的公司，或者在某个不理想的岗位，做着也许很没劲甚至很无聊的工作时，肯定会产生前途茫然的感觉，如果收入又不理想，你肯定会郁闷万分，此时实际上就是蘑菇定律在考验你的适应能力。达尔文的话是最好的忠告：要想改变环境，必须先适应环境，别等环境来适应你。

时刻记住，人可以通过工作来学习，可以通过工作来获取经验、知识和信心。你对工作投入的热情越多，决心越大，工作效率就越高。当你抱有这样的热情时，上班就不再是一件苦差事，工作就会变成一种乐趣，就会有许多人聘请你做你喜欢做的事。

正如罗斯·金所言："只有通过工作，你才能保证精神的健康，在工作中进行思考，工作才是件愉快的事情。两者密不可分。"处于"蘑菇"阶段的年轻人，快沉下心来，以你的智慧与能力在职场破茧成蝶吧！

自信心定律：出色工作，先点亮心中的自信明灯

丢掉第 6 份工作引发的职场思考

"难道我真的一无是处，是个没用的人？"刚刚失去第 6 份工作的李磊（化名）想起 3 年来在工作中的点点滴滴，对自己彻底失去了信心。

他说，前几天刚被老板辞退，这已经是他毕业 3 年来的第 6 份工作了。他自己觉得，不自信是丢掉工作的主要原因。原来，1 周前李磊到一家牙科诊所应聘，老板问他是什么学历，因为害怕老板嫌弃自己的学历低，李磊便谎称是本科学历，而实际上他是大专学历。本以为老板只是问问学历，没想到上班之后，老板天天要他拿出学历证书。再也瞒不过去的李磊只得向老板吐露了实情，结果第 2 天老板就以"为人不诚实"将他辞退了。

"一家私人诊所可能也不会太在乎学历，我毕业 3 年了，有实践经验，这对老板来说可能比学历更为重要。"李磊很后悔当初不自信，没有对老板说实话。

李磊的经历给我们带来了深刻的思考：职场上，自信心对于一个人很重要。要想老板看重你，首先要自己看重自己。

客观上来说，一个人有没有自信，来源于对自己能力的认识。充满自信就意味着对自己"信任"、欣赏和尊重，意味着对工作胸有成竹、很有把握。

未来学家弗里德曼在《世界是平的》一书中预言："21世纪的核心竞争力是态度。"这就是在告诉我们，积极的心态是个人决胜未来最为根本的心理资本，是纵横职场最核心的竞争力。

所谓的积极心态，自信心当然是非常重要的一部分。一个失去自信的人，就是在否定自我的价值，这时思维很容易走向极端，并把一个在别人看来不值一提的问题放大，甚至坚定地相信这就是阻碍自己进步的唯一障碍，自然就很难有出类拔萃的成就了。

事实上，工作中若能时刻保持一种积极向上的自信心态，即使遇到自己一时无法解决的困难，也会保持一种主动学习的精神，而这种内在的、自发的主动进取，往往会让我们把事情做得更好。

美国成功学院对1000名世界知名成功人士的研究结果表明，积极的心态决定了成功的85%！对比一下身边的人和事，我们不难发现，很多自信的人工作起来都非常积极、有把握，并且取得了出色的工作业绩；而那些总认为"我不行""做不了""我就这水平了"的人，尽管有过多年的工作经历，但工作始终没有什么起色。

所以，在职业生涯中，必须充满自信。自信心是源自内心深处、让你不断超越自己的强大力量，它会让你产生毫无畏惧、战无不胜的感觉，这将使你工作起来更加积极。

自信飞扬，做职场冠军

在工作中，我们常会遇到这样的情况：挫折袭来，有的人始终不能产生足够的自信心，从而一蹶不振；有的人却能在焦虑和绝望后迅速产生强大的自信心，从而拼劲十足地实现目标。

其实，产生这种差异并不完全是由先天因素决定的，往往是因为前者平时不注重自信心的树立；后者却懂得经过长期的自我训练，增强自信心。

　　无论从事什么职业，自信都能给人以勇气，使你敢于战胜工作中的一切困难。工作上，谁都愿意自己出类拔萃，这就要求我们必须挑战人生，要挑战就必须以充满自信为前提，如果我们连自信心都没有，能做好什么事呢？

　　大家都知道毛遂自荐的故事，正因为毛遂有极强的自信心，所以才敢向平原君推荐自己，并最终出色地完成了任务。

　　美国思想家爱默生说："自信是煤，成功就是熊熊燃烧的烈火。"对于成功人士来说，自信心是必不可少的。据说，今日资本集团总裁徐新当初之所以选择投资网易，正是因为网易创始人丁磊的自信。

　　丁磊毕业于电子科技大学，毕业后被分配到宁波市电信局。这是一份稳定的工作，但丁磊无法接受那里的工作模式和评价标准，自信的他从电信局辞职："这是我第一次开除自己。有没有勇气迈出这一步，将是人生成败的一个分水岭。"

　　因为自信，丁磊在两年内3次跳槽，最终在1997年决定自立门户。后来，丁磊和徐新在广州一家狭小的办公室见面。徐新主动问他一些问题："网易在行业内的情况怎么样？"

　　"我们会是第一。"丁磊毫不犹豫地这么回答。客观上讲，1999年初，网易刚向门户网站迈进，与新浪、搜狐相比，还只是一个刚刚崭露头角的小网站。

　　徐新当然知道当时的网易不是门户网的第一，但觉得丁磊很有上进心，而不是吹牛——是有实质的自信。"我觉得企业家有这种精神是很重要的，你有这么一个理想跟雄心去做行业排头兵。我投的就是你的这个自信。"

　　通过丁磊的经历，我们可以肯定地说：充分的自信是创立事业、成就价值的重要素质。

　　既然自信心如此重要，那么，我们要怎样做才能树立自信心呢？

首先，在平时的工作中要不断地学习，不断地提升自己。阿基米德说过："给我一个支点和一根足够长的杠杆，我就能撬动整个地球。"有如此的自信，那是因为他深入掌握科学的原理。关羽之所以敢独自一人去东吴赴会，是因为他深知自己的本领……正所谓"有了金刚钻，才敢揽瓷器活"。

其次，要有一定的耐心和毅力。有些事情不是一朝一夕就能做好的，需要我们持之以恒地努力。要用长远的目光看待目前遇到的困境，相信我们有能力去解决它，相信自己，最后的成功必定是我们的。

最后，不要总想着自己的缺点，要时刻告诉自己"我是最棒的""我是优秀的"。每个人都有缺点，完美无缺的人是不存在的，对自身的缺点不要念念不忘。要知道，别人往往并不那么在意你的缺点。要相信自己，相信自己是最棒的、最优秀的。

青蛙法则：居安思危，让你的职场永远精彩

生于忧患，死于安乐

19世纪末，美国康奈尔大学进行了一个有趣的实验：他们将一只青蛙扔进一个沸腾的大锅里，青蛙一接触到沸水，便立即触电般地跳到锅外，死里逃生。实验者又把这只青蛙丢进一个装满凉水的大锅，任其自由游动，然后用小火慢慢加热。随着温度慢慢升高，青蛙并没有跳出锅去，而是被活活煮死。

前面"蛙未死于沸水而灭顶于温水"的结局，很是耐人寻味。若是锅中之蛙能时刻保持警觉，在水温刚热之时迅速跃出，也为时不晚，就不至于落得被煮死的结局。这就让我们想起了孟子曾说过的一句话："生于忧患，死于安乐。"

一个人如果丧失了忧患意识，那么，就会像被水煮的青蛙一样，在麻木中"死亡"。所以，在从初涉职场到工作干练的渐变过程中，我们要保持清醒的头脑和敏锐的感知，对新变化做出快速的反应。不要贪图享受，安于现状，否则当你意识到环境已经使自己不得不有所行动的时候，你也许会发现，自己早已错过了行动的最佳时机，等待你的只是悲哀、遗憾和无法估计的损失。

漫漫职场路，我们都希望自己能一帆风顺，不希望遇到忧患与危机。但客观上讲，忧患与危机并不是什么可怕的魔鬼，当它们出现在我们面前时，往往能激发潜伏在我们生命深处的种种能力，并促使我们以非凡的意志做成平时不能做的大事。所以，与其在平庸中浑浑噩噩地生活，不如勇敢地承受外界的压力，过一种更有创造力的生活。

拿破仑在谈到他手下的一员大将马塞纳时曾说："平时，他的真面目是不会显现出来的，可当他在战场上看到遍地的伤兵和尸体时，那种潜伏在他体内的'狮性'就会在瞬间爆发，他打起仗来就会勇敢得像恶魔一样。"

再如拿破仑本人，如果年轻时没有经历过窘迫而绝望的生活，也就不可能造就他多谋刚毅的性格，他也就不会成为至今为人们所景仰的英雄人物。贫穷低微的出身、艰难困顿的生活、失望悲惨的境遇，不仅造就了拿破仑，还造就了历史上的许多伟人。例如，林肯若出生在一个富人家的庄园里，顺理成章地接受了大学教育，他也许永远不会成为美国总统，也永远不会成为历史上的伟人。正是有了那种与困境作斗争的经历，使他们的潜能得以完全爆发，从而发现自己的真正力量。而那些生活在安逸舒适中的人，他们往往不需要付出太多努力，也不需要个人奋斗就能达到目的，所以，潜伏在他们身上的能量就会被"遗忘""湮没"。

当今世界上，有许多人都把自己的成功归功于某种障碍或缺陷带来的困境。如果没有障碍或缺陷的刺激，也许他们只能挖掘出自己

20%的才能，正因为有了这种强烈的刺激，他们另外 80% 的才能才得以发挥。

所以，身处今天快节奏、不断变幻的职场，我们要懂得居安思危。要知道，危机并不代表灭亡，而恰恰可能是一种契机。我们经由这些危机，往往会发现自己真正的价值所在，激发出深藏于心的巨大力量，从而使人生更加精彩。

在自危意识中前进

我们都知道，未来是不可预测的，人也不可能天天走好运。正因为这样，我们更要有危机意识，在心理上及实际行为上有所准备，以应付突如其来的变化。有了这种意识，或许不能让问题消弭，却可把损害降低，为自己打开生路。

常言道，一个国家如果没有危机意识，迟早会出问题；一个企业如果没有危机意识，迟早会垮掉；一个人如果没有危机意识，也肯定无法取得新的进步。

那么，我们具体该如何在竞争激烈的职场中提升自己的危机意识呢？下面，来看看闻名于世的波音公司的一个有趣做法。

波音公司以飞机制造闻名于世。为了提升员工的忧患意识，一次，公司别出心裁地摄制了一部模拟倒闭的电视片让员工观看：

在一个天空灰暗的日子，公司高高挂着"厂房出售"的招牌，扩音器传来"今天是波音公司时代的终结，波音公司关闭了最后一个车间"的通知，全体员工一个个垂头丧气地离开工厂……

这个电视片使员工受到了巨大震撼，强烈的危机感使员工们意识到：只有全身心投入生产和革新中，公司才能生存，否则，今天的模拟倒闭将成为明天无法避免的事实。

看完模拟电视片，员工们都以主人翁的姿态，努力工作，不断创新，使波音公司始终保持着强大的发展后劲。

事实上，波音公司的这种做法不仅对企业有深刻启示，对于行走职场的个人来说，同样具有一定的借鉴作用。

在工作中，我们也应该像波音公司的员工那样，时刻提醒自己：只有全身心投入生产和革新中，公司才能生存，我们才有机会发展，否则，终将难逃被淘汰的事实。

当今社会的快节奏和激烈的竞争，令很多人在 35 岁时遇到这样一个困惑：为什么多年来我一事无成？接下来的岁月我应该做些什么？在机会面前，许多人不敢贸然决定。因为他们从心理上理解了人生的有限，而自己也开始重新衡量事业和家庭生活的价值，于是产生了职业生涯危机。这就是著名的"35 岁危机论"。

罗伯特先生 35 岁，自言感觉过去对工作、对自己的认识似乎有错误，而自己长期养成的行为习惯好像变成了事业的绊脚石。想改变自己，又不忍心否定过去；想改变生活方式，又担心选择的并不是最适合自己的。两年前，他终于下定决心放弃了某公司副经理的职位，参加 MBA 考试并重回校园深造。

现在，完成学业的罗伯特先生在找工作时却犯了难。罗伯特先生业已投出上百份简历，但有回音者寥寥无几。罗伯特先生说，自己并不要求高起点的薪金，而只要求一个管理类的工作职位。然而他发现，"社会上已经人满为患"。

罗伯特先生曾读过一篇题目为《35 岁，你还会换工作吗》的文章，文中专家说："社会对 35 岁以上的求职者提出了较高的要求，必须通过不断学习和更新知识，提高自身竞争力。"对此罗伯特先生很纳闷：我正是为了完善自己才去学习，为什么反而让社会把自己挤了出去呢？

其实，像罗伯特先生这种工作以后又重返课堂充电，充电后再找工作重新迎接社会的挑战，已不仅仅是 35 岁的人才会面临的境况。有人甚至感叹："不充电是等死，怎么充了电变成找死啦？"

最关键的一点是：我们要明白，人生的经历是积累的，不要以为学习充电后就无须面临社会"物竞天择，适者生存"的自然选择。以前的经历是你的宝贵财富，但这并不能让你在职场上永操胜券。千万不要有一劳永逸的期待，要时刻保持危机意识，告诉自己"一定要快跑，不够优秀在什么时候都会被淘汰"。

鸟笼效应：埋头苦干要远离引人联想的"鸟笼"

远离让人欲罢不能的"鸟笼"，不让老板怀疑你

心理学家詹姆斯有天与好友卡尔森打赌，说："我敢保证，不久后你会养一只小鸟！"卡尔森一听，觉得很荒唐，就笑着说："你在开玩笑吧？我从来就没有过这种想法。"

几天后，卡尔森过生日，朋友们都来为他庆祝。詹姆斯也来了，还带了一只精致的鸟笼作为生日礼物。

卡尔森接过鸟笼，想起几天前詹姆斯说的话，就会意地笑笑说："好你个詹姆斯，你还真想让我养鸟啊？可惜，最后你肯定会失望的。不过，还是要谢谢你的鸟笼，我很喜欢它。"说完便将鸟笼挂在了自己的书桌旁。

从此以后，来拜访卡尔森的客人，都会问他同一个问题："教授，您养的鸟死了吗？"而且每位客人与他谈话的时候，都会提一些与鸟相关的话题，比如告诉他养鸟的知识，委婉地规劝他养鸟需要责任心和爱心，还有养鸟时的一些注意事项等。每当此时，卡尔森就一遍一遍地向客人解释——他从未养过鸟，不过客人们都不相信，反而认为他心理出现了问题。

卡尔森百口莫辩，有苦难言。想扔了这鸟笼，又不舍得，它那么漂亮而且还是别人送的礼物；不扔这鸟笼，又惹出那么多恼人的猜测，

莫须有的事端。想来想去，万般无奈之下，他只好沿着詹姆斯的预测走，买了一只鸟儿放在笼子里，这总比整天解释和被人误解好多了。

这就是著名的"鸟笼效应"，詹姆斯用他的心理学知识涮了好友一把。

其实，"鸟笼效应"在我们的生活、工作中会常常遇到。人们总是不自觉地在自己的心里先挂上一只"鸟笼"，再不由自主地往笼子里放"小鸟儿"。

人们大部分情况下很难亲眼看到事情的真相，所以很多事情，都会靠着常规思路进行推理。你认为努力工作的人就应该天天加班，而更多的人却觉得工作量正常还每天加班那就是为了占用公司的资源。如果你给同事、老板留下这样的印象，那你可就惨了。

刘季是从一家小公司转过来的。在小公司的时候，公司的老板每天都加班到很晚，所以作为老板得力助手的刘季自然也就养成了每天加班的习惯。到了新公司后，刚刚熟悉业务，为了能更好地胜任自己的工作，他依然坚持着每天加班到很晚的习惯。可是这家公司的风气与以前的小公司不同，这里的员工和老板没有加班的习惯。所以，同事们发现刘季每天加班到很晚后，都感到很奇怪。每天的工作量也不大，上班时间完全可以完成，为什么他还要每天加班到很晚呢？同事们开始议论纷纷。"他是不是为了给自己家省点电，或者省点网费？""可能是为了晚上用公司的电话打私人电话。""也有可能是利用公司的资源干私活。"……很快，老板也知道了这件事。他的第一直觉也是：这个人到底每天晚上加班到很晚是在搞什么"阴谋"？是不是为了占用公司的资源？通常情况下，在工作量正常的时候，依然每天加班到很晚，很容易让人联想到这些，老板也不例外。刘季发觉了同事的议论后，还不以为然，但当他知道老板也在怀疑他时，他就再也不敢加班了。

不要给老板怀疑你的机会，不要给同事议论你的可能。要学会遵循所在公司的"规则"，这样你的职场生活才会一帆风顺。

加班和加薪升迁没关系

职场规则：加班和加薪没关系。决定加薪的因素是你的能力。能力是最好的语言，业绩是最好的证明。只有具有扎实的本领，你才有发言权。否则无论你说再多，也是无用的。

职场，是用本领说话的地方。下面，我们来看一则关于本领的寓言：

有一次，在一场比赛上，鼯鼠夸耀说自己会很多本领。比赛开始了，最先比的是飞行。一声哨响，老鹰、燕子、鸽子一下就飞得没影了，鼯鼠扑腾着飞了几丈远就落了下来，着地时还没站稳，摔了个嘴啃泥。赛跑比赛，兔子得了第一后，躺在树下睡了一觉醒来，鼯鼠才跌跌撞撞地跑到终点。游泳比赛，鼯鼠游到一半就游不动了，大声喊起救命来，多亏了好心的乌龟把它驮回岸上。比赛爬树时，鼯鼠还没爬到树顶就抱着树枝不敢再爬，顽皮的猴子爬到树顶后摘了果子往它头上扔，明知道它不敢用手去接，还故意说请它吃水果。和穿山甲比赛打洞，穿山甲一会儿就钻进土里不见了，鼯鼠吃力地刨啊刨，半天才钻进半个身子。观众见它撅着屁股怎么也进不去，都哄笑起来。

在工作中，如果没有真才实学，即便终日卖力地加班，也会像鼯鼠一样遭到大家的嘲笑。我们说得再好听，吹嘘得再花哨，没有能力，没有业绩，无论在领导面前，还是在同事面前，甚至在下属面前，仍然很难挺起腰杆儿。

14岁就到煤矿做工的斯蒂芬逊，在煤矿中从事的工作就是擦拭矿上抽水的蒸汽机。后来，他当上了煤矿的保管员，这使他有机会接触到更多的机器。

他感到，当时落后的运输工具已经不能适应正在迅速发展的煤矿业，于是他就想发明一种"强有力的运输工具"。

于是，他下决心努力学习文化。他都 17 岁了，却是个文盲，"既然基础等于零，那就从零开始吧！"他与启蒙的儿童一起在夜校的一年级就读。

为了更好地进行蒸汽机的研究，他步行了 1500 多里来到了蒸汽机发明者瓦特的家乡做了长达一年的工。他在工作之余，就对蒸汽机构造的原理进行钻研，并运用自己所学的知识，开始进行"强有力的运输工具"的发明。

他经过一番呕心沥血的钻研，在 1814 年造出了第一台蒸汽机车。但是试车却失败了，他受到了诽谤和责难。他并没有因此而灰心，继续研究并对其加以改进。他于 1825 年 9 月 27 日在英国斯多克敦至达林敦的铁路上，对世界上第一台客货运蒸汽机车"旅行号"进行了成功的试车。人们热烈地庆贺火车的诞生。他于 1829 年 10 月驾驶着新制的"火箭号"参加了在利物浦附近举行的一次火车功率大赛，并获取了胜利。

斯蒂芬逊成功了，多年的努力与坚持不懈，自己的能力和本领在不断的实践中提升、完善。他的经历让我们更加清楚地看到——用本领说话才是最有力的。无独有偶，下面故事中的马克亦是如此。

马克起初只是德国一家汽车公司下属的一个制造厂的杂工，他是在做好每一件小事中获得了成长，并在他 32 岁时成为该公司最年轻的总领班。

马克是在 20 岁时进入工厂的。工作一开始，他就对工厂的生产情形做了一次全盘的了解。他知道一部汽车由零件到装配出厂，大约要经过 13 个部门的合作，而每一个部门的工作性质都不相同。他主动要求从最基层的杂工做起。杂工不属于正式工人，也没有固定的工作场所，哪里有零活就要到哪里去。因为这项工作，马克才有机会和工厂的各部门接触，因此对各部门的工作性质有了初步的了解。在当了一年半的杂工之后，马克申请调到汽车椅垫部工作。不久，他就把制椅垫的手艺学会了。后来他又申请调到点焊部、车身部、喷漆部、车床部等部门去工作。在不到 5 年的时间里，他几乎把这个厂的各部门工作都做过了。最后，他又决定申请到装配线上去工作。马克的父亲对儿子的举动十分不解，他问马克："你工作已经 5 年了，总是做些焊接、刷漆、制造零件的小事，恐怕会耽误前途吧?"

马克笑着说，"我并不急于当某一部门的小工头。我以能胜任领导整个工厂为工作目标，所以必须花点时间了解整个工作流程。我正在用现有的时间做最有价值的利用，我要学的，不仅仅是一个汽车椅垫如何做，而是整辆汽车是如何制造的。"当马克确认自己已经具备管理者的素质时，他决定在装配线上崭露头角。马克在其他部门干过，懂得各种零件的制造情况，也能分辨零件的优劣，这为他的装配工作提供了不少便利。没有多久，他就成了装配线上最出色的人物。很快，他就晋升为领班，并逐步成为统管 15 位领班的总领班。如果一切顺利，他将在几年之内升到经理的职位。

故事中，马克说得很对，要"用现有的时间做最有价值的利用"，加班与否都不重要，那只是形式，真正能托起你业绩的，不是你工作多少个小时，而是你的能力有多强，是否强到以高效率完成应该完成的工作。这是实力，也是本领。

做任何事情，不下一番工夫，就不会有所收获。每个人都希望自己在职场上占据优势地位，都希望自己能够加薪升迁。然而，仅仅有这种上进的思想是远远不够的，因为理想与现实之间的距离需要努力去弥补。只有掌握了扎实的本领，才能在工作中游刃有余。

鲁尼恩定律：戒骄戒躁，做笑到最后的大赢家

气怕盛心怕满，工作中要戒骄戒躁

有一天，孔子带着自己的学生去参观鲁桓公的宗庙。在宗庙里，他看到了一个形体倾斜可用来装水的器皿。就向守庙的人询问："请告诉我，这是什么器皿？"守庙的人告诉他："这是欹器，是放在座位右边，用来警戒自己，如'座右铭'一般用来伴坐的器皿。"孔子一听，接着说："我听说这种器皿，在没有装水或装水少时就会歪倒；水装得适中，不多不少的时候就会是端正的；而水装得过多或装满了，它也会翻倒。"说完，扭头让学生们往里面倒水试试。学生们听后舀水来试，果然如孔子所说的。水装得适中时，它就是端正的；水装得过多或装满了，它就会翻倒；而等水流尽了，里面空了，它就倾斜了。这时候，孔子长长地叹了口气说道："唉！世界上哪里会有太满而不倾覆翻倒的事物啊！"

我们的心也像这欹器，自我评价太低就会抬不起头做人，自我评价适中就会积极面对人生，自我评价过高就会四处碰壁。水满则溢，月满则亏。做人要有长远眼光，不能被一点小小的成就绊住了前进的脚步，而导致最后的失败。

张军和李静是大学同班同学，两个人一起应聘到一家公司。论实力，李静根本不是张军的对手。本来理工科就是男强女弱，张军在计算机方面又有超强的天赋，而李静恰巧又长了个"不开窍"的脑瓜，所以他们俩之间的差距就更大了。可是进公司半年后，李静却意外地比张军先升了职。

其实，这也不奇怪，正如"龟兔赛跑"一样，实力强的不一定最后就会赢。张军自恃能力很高，在这样的公司根本不需要再学习和进修，他的聪明才智完全可以应付一切工作。不仅如此，他对待工作也是马马虎虎，觉得交给自己的工作有辱自己的智商。而李静则知道自己实力不行，所以工作后依然不断地继续学习深造，对于上级交下来的每一项任务都认真对待，还乐于向身边的人请教。所以，出现李静先升职的现象是必然的。如果张军再不反省，还是那样的工作态度，那么最后可能会遭遇辞退的命运。哪个公司都不需要这种眼高手低、骄傲自大的员工。

气怕盛，心怕满。这是因为气盛就会凌人，心满就会不求上进。真正成功的人都极力做到虚怀若谷，谦恭自守。一个人成功的时候，还能保持清醒的头脑，不趾高气扬，那么他往往会取得更大的成功。

当迪普把议长之职让出来，以拥护林肯政府的时候，在一般人看来，由于他对党的贡献，不知该受到多么热烈的欢呼、称赞才好。他说："傍晚我当选为纽约州州长，一小时之后又被推选为上议院议员。不到第二天早晨，好像美国大总统的位置，便等不及让我的年纪足够后就落到我头上了。"他用这种调侃，善意地批评了别人对他的夸大赞扬。虽然迪普那时很年轻，但是头脑却很清醒，并不因为别人对他的那种夸张的称赞而自高自大。即使在那时，他还是能保持他那种真正的伟大的特性——不因为别人的称赞而趾高气扬。

你能够承受得住突然的飞黄腾达么？要衡量一个人是否真正能有所成就，就要看他能否有这种承受能力。福特说："那些自以为做了很多事的人，便不会再有什么奋斗的决心。有许多人之所以失败，不是因为他的能力不够，而是因为他觉得自己已经非常成功了。"他们努力过，奋斗过，战胜过不知多少的艰难困苦、凭着自己的意志和努力，使许多看起来不可能的事情都成了现实。然而他们取得了一点小小的成功，便经受不住考验了。他们懒惰起来，放松了对自己的要求，慢慢地下滑，最后跌倒了。在历史上，被荣誉和奖赏冲昏了头脑，而从此懈怠懒散下去，终至一无所成的人，真不知有多少……

如果你的计划很远大，很难一下子达到。那么，在别人称赞你的时候，你就把现在的成功与你那远大的计划比较一下，相比将来的宏伟蓝图，你现在的成功还只是万里长征的第一步，根本不值得去夸耀。这样一想，你就不会对眼前的一点小成就沾沾自喜了。所以，在可能实现的前提下，你的计划要大得连群众都来不及称赞。你的计划是如此之大，以致在刚刚开始的时候，一般人对于你的称赞，都表明他们还没有窥见你的宏伟计划。

洛克菲勒在谈到他早年从事煤油业时，曾这样说道："在我的事业渐渐有些起色的时候，我每晚把头放在枕上睡觉时，总是这样对自己说：'现在你有了一点点成就，你一定不要因此自高自大，否则，你就会站不住，就会跌倒的。因为你有了一点开始，便俨然以为是一个大商人了。你要当心，要坚持着前进，否则你便会神志不清了。'我觉得我对自己进行这样亲切的谈话，对于我的一生都有很大的影响。我恐怕我受不住我成功的冲击，便训练我自己不要为一些蠢思想所蛊惑，觉得自己有多么了不起。"

我们开始成功的时候，能够在成功面前保持平常心态，能够不因此而自大起来，这实在是我们的幸运。对于每次的成功，我们只能视其为一种新努力的开始。我们要在将来的光荣上生活，而不要在过去的冠冕上生活，否则终有一天会付出代价的。

执行到位，笑在最后

现代职场中，有很多企业的员工凡事得过且过，做事不到位，在他们的工作中经常会出现这样的现象：

——5％的人不是在工作，而是在制造矛盾，无事必生非＝破坏性地做；

——10％的人正在等待着什么＝不想做；

——20％的人正在为增加库存而工作＝"蛮做"、"盲做"、"胡

做";

——10％的人没有为公司作出贡献＝在做，但是负效劳动；

——40％的人正在按照低效的标准或方法工作＝想做，而不会正确有效地做；

——只有15％的人属于正常范围，但绩效仍然不高＝做不好，做事不到位。

……

大多数人正在按照低效的标准或方法工作，缺乏灵动的思维和智慧，永远忙乱，却永远到最后才完成任务。

越来越多的员工只管上班，不问贡献；只管接受指令，却不顾结果。他们沉不住气，得过且过，应付了事，将把事情做得"差不多"作为自己的最高准则；他们能拖就拖，无法在规定的时间内完成任务；他们马马虎虎、粗心大意、敷衍塞责……这些统统都是做事不到位的具体表现。

沉不住气，做事不到位，就会造成成本的增加，成本的增加意味着利润的降低。做事不到位的危害不仅仅在于此，在市场竞争空前激烈的今天，执行一旦不到位，就会让对手赢得先机，使自己处于被动的地位。

2002年，华为接受俄罗斯一家运营商的邀请，派遣几名技术员到莫斯科，要他们在短短的两个月内，在莫斯科开通华为第一个3G海外试验局。

但是受邀请的不只华为一家，第一个被邀请的是一家比华为实力更强的公司，也就是说，华为的员工是受邀前去调试的第二批技术人员。于是，他们就和第一批技术人员形成了一种"一对一"的竞争关系。

由于对手实力很强，一开始莫斯科运营商对华为的技术人员并不是很重视，不仅没有为他们提供核心网机房，甚至不同意他们使用运营商内部的传输网。缺乏这些必要的基础设施，华为的技术员开展工作时受到了很大的阻碍。因此，华为的员工压力很大，他们一直在思考怎样才能做得更好，以赢得运营商的信任。但眼看到了业务演示的环节，华为的技术员以为已经没有希望了。

不料，恰好这时候，对方的技术人员在业务演示中出现了一些小漏洞，引起了运营商的不满。为了弥补这些小漏洞，运营商决定将华为的设备作为后备。

于是，华为的几位员工紧紧抓住这个机会，夜以继日地投入工作中，最终向运营商完美地演示了他们的3G业务。

看完演示之后，运营商竖起了大拇指，立刻决定将华为的3G设备从备用升级为主用。

可见，执行到位关系到成败。执行到位，能够技压群雄；执行不到位，则可能前功尽弃、功亏一篑。

有一天，刘墉和女儿一起浇花。女儿很快就浇完了，准备出去玩，刘墉叫住了她，问："你看看爸爸浇的花和你浇的花有什么不一样？"

女儿看了看，觉得没有什么不一样。

于是，刘墉将女儿浇的花和自己浇的花都连根拔了起来。女儿一看，脸就红了，原来爸爸浇的水都浸透到根上，而自己浇的水只是将表面的土淋湿了。

刘墉语重心长地教育女儿，做事不能做表面功夫，一定要做彻底，做到"根"上。

其实，执行就和浇花一样，如果沉不住气，只是简单地做事，不用心、不细致，不看结果，敷衍了事，那就等于在浪费时间，做了跟没做一样。

在工作中，要有一个长远的规划，不能为达成一个小目标，或一时得到了上级的认可，就骄傲自满，停滞不前，这样你很快就会被别人甩在后面，被职场淘汰。现在的职场，是个时刻充满着竞争的地方。你不进步，就是在退步；你停滞不前，别人就会赶超过你。所以，不要满足于一时的成绩，要有一个大的方向，大的目标，不断前进。但也不要为一时的失败而气馁，要知道笑到最后才最美。

赢得成功，应当自觉戒除糊弄工作的错误态度，沉住气，为自己的工作结果树立标准，严格地落实到最后一个环节，不要认为事情快完成了就掉以轻心、马虎了事，而要确保每一环节都能严格落实到位。只有静下心来，以细致、认真的态度，戒骄戒躁，踏实做好每一项任务，我们才能保证执行的效果，才能为企业交上满意的答卷。

所以，无论你天资如何，无论你有多大的缺陷，决定你输赢的都不是这些，而是你是否能永远清醒地认识自己，是否能做到戒骄戒躁。在跑步时，跑得快的不一定赢；在打架时，实力弱的不一定输。没到最后一刻，都无法定输赢。只有笑到最后的人，才是真正的赢家。所以，不懈地努力吧！

链状效应：想叹气时就微笑

离职场抱怨远一点

有些人心胸不够宽大，对一些事情总是放不开，喜欢怨天尤人。如果你总和这样的人在一起的话，那么久而久之，你也会变成一个爱抱怨的人。这就是链状效应。所以，如果你不想变成一个"唠叨鬼"、一个"抱怨精"的话，那么就离那些爱抱怨的人远一点。

在职场上，更是如此。如果有爱抱怨的同事，你千万要躲他远一些。因为你不能为他解决任何问题，听他抱怨除了自找麻烦外，只能让自己的心情也变得很糟。而你本人，也千万不要对你的同事抱怨，特别是工作上的事情。如果你抱怨多了，除了自失尊严外，还会让同事对你避之唯恐不及。谁也不希望别人的消极情绪影响自己的好心情，所以想抱怨的时候，就微笑；有同事向你抱怨的时候，就一笑而过。

身在职场，就应该懂得职场内部的一些规则。不要把自己糟糕的形象暴露在同事面前，这样只会让他们觉得你很无能。不要抱怨工作辛苦，不要抱怨自己多干了活，更不要抱怨老板苛刻。办公室就是用来办公的地方，不是用来让你诉苦的场所。心中的委屈，留着给密友说，或者干脆把它变成一种前进的动力，督促自己更加努力工作。化干戈为玉帛，化戾气为祥和。你也要化抱怨为动力，微笑面对自己的工作。

娄小明是公司刚从一家大企业挖来的人才。到公司后，很受部门领导的器重。他学识渊博、才思敏捷，让同事们也很佩服。有一次，总公司有一个出国深造的机会，让有资格去的人每人写份申请并附带一份深造计划交到总部。娄小明的部门只有他和张小军符合资格，于是他俩就提交了申请和计划。可是每个部门只有一个出国深造的名额，两个人的实力都很强，资格也都够，领导就开会讨论让谁去比较合适。最后，讨论的结果是让张小军去。这让娄小明很不甘心，自己一点也不比张小军差，如果有差别的话，就是张小军是老总的亲戚，而自己不是。于是，他一有机会就向同事抱怨这件事，抱怨公司的领导如何的不公正，自己的遭遇如何的令人气愤等等。他每次抱怨完都觉得心情很舒畅，而且认为同事们会和自己站在同一条战线上，替自己打抱不平。结果却不像他想的那样。张小军比他来公司的时间长，为人也很平易近人，与其他同事的关系都搞得不错。娄小明越是抱怨，同事们就越觉得张小军比娄小明的气量大，比他能担当。娄小明的抱怨直接地损害了自己的形象，却间接地提升了张小军的人气。而且知道张小军是老总的亲戚后，同事们更是对张小军敬畏三分，不敢轻易得罪。于是，同事们对待娄小明的态度越来越冷淡，再没人觉得他是什么人才。娄小明自己也发现了这一变化，细想后才发现，这都是自己爱抱怨惹的祸，把自己原来的光环和神秘全都打破了，还给同事留下一个心胸狭窄的印象，而自己不能出国的事实一点也没有改变。

怨天尤人，一点益处也没有。对你的工作不会有任何帮助，还会让别人看低你。所以，潜伏办公室，就要把自己消极的情绪锁起来，永远呈现出积极阳光、精明能干的一面，这才会赢得别人的尊重，领导的器重，工作的顺利。

耐心听你的抱怨，只是公司的假象

无论是老板还是同事，与你合作是希望你来解决问题，而不是听你抱怨。做好工作是你的本职，抱怨只能让人讨厌。如果你不能认识到这一点，你就离"死期"不远了。

"烦死了，烦死了！"一大早就听王宁不停地抱怨，一位同事皱皱眉头，不高兴地嘀咕着："本来心情好好的，被你一吵也烦了。"王宁现在是公司的行政助理，事务繁杂，是有些烦，可谁叫她是公司的管家呢，事无巨细，不找她找谁？

其实，王宁性格开朗外向，工作起来认真负责。虽说牢骚满腹，该做的事情，一点也不曾怠慢。设备维护，办公用品购买，交通讯费，买机票，订客房……王宁整天忙得晕头转向，恨不得长出8只手来。再加上为人热情，中午懒得下楼吃饭的人还请她帮忙叫外卖。

刚交完电话费，财务部的小李来领胶水，王宁不高兴地说："昨天不是刚来过吗？怎么就你事情多，今儿这个、明儿那个的？"抽屉开得噼里啪啦，翻出一个胶棒，往桌子上一扔，"以后东西一起领！"小李有些尴尬，又不好说什么，忙赔笑脸说："你看你，每次找人家报销都叫亲爱的，一有点事求你，脸马上就长了。"

大家正笑着呢，销售部的王娜风风火火地冲进来，原来复印机卡纸了。王宁脸上立刻晴转多云，不耐烦地挥挥手："知道了。烦死了！和你说一百遍了，先填保修单。"单子一甩，"填一下，我去看看。"王宁边往外走边嘟囔："综合部的人都死光了，什么事情都找我！"对桌的小张气坏了："这叫什么话啊？我招你惹你了？"

态度虽然不好，可整个公司的正常运转真是离不开王宁。虽然有时候被她抢白得下不来台，也没有人说什么。怎么说呢？她不是应该做的都尽心尽力做好了吗？可是，那些"讨厌"、"烦死了"、"不是说过了吗"……实在是让人不舒服。特别是同办公室的人，王宁一叫，他们头都大了。"拜托，你不知道什么叫情绪污染吗？"这是大家的一致反应。

年末的时候公司民意选举先进工作者，大家虽然都觉得这种活动老套可笑，暗地里却都希望自己能榜上有名。奖金倒是小事，谁不希望自己的工作得到肯定呢？领导们认为先进非王宁莫属，可一看投票，50多份选票，王宁只得12张。

有人私下说："王宁是不错，就是嘴巴太厉害了。"

王宁很委屈："我累死累活的，却没有人体谅……"

抱怨的人不见得不善良，但常常不受欢迎。抱怨就像用烟头烫破一个气球一样，让别人和自己泄气。谁都恐惧牢骚满腹的人，怕自己也受到传染。抱怨除了让你丧失勇气和朋友，对解决问题也毫无帮助。其实，抱怨别人不如反思自己。

小王刚出来打工时，和公司其他的业务员一样，拿很低很低的底薪和很不稳定的提成，每天的工作都非常辛苦。当他拿着第一个月的工资回到家，向父亲抱怨说："公司老板太抠门了，给我们这么低的薪水。"慈祥的父亲并没有问具体薪水，而是问："这个月你为公司创造了多少财富？你拿到的与你给公司创造的是不是相称呢？"

从此，他再也没有抱怨过，既不抱怨别人，也不抱怨自己。更多的时候只是感觉自己这个月做的成绩太少，对不起公司给的工资，进而更加勤奋地工作。两年后，他被提升为公司主管业务的副总经理，工资待遇提高了很多，他时常考虑的仍然是"今年我为公司创造了多少"。

有一天，他手下的几个业务员向他抱怨："这个月在外面风吹日晒，吃不好，睡不好，辛辛苦苦，大老板才给我们1500元！你能不能跟大老板建议给增加一些。"他问业务员："我知道你们吃了不少苦，应该得到回报，可你们想过没有，你们这个月每人给公司只赚回了2000元，公司给了你们1500元，公司得到的并不比你们多。"

业务员都不再说话。以后的几个月，他手下的业务员成了全公司业绩最优秀的业务员，他也被老总提拔为常务副总经理，这时他才27岁。去人才市场招聘时，凡是抱怨以前的老板没有水平、给的待遇太低的人他一律不要。他说，持这种心态的人，不懂得反思自己，只会抱怨别人。

没有任何一家公司希望招进爱抱怨的员工，也没有任何一个人愿意同爱抱怨的人打交道。抱怨只能使人讨厌。即使别人看上去无动于衷，其实内心深处早已将抱怨的人列为不受欢迎的对象。作为职场人士，要想避免成为爱抱怨的人，就必须清醒地认识到下面这些现实：

（1）抱怨解决不了任何问题。分内的事情你可以逃过不做么？既然不管心情如何，工作迟早还是要做，那何苦叫别人心生芥蒂呢？太不聪明了。有发牢骚的工夫，还不如动脑筋想想：事情为什么会这样？我所面对的可恶现实与我所预期的愉快工作有多大的差距？怎样才能如愿以偿？

（2）发牢骚的人没人缘。没有人喜欢和一个絮絮叨叨、满腹牢骚的人在一起相处。再说，太多的牢骚只能证明你缺乏能力，无法解决问题，才会将一切不顺利归于种种客观因素。若是你的上司见你整天发牢骚，他恐怕会认为你做事太被动，不足以托付重任。

（3）冷语伤人。同事只是你的工作伙伴，而不是你的兄弟姐妹，就算你句句有理，谁愿意洗耳恭听你的指责？每个人都有貌似坚强实则脆弱的自尊心，凭什么对你的冷言冷语一再宽容？很多人会介意你的态度："你以为你是谁？"何况很多人不会把你的好放在心上，一件事造成的摩擦就可能使你一无是处。小心翼翼都来不及，何况是恶语相加？

（4）重要的是行动。把所有不满意的事情罗列一下，看看是制度不够完善，还是管理存在漏洞。公司在运转过程中，不可能百分之百地没有问题。那么，快找出来，解决它。如果是职权范围之外的，最好与其他部门协调，或是上报公司领导。请相信，只要你有诚意，没有解决不了的问题。当然，如果你尽力了，还是无法力挽狂澜，那么也尽快停止抱怨吧，不妨换个工作。

反馈效应：你的沉默，会让他人很不安

有反馈才有动力

心理学家 C. C. 罗西与 L. K. 亨利曾经做过一个心理实验。他们随机在一所学校里抽出一个班，把这个班的学生分为三组，每天学习后就对他们进行测验。第一组学生每天都告诉他们测验的成绩，第二组学生每周告诉他们一次测验的成绩，第三组学生则从来不告诉他们测验的成绩。8 周后，改变做法。第一组的待遇与第三组的待遇对换，第二组待遇不变。这样过了 8 周以后，结果发现第二组的成绩保持常态，依然是稳步地前进，而第一组与第三组的情况发生了极大的转变：第一组的学习成绩逐步下降，第三组的成绩突然上升。这个结果说明及时告知学生的学习成果有助于促进学生取得更好的成绩。反馈比不反馈要好得多，而即时反馈又比远时反馈效果更好。

心理学家赫洛克也做过一个类似的实验。他把被试者分成 4 个组，分别为激励组、受训组、被忽视组和控制组。第一组每次完成任务后，都会给予鼓励和表扬。第二组每次完成任务后，都要接受严厉的批评和训斥。第三组每次完成任务后，不给予任何评价，只让其静静地听其他两组受表扬和挨批评。第四组不仅每次完成任务后不给予任何评价，而且还把它与其他三组隔离开。实验结果发现，第一组和第二组的成绩明显优于第三组、第四组，而第四组的成绩是其中最差的，第二组的成绩有所波动。这个结果表明，及时对工作的结果进行评价，能强化工作动机，增强工作动力，对工作起到促进作用。有反馈就会有动力，激励的反馈又比批评的反馈效果好得多。

后来，心理学家布朗又做了一个更深入的实验。他以小学高年级学生作为自己的实验对象，把他们分成两组来做算术练习。这两组学生的演算能力均等，所做的练习题目也完全一样。第一组学生做完后，由老师来对他们的答案进行评定改正。而第二组学生做完后，他们的答案则由他们自己来加以改正，并把改正之后每天的正确数和错误数分列成表，以了解自己的进步情况。一个学期之后，两个小组同时接受测验。结果发现，后者的成绩比前者优异很多。这个实验表明，反馈主体与反馈方式的不同，效果也会有所不同。主动自我反馈比被动接受反馈效果好得多。

这一系列心理实验表明：反馈比不反馈好得多，积极的反馈比消极的反馈好得多，主动反馈比被动接受反馈效果好得多。所以，平时我们要对别人的行为、活动给予及时的反馈，这样不仅有助于他人更好地完成工作，也有助于自己获取更多的信息。同时，我们也要对自己的工作、学习进行及时的自我反馈，这样才能更好地进步，取得更好的成绩。

有反馈才有动力，有反馈才能发现问题，有反馈才能进步，有反馈才能加深了解。对于领导布置的任务，要及时地给予反馈，更要主动地进行反馈，这样领导才会及时地知道你的工作进度和工作能力，对你产生信任和给予支持。所以，平时要养成主动向领导汇报工作的习惯。

要学会与领导互动

在职场上，尊重领导，是非常必要的。但是一味地只知道听领导的话，而不懂得及时地给予领导反馈，就不会成为领导眼中的好员工。一个真正的好员工，要懂得听领导的话，更要懂得与领导形成互动。积极主动的员工，不仅能更好地完成自己的任务，还会增进领导对你的信任和好感。

领导"日理万机"，需要考虑的事情太多，百密难免会有一疏。如果员工能做到经常主动向上司汇报工作进度，这样既能提醒领导，又能获得及时的信息，促进自己更好更快地完成工作，也帮助领导省了不少心。会替领导想的员工才是领导眼中的好员工。定期主动向领导汇报工作进度，让领导看到你的努力和能力，使领导对你放心。有时候，工作方案制定得不太科学或有些问题，如果你定期主动向领导汇报工作进度，那么领导就会及时发现问题，以调整工作方案和你的工作内容，这样就避免了做无用功。总之，对于领导布置的任务，不能只是听从和等待领导来问，而要主动地向领导汇报，向领导说出你需要的帮助和遇到的困难，向领导反映工作中出现的问题和提出更好的方案。

如果你总是沉默，老板会很不安。交给你的任务，老板需要知道你的进度，这样才好给你安排其他的工作，或者进行下一步的规划，给别人分配任务。公司里员工的分工都很明确，你的工作任务一般与其他人的工作都是环环相扣的，只有明确地知道你的进度，才不会影响公司的整体运作。不要总是等着老板来问你："××，某某工作做得怎么样了？明天下午能不能完成？"这样老板心里会很不高兴，并认为你工作不积极、不是个能担当大任的员工。而如果反过来，你不等他来问，主动向他汇报你的工作进度和自己对工作的想法、看法以及意见，那他会很欣慰，认为自己招到了一个很能干很聪明的职员。主动性往往代表着积极性和努力程度，所以在工作中一定要表现得主动一些。主动一些不会吃亏，而过于被动才会使自己陷入更被动的局面。你有困难一直不说，自己扛着，到最后仍然完不成任务，自己累得够呛还给公司造成了损失，这个时候领导会把责任都归咎到你的沉默上，你再委屈也无处诉苦。所以，有什么事就及时与领导沟通，这样你的工作会进行得更顺利，与领导的关系也会更亲密，有问题也找不到你身上。何乐而不为呢？

丁小莫在毕业后找到了自己的第一份工作，决定要好好表现一下，决不让领导失望。他的工作经验尚浅，对于很多任务还无法胜任。可他自己从来没表现出有困难的样子，无论领导交给他什么样的工作，他都咬着牙关把它给完成了。可没想到，领导交给他的任务量越来越大，工作难度越来越高。他有点撑不住了，越来越不能让领导称心，领导对此很不满意，经常批评指责他。他心想：我一直任劳任怨，为什么还要刁难我？可他又想自己是新来的，忍了吧。于是，又硬着头皮去做如山的工作。终于，丁小莫生病了，高烧39度，但他还是硬挺着到了公司，因为那天有个重要的会是由他负责的。可头实在是太疼了，他一点也坚持不住了，就趴在桌子上睡着了。结果，他这一睡使公司失信于一个大客户，给公司造成了不可挽回的巨大损失。领导气坏了，直接找到他一顿臭骂，丁小莫再也受不住了，就把自己的委屈统统吼给了领导。领导听了不但不同情他，反而更加气愤地说："你为什么不早跟我说？我一直等着你来找我，谈你的工作情况，没想到你一直什么也不说，让我以为你有更大的潜力可挖，可以完成更高难度的工作。现在，你生病了，完全可以打个电话请假，我好安排其他人来接替你的工作，这样就不会发生今天的事情了！"

可见，硬撑不是英雄，如果你耽误了工作，谁也不会为你求情。所以，以后工作中有任何问题都要记得及时向领导汇报，有互动才能更好地完成工作。

拆屋效应：不要拒绝自以为不可能完成的任务

困难面前，勇于挑战

拆屋效应的由来，与鲁迅先生的一篇文章有关。1927 年，鲁迅先生作了篇名为《无声的中国》的文章，其中有段话写道："中国人的性情，总是喜欢调和、折中的，譬如你说，这屋子太暗，说在这里开一个天窗，大家一定是不允许的，但如果你主张拆掉屋顶，他们就会来调和，愿意开天窗了。"因此，这种为了使较小或较少的要求得以满足而先提出较大或较多要求的现象，在心理学上就被称之为"拆屋效应"。

其实不光中国人这样，这是人类的共性。人们在面临不希望发生的事时，会不自觉地启动两种心理机制，一种是设法采取一些措施避免事情的发生；另一种是调整内在的心理矛盾，准备接纳这一不可改变的事实。如果在心理调整进入平衡状态时，出现了一个新的选择，而这个选择又正好与内在平衡状态相近时，就很容易被内化接纳。

在难题面前，人们往往会退而求其次。对于不能完成的任务，很少人会愿意去接受，而且很多困难，容易在人的心理上被放大。人们在听到比较困难的问题或被人提出难以接受的要求时，一般都会先拒绝。但是如果别人降低问题的难度或要求时，人们就会犹豫。如果再次降低，人们一般就会答应了。一方面是不好意思再拒绝，另一方面是感觉这问题与要求自己也能解决或满足。

在工作中，人们也常常会有这种心理。当老板布置个难度比较大的任务时，一般大家都会打退堂鼓。"难度那么大，很难完成的，根本就是费力不讨好的苦差。"大多数员工都会这么想。而如果老板把工作的难度降低一些，就会有人接受了。但是，虽然现在的老板大多都听过这个效应，明白这个道理。相比之下，他们还是会更加欣赏那些敢于接受难题，敢于挑战自我的员工。

何楠刚进公司不久，对工作时刻保持着极大的热情，而且还任劳任怨。她的工作态度得到了公司上下的肯定。这一年，欧洲总部的领导要来公司视察，于是公司高层决定重新装修办公室。何楠正好负责协助策划这个装修方案。由于以前在小公司里负责过装修事宜，所以她提出了一个又省钱又可行的方案，领导很满意。但是要真正实施起来，却不像纸上写的那么简单。要为公司省钱，就不得不节省各个员工的办公空间，这肯定会得罪不少人，而且要在不影响公司各项工作的前提下来完成装修任务，这简直是不可能的。即使完成了，也是出力不讨好。所以，同事们都用各种理由搪塞过去了。只有何楠，当经理问她愿不愿意接受这个任务时，她一口就答应了。别的同事都笑她傻，说她真是年少无知、天真烂漫。装修项目开始实施了，与各部门协调时的确碰到了很多麻烦，也听到了很多抱怨，但是最终何楠还是成功地完成了任务。本来经理布置这个任务的时候，也没抱太大的希望，没想到何楠竟如此漂亮地完成了，于是他立马对何楠刮目相看。没多久，就升了何楠的职。其他同事们再也不敢小瞧何楠了。总经理也开始关注这个有胆有识的新人，决定好好栽培以备后用。

只因为接受和完成了一个别人看起来不可能完成的任务，就使何楠的职场生活发生了如此大的变化。所以说，有些时候要敢于挑战困难。

当领导分配下来特别难以完成的任务时，他可能已经利用了"拆屋效应"，他的要求看起来很高，可心理期望值并不高，这样的任务其实才是责任风险很小的任务。你这时敢于接受这个任务，已经让领导对你产生好感，认为你是有胆量的人。而如果你只知道一味退缩，那么领导和同事都会觉得你是个怯懦不敢担当的人。如果你接受了这个难以完成的任务，即使到最后真的没有完成，领导也不会太苛责你，因为他在下达任务时已经有了心理准备。如果你有幸完成了，那么你肯定会获得领导的信任和器重。

在职场上，要想比别人职位高，要想比别人升得快，就得敢于挑战别人不敢碰的"烫手山芋"。狭路相逢勇者胜，这是亘古不变的真理。所以，当领导分配下来看似无法完成的任务时，你要敢于接受，但说话时也应注意分寸，不要说得过于肯定。要这样说："这个工作对我来说有点难度，不过我会尽全力的。"这样即使你不能完成，领导也不好说什么。当任务执行过程中，一旦发现以自己目前的能力实在是无法完成，就要及时与领导沟通，让领导知道你的情况，以便调整工作要求或更改执行方案。这样既不影响工作进度，也不会给公司造成损失，而且也能锻炼自己的工作能力。

勇于担当的人最受欢迎

职场规则：公司将你招进来不是为了摆设，不是为了凑数，而是为了解决问题，尤其在关键时候更需要你勇于担当。无数事实证明，勇于担当的人更容易在职场获得成功。

面对工作中的任务，无论大小、难易，在公司需要的时候如果你能够挺身而出，那么每一个任务都可能成为你脱颖而出的机会。

不要在心里说：反正不是我的事，再说了还有别人，我干嘛出头，做吃力不讨好的事。不要以为自己现在还处于公司最底层就人微言轻，就不敢去做，犹豫徘徊。任务面前每个人都是英雄。如果你能够发扬舍我其谁、勇于担当的主人翁精神，那么你很快就能够脱颖而出，为自己赢得发展的机遇。在这里，古人毛遂为我们树立了一个很好的榜样。

战国时期，一次秦国攻打赵国，把赵国的都城邯郸围困起来。在这危急关头，赵王决定派自己的弟弟平原君赵胜，代替自己到楚国去，请求楚国出兵抗秦，并和楚国签订联合抗秦的盟约。

到了楚国，平原君献上礼物，和楚王商谈出兵抗秦的事。可是谈了一天，楚王还是犹豫不决，没有答应。这时，站在台下的毛遂手按剑柄，快步登上会谈的大殿，对平原君说："两国联合抗秦的事，道理是十分清楚的。为什么从日出谈到日落，还没有个结果呢?"

楚王听了毛遂的话很不高兴，就斥责他退下去。毛遂不但不害怕，反而威严地走近楚王，大声地说："你们楚国是个大国，理应称霸天下，可是在秦军面前，你们竟胆小如鼠。想从前，秦军的兵马曾攻占你们的都城，并且烧掉了你们的祖坟。这奇耻大辱，连我们赵国人都感到羞耻，难道大王您忘了吗? 再说，楚国和赵国联合抗秦，也不只是为了赵国。我们赵国灭亡了，楚国还能长久吗?"

毛遂这一番话义正词严，楚王点头称是，于是就签订了联合抗秦的盟约，并出兵解救赵国。平原君回到赵国后，把毛遂尊为宾客，并且很重用他。

同样，在公司发展的关键时刻，你也一定要像毛遂那样敢于挺身而出，该出手时就出手，为老板分担风险，帮助老板渡过难关。公司经营难免会遇到一些始料不及的问题，这时如果你能够主动担起责任，为公司解决难题，你将赢得其他同事的尊敬，更能得到老板的信任和器重。

罗萍是一家连锁餐饮集团公司的普通营业员，因为平时工作表现好，曾多次被评为最佳店员。有一次，这家连锁店里突然发生了一起意外事件，一位食客在进餐时突然倒地，四肢抽搐，口吐白沫，众人一时纷纷怀疑是食品中毒，甚至有人拿出电话通知报社和电视台。在这关键时刻，罗萍镇定自若，一面指挥其他店员打急救电话，一面竭力安抚顾客，保证不是食物中毒。她告诉大家，食物绝对没有毒，并冒险当场吃下很多饭菜。为了防止谣言扩散，她还请求大家等待急救车的到来，由医生评判。

不久，急救车过来了，经验丰富的医生告诉大家，"中毒"的顾客实际上是典型的"羊角风"发作，不过凑巧赶在进餐时罢了，大家尽可放心。一场危机就这样过去了。

由于罗萍勇敢而机智地避免了一场危机的上演，受到公司领导的高度赞扬，不久，她就被升为店长。

一个年轻人要想成功，在关键时刻必须要像罗萍那样能够挺身而出，这样才能抓住发展的机遇。勇于担当可以让一个职务低微、毫无背景的员工成为老板眼中的"重磅人物"。

职场中每一个任务都是一次机遇。如果你能够认清自己的使命，勇于负责，在公司和老板需要的时候挺身而出，承担起重任，那么随着工作中一个个任务的完成，你也必定能够一步步地接近成功。

第三章　生存竞争法则

零和游戏定律："大家好才是真的好"

化敌为友，与对手双赢

在大多数情况下，博弈总会有一个赢，一个输，如果我们把获胜计算为1分，而输棋为−1分，那么，这两人得分之和就是：1＋（−1）＝0，即所谓的"零和游戏定律"。

在当今这个战略制胜的时代，双赢的理念和意识，在竞争中发挥着非常积极的作用。

很多时候，竞争中你若能化敌为友，这样得到的朋友，比你先前的朋友更能帮助你。因为你先前的朋友所占有的资源，你可能已经占有；所掌握的技能，你可能也已经掌握。化敌为友产生的新朋友，所占有的资源，所掌握的技能，可能正是你一直想拥有而未能拥有的，反之，对手从你那里也有所需，这样就促成了与对手双赢的结局。

1997年8月6日，IT界传出一个惊人的消息，微软总裁比尔·盖茨宣布，他将向微软的竞争对手——陷入困境的苹果电脑公司注入1.5亿美元的资金！

此语一出，IT界为之哗然。比尔·盖茨大发善心了吗？

作为当时世界的首富，比尔·盖茨在世界各地捐资。但这一回，他却不是捐资，更不是行善，他向苹果注入资金是出于商业目的。

苹果电脑公司诞生于一个旧车库里，它的创始人之一是乔布斯。苹果的成功，在于乔布斯是世界上第一个将电脑定位为个人可以拥有的工具，即"个人电脑"，它就像汽车一样，普通人也可以操作。这是一个划时代的产品定位概念，因为在那之前，电脑是普通人无缘摆弄的庞然大物，不仅需要艰深的专业知识，还得花大价钱才能买到手。

乔布斯很快推出了供个人使用的电脑，引起了电脑迷的广泛关注。更为重要的是，苹果公司还开发出了麦金塔软件，这也是一个划时代的、软件业的革命性突破，开创了在屏幕上以图案和符号呈现操作系统的先河，大大方便了电脑操作，使非专业人员也可以利用电脑为自己工作。

苹果公司靠着这些核心竞争力，诞生不久就一鸣惊人，市场占有率曾经一度超过 IT 老大 IBM。

然而，在进入 20 世纪 90 年代，网络经济突飞猛进之际，苹果公司却慢了一拍，未能抓住网络化这一先机，市场占有率急剧萎缩，财务状况日益恶化，1995～1996 年连续亏损，亏损额高达数亿美元，苹果公司使出了浑身解数，但种种努力都没有产生太大的效果。

就在苹果公司上上下下愁眉苦脸之际，微软突然伸出援助之手。难道天下真的有救世主吗？当然没有。

比尔·盖茨自有他的如意算盘。他知道，苹果作为一家辉煌一时的电脑霸主，尽管元气大伤，但它潜在的实力却非常巨大。

在这个时候，很多电脑公司包括微软的一些竞争对手如 IBM、网景等，都想利用苹果乏力之机，提出与苹果合作，来达到和微软竞争的目的。显然，如果微软不与苹果合作，对手的力量就会更强大。

更为重要的是，美国《反垄断法》有规定，如果某个企业的市场占有率超过规定标准，市场又无对应的制衡商品，那么这个企业就应当接受垄断调查。如果苹果公司垮了，微软公司推出的操作系统软件市场占有率就会达到 92%，必然会面临垄断调查，那么仅仅是诉讼费就将超过从苹果公司让出的市场中赚取的利润。而和苹果合作，则可以把苹果拉到自己这一边，苹果和微软的操作软件相加，就基本上占领了整个计算机市场，微软和苹果的软件标准就成了事实上的行业标准，其他竞争对手就只好跟着走了。当然，微软实力比苹果强大，不会在合作中受制于苹果。

谁都看得出来，拉苹果一把，有百利而无一害，比尔·盖茨扮演一回救世主绝对不吃亏。

可见，与其付出代价而消灭对手，不如化敌为友，与其双赢更为划算。

NBA 比赛中的赢家学问

NBA（美国男篮职业联赛）比赛被认为是当今世界上发展最完备、职业化程度最高的篮球联赛，公平、公正、公开是它一贯的处事原则，它的很多项规章制度都自觉或不自觉地打破了"零和游戏定律"。

比如 NBA 的选秀制度。为了使 NBA 各队的实力水平不至于太悬殊，从而增加比赛的精彩和激烈程度，NBA 都要在每年度的总决赛之后，在 6 月下旬举行一年一度的"选秀大会"。参加选秀的一般是全美各大学的学生，均为 NCAA 全美大学生篮球联赛中的佼佼者。当然，最近几年里，高中生和国际球员有增多的趋势。NBA 根据他们的综合实力给他们打分排名，然后，各球队依照该年度在常规赛中的优胜率排名，按由弱到强的顺序依次挑选。为了公平起见，NBA 从前两年开始，在选秀前，先分发 1000 个乒乓球，上面注明挑选的顺序号，常规赛成绩最差的球队可挑 250 个号，他们挑中首选权的概率是 25%。以下依次类推。

这种制度是制衡各队强弱的杠杆，弱队每年总能得到一些能量补充，而强队得到好球员的几率则相对较小，这样就使得 NBA 各队之间的实力差距不至于太悬殊，这既保证了比赛的水平和质量，也保证了 NBA 的活力。这项制度实质上是 NBA 的经营手段，它的最终目的是使联盟能获得最大的利益。它不仅仅要求联盟获利，而且是力争使所有的球队（无论强弱）都获利，只是获利的多少有所区别而已。这是一种"多赢"的局面，而这种"多赢"正是"双赢"的延伸和发展，是"双赢"的最大化体现。相反，如果只是湖人、公牛、马刺这样的超级强队获利，而快艇、骑士、猛龙等弱队一直赔钱的话，NBA恐怕早已经萎缩，也不会从当初的11支球队，发展到如今的30支球队了。

NBA球队之间的球员交换，也表明了参与球队希望"双赢"或者"多赢"的愿望。像勇士队与小牛队完成的9人大交易，其出发点就是为了共同提高两队的实力。在这场交易中，两队的明星球员贾米森和范埃克塞尔作了互换。在小牛队中，虽然范埃克塞尔实力一流，充满激情，但由于纳什的稳定发挥，使得他的作用大多是锦上添花，很少能雪中送炭；而由于内线实力的欠缺，使他们在和湖人、马刺那样内线实力强大的球队的对抗中处于劣势。因此，得到贾米森这样的明星球员，既能提高得分能力，又能增加内线高度，对球队大有裨益。

同样，贾米森虽是勇士队的头号球星，但和他司职同样位置的墨菲上个赛季进步神速，况且比他更高更壮，似乎已能替代他的角色。倒是勇士队的后卫阿瑞纳斯虽然获得了上个赛季的"进步最快奖"，但由于年轻尚欠稳定，常常无法帮助球队在关键的比赛中力战到底，他们曾看上了马刺队的克拉克斯顿，还将"袖珍后卫"博伊金斯招至麾下，但这些人和范埃克塞尔相比，显然不在一个档次。因此，勇士队才会放走头号球星，迎来小牛队的替补后卫。这种思维和行为方式，正是期待"双赢"的表现。

当然，在NBA中也存在不和谐。森林狼队的"乔·史密斯事件"，就公然违反了公平、公开、公正的原则，暗箱操作，侵犯了群体的利益。NBA官方发现之后，对森林狼队进行了严厉的处罚——处以巨额罚款，剥夺其3年的首轮选秀权，球队老板以及副总裁被禁赛数月，球队和史密斯签订的合同无效，史密斯还被迫为活塞队效力1年。缺乏真诚合作的精神和勇气，不遵守游戏规则……森林狼队为此吃尽了苦头。

马蝇效应：激励自己，跑得更快

背负压力，你会跑得更快

1860年大选结束后几个星期，有位叫做巴恩的大银行家看见参议员萨蒙·蔡思从林肯的办公室走出来，就对林肯说："你不要将此人选入你的内阁。"林肯问："你为什么这样说？"巴恩答："因为他认为他比你伟大得多。""哦，"林肯说，"你还知道有谁认为自己比我要伟大的？""不知道了。"巴恩说，"不过，你为什么这样问？"林肯回答："因为我要把他们全都收入我的内阁。"林肯为什么要这样做呢？

很多人都对林肯的决定感到困惑。如巴恩所说，蔡思确实是个狂态十足、极其自大的人，他妒忌心很重，而且一直希望谋求总统职位。至于林肯为何仍旧重用蔡思，用他自己的话来解释为："现在正好有一只名叫'总统欲'的马蝇叮着蔡思先生，那么，只要它能使蔡思那个部门不停地跑，我还不想打落它。"

现实生活中，不仅是蔡思先生，我们任何一个人，找只马蝇给自己点压力，都会使自己向目标的方向前进得更快。曾有这样一个有趣的故事：

勒斯里为了领略山间的野趣，一个人来到一片陌生的山林，左转右转迷失了方向。正当他一筹莫展的时候，迎面走来了一个挑山货的美丽少女。

少女嫣然一笑，问道："先生是从景点那边走迷失的吧？请跟我来吧，我带你抄小路往山下赶，那里有旅游公司的汽车等着你。"

勒斯里跟着少女穿越丛林，正当他陶醉于美妙的景致时，少女说："先生，往前一点就是我们这儿的鬼谷，是这片山林中最危险的路段，一不小心就会摔进万丈深渊。我们这儿的规矩是路过此地，一定要挑点或者扛点什么东西。"

勒斯里惊问："这么危险的地方，再负重前行，那不是更危险吗？"

少女笑了，解释道："只有你意识到危险了，才会更加集中精力，那样反而会更安全。这儿发生过好几起坠谷事件，都是迷路的游客在毫无压力的情况下一不小心摔下去的。我们每天都挑着东西来来去去，却从来没人出事。"

勒斯里不禁冒出一身冷汗。没有办法，他只好扛着两根沉沉的木条，小心翼翼地走过这段"鬼谷"路。

两根沉木条在危险面前竟成了人们的"护身符"。其实，许多时候，如果我们学会在肩上压上两根"沉木条"，给自己一些压力，确实会让我们走得更好。下面看看这个非常贴近我们自己的例子：

小王是学管理的，因为爱好设计，进了某私企的企划部。刚工作不久，接手了一个公司的圣诞节网站广告设计项目，期限是4天。

由于这次广告需要设计一个非常有创意的网页，而小王和其他同事都不懂网页设计软件，老总便在出差前给他推荐了一位做网页不错的外援。谁料，小王拿着老总给的手机号码联系对方，人家也到外地出差了，根本抽不出时间。

当时，小王面前只有两条路：一是放弃，直接找老总告诉做不了；二是迎难而上，完成项目。选择前者，会失去很好的表现机会，晋升的梦想也可能泡汤；选择后者，自己需要再想别的办法做出一个有创意的网页，既要符合活动广告的要求，又要体现公司的内涵和优势，但若成功了会大大提升自己在老总心中的地位。一直梦想做出成绩的小王，最终选择了后者。

决定后，他想：如果再找别人，要让对方了解公司的企业文化、优势及活动意义等，至少也要1天左右，而整个项目只有4天，还不如自己上，毕竟自己对公司和这次活动主旨都比较了解，何况大学期间也学过FOXPRO、VB等计算机课程。

于是，他买了两本网页制作的书，把自己关在办公室，连续3天废寝忘食地学习。第四天，老总出差回来，小王交上了一个自己精心设计的网页。当老总问他，是那个外援的杰作吗，他便把事情原原本本地说了一下，老总立刻对他竖起了大拇指，还夸他是一个很有发展前途的年轻人。

可见，我们不应总是惧怕压力，适当的压力反而会让我们更好地发挥潜力。如果每天都给自己一点压力，你就会感觉到自己的重要性，发挥出更多的潜力。正如一位哲人说过，你要求得越少，那么你得到的也越少。

利用敌手"叮"上自己，让你变得更加强大

马由慢跑到快跑是由于马蝇的叮咬，那么，我们个人的发展由弱到强需要什么来"叮咬"呢？事实证明，在有竞争对手"叮咬"的时候，人往往能保持旺盛的势头，最终让自己壮大起来，加速前进。

在北方某大城市里，诸多电器经销商经过明争暗斗的激烈市场较量，在彼此付出了很大的代价后，有赵、王两大商家脱颖而出，他们彼此又成为最强硬的竞争对手。

这一年，赵为了增强市场竞争力，采取了极度扩张的经营策略，大量地收购、兼并各类小企业，并在各市县发展连锁店，但由于实际操作中有所失误，造成信贷资金比例过大，经营包袱过重，其市场销售业绩反倒直线下降。

这时，许多业内外人士纷纷提醒王说，这是主动出击，一举彻底

击败对手赵，进而独占该市电器市场的最好商机。王却微微一笑，始终不采纳众人提出的建议。

在赵最危难的时机，王却出人意料地主动伸出援手，拆借资金帮助赵涉险过关。最终，赵的经营状况日趋好转，并一直给王的经营施加着压力，迫使王时刻面对着这一强有力的竞争对手。

有很多人曾嘲笑王的心慈手软，说他是养虎为患。可王却丝毫没有后悔之意，只是殚精竭虑，四处招纳人才，并以多种方式调动手下的人拼搏进取，一刻也不敢懈怠。

就这样，王和赵在激烈的市场竞争中，既是朋友又是对手，彼此绞尽脑汁地较量，双方各有损失，但各自的收获也都很大。多年后，王和赵都成了当地赫赫有名的商业巨子。

面对事业如日中天的王，当记者提及他当年的"非常之举"时，王一脸的平淡：击倒一个对手有时候很简单，但没有对手的竞争又是乏味的。企业能够发展壮大，应该感谢对手时时施加的压力，正是这些压力化为想方设法战胜困难的动力，进而让我们在残酷的市场竞争中，始终保持着一种危机感。

没错，人生需要一定的"激发"，就好比著名的钱塘大潮，至柔至弱的水，一经激发，便能产生"白马千群浪涌，银山万迭天高"的蔚蔚壮观的景象。

事实上，人皆有惰性，如果没有外力的刺激或震荡，许多人都会四平八稳、舒舒服服、得过且过、无声无息地走完平庸的人生之旅，可是偏偏人生多蹇，世事难料，给人带来种种困窘，也带来种种激励。朋友反目，爱人变心，事业上不顺心，都可能成为一种精神动力源，激发人们调动潜能，干出一番事业，改变自己的人生轨迹。

例如，苏秦一事无成时，屡受父母、妻、嫂的白眼，于是发愤图强，悬梁刺股，夜以继日，废寝忘食，终成一代名士，挂六国相印，显赫一时，威震天下。蒲松龄虽满腹经纶，却屡试不中，穷困潦倒，愤而激励自己著书立说，以毕生心血学识凝成《聊斋志异》，自己也跻身文学巨匠行列，成为千古名人。

所以，想成功，我们就要学会主动接受外在的激励，化压力为动力，以使我们的心智力量得到最大限度的发挥，使我们的人生变得更加瑰丽雄奇。

波特法则：有独特的定位，才会有独特的成功

不求第一，但求独特

被誉为"竞争战略之父"的哈佛商学院教授迈克尔·波特曾说："不要把竞争仅仅看做是争夺行业的第一名，完美的竞争战略是创造出企业的独特性——让它在这一行业内无法被复制。"

由其提出的波特法则指出，防止完全竞争最为有效的途径之一，就是要从根本上阻止战斗的发生。要做到这一点，对自己的产品就必须有独特的定位，自己的竞争策略就要有独到之处。这方面，比尔·盖茨为我们做了一个非常成功的例子。

几年前的某一天，比尔·盖茨从其西雅图总部附近的一家餐馆走出来，一个无家可归者拦住他要钱。给点钱自然是小事一桩，但接下来的事却令见多识广的比尔·盖茨也目瞪口呆——流浪汉主动提供了自己的网址，那是西雅图一个庇护所在互联网上建立的地址，以帮助无家可归者。

"简直难以置信，"事后盖茨感慨道，"Internet 是很大，但没想到无家可归者也能找到那里。"

今天，比尔·盖茨的微软给互联网带来了统一的标准，也带来了前所未有的垄断。其视窗（Windows）操作系统几乎已成为进入互联网

的必由之路，全世界各地的个人电脑中，92％在运用 Windows 软件系统。更值得一提的是，过去两年来，微软共投资及收购了 37 家公司，表面看起来好像是一种随心所欲的资本扩张行为，但只要把这 37 家公司排在一起分门别类，立刻就会令人大惊失色！因为这 37 家公司所代表的竟然是网络经济的 3 大命脉：互联网络信息基础平台，互联网络商业服务，互联网络信息终端。微软不仅统治了现在的个人电脑时代，而且已经开始着手统治未来的网络时代！难怪美国司法部要引用反垄断法控告微软。

但比尔·盖茨从容地说："微软只占整个软件业的 4％，怎么能算垄断呢？"

盖茨的话也自有他的道理，因为软件的形态与工业时代的规模和产品建立的垄断已有明显区别。实际上，微软已不仅仅是单纯的垄断，只有"霸权"才能更确切地描述微软的真实。因为操作系统是整个电脑业的基础，微软以核心产品的垄断获得了对整个软件行业的霸权，使得垄断操作"稀释"和掩饰在更大范围的霸权之中，与单纯的数量份额和比例等有关垄断的硬性指标已无明显关系。

这种软件业的霸权是一种独特的霸权，是知识的霸权，创新的霸权，更是盖茨在竞争中的独特的定位。

所以，要想在激烈的竞争中立于不败之地，你可以不求第一，但你一定要求独特。

一只脚不能同时踏入两条河流

哲学上有一个公认的观点是"一只脚不能同时踏入两条河流"，其实，竞争中所采取的决策亦是如此，如果有真正的决策，就不能同时选择两条道路。在战略上面，决策就像岔路，你选择了一条路，那就意味着你不可能同时选择另外一条路。

下面，我们就以美国奋进汽车租赁公司为例来谈谈这个问题：

奋进是美国赫赫有名的汽车租赁公司，然而，你若去有一定规模的机场租车区，一定能够看到赫斯汽车租赁公司和爱维斯汽车租赁公司的柜台，也可以看到很多小汽车租赁公司的柜台，却看不到奋进公司的柜台。更令人费解的是，奋进公司的租金要比对手低30％左右，但总是比其他更有名气的竞争对手获得更多利润。

原来，与爱维斯汽车租赁公司和赫斯汽车租赁公司将自己的客户定位于飞行旅游者不同，奋进汽车租赁公司将服务对象定位于那些还没有买到自己汽车的人。对于这些客户来说，如果需要自己支付租金，价格就是一个重要的考虑因素，而且他们肯定还要考虑保险公司是否会理赔。奋进汽车租赁公司就有意识地裁减各种客户不愿意付费的项目和可能增加的成本，包括做广告的费用。

就这样，奋进汽车租赁公司始终如一地坚持这一策略，尽管客户付费较少，但他们节省的开支大大超过了收费低廉而造成的损失，而且在业内总能成为赢家。

可见，在竞争中选择一个独特的策略，并始终坚持这一个方向，才能成为行业真正的、持久的赢家。

与之类似，戴尔电脑公司在1989年的经营模式改革中也体会到了这一点。当时，戴尔感到自己的直销模式发展得不够快，就试图通过代理商来销售。可是，当他们发现这种转变给公司业绩带来损害的时候，就马上取消了这种做法。问题在于，如果你同时选择两条道路，别人也会这么做。所以，你要选择一条自己最擅长的、具有独特定位的方式坚持下去。这样，你的差异化道路就会具有持续的力量，使对手无法打败你。否则，你只会表现平平。

学会了这些，你在具体制作竞争策略的时候，就应该懂得不能让自己的"一只脚同时踏入两条河"的简单道理了。

权变理论：随具体情境而变，依具体情况而定

计划没有变化快

在竞争中，我们总喜欢说不要打无准备之仗，事前一定要做好计划和安排。计划代表了目标，代表了充实，代表了憧憬，代表了一种对自己的承诺，因为"计划"会让我们知道下一步该做什么。

然而，"一切尽在掌握之中"固然是好，但我们也无法排除"计划外"的可能，正所谓计划没有变化快。

东汉末年，曹操征伐张绣。有一天，曹军突然退兵而去。张绣非常高兴，立刻带兵追击曹操。这时，他的谋士贾诩建议道："不要去追，追的话肯定要吃败仗。"张绣觉得贾诩的意见很好笑，根本不予采纳，便领兵去与曹军交战，结果大败而归。

谁料，贾诩见张绣败仗回来，反而劝张绣说赶快再去追击。张绣心有余悸又满脸疑惑地问："先前没有采用您的意见，以至于到这种地步。如今已经失败，怎么又要追呢？""战斗形势起了变化，赶紧追击必能得胜。"贾诩答道。由于一开始败仗的教训，张绣这次听从了贾诩的意见，连忙聚集败兵前去追击。果然如贾诩所言，这次张绣大胜而归。

回来后，张绣好奇地问贾诩："我先用精兵追赶撤退的曹军，而您说肯定要失败；我败退后用败兵去袭击刚打了胜仗的曹军，而您说必定取胜。事实完全像您所预言的，为什么会精兵失败，败兵得胜呢？"

贾诩立刻答道："很简单，您虽然善于用兵，但不是曹操的对手。曹军刚撤退时，曹操必亲自压阵，我们追兵即使精锐，但仍不是曹军的对手，故被打败。曹操先前在进攻您的时候没有发生任何差错，却

突然退兵了，肯定是国内发生了什么事，打败您的追兵后，必然是轻装快速前进，仅留下一些将领在后面掩护，但他们根本不是您的对手，所以您用败兵也能打胜他们。"

张绣听了，十分佩服贾诩的智慧。

在这次战役中，局势变幻无常，而这些无常，却决定了最终的胜与败。现实的竞争世界中，亦是如此，没有谁能在今天就断定明天一定会怎么样，事情的发展都具有一定的未知因素。

贾诩那番充满智慧的话，实际就是论述了一种"因机而立胜"的权变战略思想。这种理论告诉我们，组织是社会大系统中的一个开放型的子系统，是受环境影响的，我们必须根据组织的处境和作用，采取相应的措施，才能保持对环境的最佳适应。

那么，在激烈的竞争中，不要执著于某种外在的形式，不要完全拘泥于事先的精心计划，在事情发展过程中的计划外因素往往更加具有影响力。

以变应变，才能赢得精彩

毫不夸张地说，我们已经进入了竞争时代，一切都充满了变数。就拿大家熟悉的股市来说，几秒钟内的上下颠覆，可能把你送上云端，也可能把你推入地狱。对此，一定要树立权变的思想，善变才能赢。

《猫和老鼠》的经典动画片大家应该记忆犹新，为什么每次小杰瑞总能逃过汤姆的厉爪，还让汤姆吃尽了苦头？汤姆即使绞尽脑汁、费尽力气，为何最终仍然一无所获？这一切都是因为，小杰瑞对汤姆的一举一动，甚至一个呼吸、一个喷嚏、一个微笑的变化，都有不同的应对手段。

在商业竞争中，善变的思想同样必要。

中国布鞋曾一度在秘鲁打开销售大门，当地一家公司每月可销售中国布鞋 6 万多双。

不料，秘鲁当局颁布了一项法令：禁止纺织品和鞋子进口。这一突如其来的变化，使中国布鞋在秘鲁的销售大门被关闭了。

陷入困境的中国商人并没有坐以待毙，经过分析，他们发现秘鲁并没有禁止进口制鞋设备及布鞋面。于是，他们转变策略，决定出口制鞋设备和布鞋面，在秘鲁当地加工布鞋。布鞋面既不算成品布鞋，也不属于纺织品，不受禁令制约。

后来，中国布鞋又重新在秘鲁占有了一定的市场份额。

正如《孙子兵法》所言："夫兵形象水，水之形避高而趋下，兵之形避实而击虚。水因地而制流，兵因敌而制胜。故兵无常势，水无常形，能因敌变化而取胜者谓之神。"意思是用兵打仗，好像地下的流水那样没有固定刻板的规律，没有一成不变的打法，能采取敌变我变而取胜的，就叫用兵如神了。

某省一家出售冷冻鸡肉的食品公司，由于竞争激烈，冷冻鸡肉销售一直不太景气。后来，该公司经过市场调研，发现顾客喜欢吃新鲜鸡肉，于是实施相应策略，改为凌晨3：00开始杀鸡，待去毛分割完毕恰好接近黎明。新鲜的鸡肉送到市场，生意一下子红火起来，公司利润持续上升，顾客也非常满意。

由此观之，善变之道在于灵敏地作出应变决策，抢占先机。没有这种能力，一个公司就会陷于故步自封的境地，一个人就会陷入墨守成规的套子。

竞争世界如同一只变色龙，变化的发生有时是没有什么明显的先兆的，我们往往也无法预知，"翻手为云，覆手为雨"，常常让我们措手不及。因此，每走一步棋，我们既要紧跟时机，又要学会思考，以变应变，才能赢得精彩。

达维多定律：及时淘汰，不断创新

做第一个吃螃蟹的人

不难看出，达维多定律为我们揭示了如何在竞争中取得成功的真谛。这也正是诸多成功实例所验证的——要做第一个吃螃蟹的人。

日本企业界知名人士曾提出过这样一个口号："做别人不做的事情。"瑞典有位精明的商人开办了一家"填空档公司"，专门生产、销售在市场上断档脱销的商品，做独门生意。德国有一个"怪缺商店"，经营的商品在市场上很难买到，例如大个手指头的手套，缺一只袖子的上衣，驼背者需要的睡衣等等。因为是填空档，一段时间内就不会有竞争对手。

其实，即使在人们熟知的行业里，仍然会有许多的创新点，关键是你要能够察觉得到。

有段时间，国外很多啤酒商发现，要想打开比利时首都布鲁塞尔的市场非常困难。于是就有人向畅销比利时国内的某名牌酒厂家取经。这家叫"哈罗"的啤酒厂位于布鲁塞尔东郊，无论是厂房建筑还是车间生产设备都没有很特别的地方。但该厂的销售总监林达是轰动欧洲的策划人员，由他策划的啤酒文化节曾经在欧洲多个国家盛行。当有人问林达是怎么做"哈罗"啤酒的销售时，他显得非常得意且自信。林达说，自己和哈罗啤酒的成长经历一样，从默默无闻开始到轰动半个世界。

林达刚到这个厂时是个还不满 25 岁的小伙子，那时候他有些发愁自己找不到对象，因为他相貌平平且贫穷。但他还是看上厂里一个很优秀的女孩，当他在情人节给她偷偷地送花时，那个女孩伤害了他，她说："我不会看上一个普通得像你这样的男人。"于是林达决定做些不普通的事情，但什么是不普通的事情呢？林达还没有仔细想过。

那时的哈罗啤酒厂正一年一年地减产，因为销售不景气而没有钱在电视或者报纸上做广告，这样便开始恶性循环。做销售员的林达多次建议厂长到电视台做一次演讲或者广告，都被厂长拒绝。林达决定冒险做自己"想要做的事情"，于是他贷款承包了厂里的销售工作，正当他为怎样去做一个最省钱的广告而发愁时，他徘徊到了布鲁塞尔市中心的于连广场。这天正是感恩节，虽然已是深夜了，广场上还有很多狂欢的人们，广场中心撒尿的男孩铜像就是因挽救城市而闻名于世的小英雄于连。当然铜像撒出的"尿"是自来水。广场上一群调皮的孩子用自己喝空的矿泉水瓶子去接铜像里"尿"出的自来水来泼洒对方，他们的调皮启发了林达的灵感。

第二天，路过广场的人们发现于连的尿变成了色泽金黄、泡沫泛起的"哈罗"啤酒。铜像旁边的大广告牌子上写着"哈罗啤酒免费品尝"的字样。一传十，十传百，全市老百姓都从家里拿自己的瓶子、杯子排成长队去接啤酒喝。电视台、报纸、广播电台争相报道，林达不掏一分钱就把哈罗啤酒的广告成功地做上了电视和报纸。该年度"哈罗"啤酒的销售量跃升为去年的1.8倍。

林达成了闻名布鲁塞尔的销售专家，这就是他的经验：做别人没有做过的事情。

不得不承认，如果只懂得沿着别人的路走，即使能取得一点进步，也不易超越他人；只有做别人没有做过的事情，创造一条属于自己的路，才有可能把他人甩在你身后。

万事源于想，创新从转变思维开始

一个犹太商人用价值50万美元的股票和债券做抵押向纽约一家银行申请1美元的贷款。乍一看，似乎让人不可思议。但看完之后才发现，原来那位犹太商人申请1美元贷款的真正目的是为了让银行替他保存巨额的股票与债券。按照常规，像有价证券等贵重物品应存放在银行金库的保险柜中，但是犹太商人却悖于常理通过抵押贷款的办法轻松地解决了问题，为此他省去了昂贵的保险柜租金而每年只需要付出 6 美分的贷款利息。

这位犹太商人的聪明才智实在令人折服。其实，我们身上也蕴藏着创新的禀赋，但我们总是漠视自己的潜能。你的思维已经习惯了循规蹈矩，只要你愿意改变一下自己的思维方式，多进行一些发散思维和逆向思维，激活自己的创新因子，你周围的一切，都有可能成为你创新思维的对象。

众所周知，闹钟在传统上的作用只是"催醒"。然而，英国一家钟表公司在此基础上，又增添了一种与此矛盾的"催眠"功能。这种"催眠闹钟"既能发出悦耳动听的圣诗合唱和鸟语声，催人醒来；又能发出柔和舒适的海浪轻轻拍岩声和江河缓缓流水声，催人入眠。使用者可以"各取所需"，这种新颖独特的闹钟深得失眠者的宠爱。

再有，某大城市的市场上曾出现过一种具有特殊功能的拖鞋。这种居室内穿的拖鞋底上装有圆圈状的纱线，能牢牢抓住地板或地砖上的灰尘、头发等污染物。人们穿上这种特殊拖鞋，边走路，边擦地，走到哪里，就清洁到哪里，既走出了"实惠"，又轻松自如。而且，这种拖鞋的洗涤也很方便，穿脏了放入洗衣机内便可清洗干净。这种"擦地拖鞋"卖疯了，其成功之处在于它体现了一种创新思维，也正是这种思维，为创新者带来了巨大的收益。

在竞争过程中，很多人被对手"吃掉"，其重要原因往往是遇事先考虑大家都怎么干、大家都怎么说，不敢突破人云亦云的求同思维方式。讨论一件事情时，总喜欢"一致同意""全体通过"，这种观念的后面常常隐藏着"从众定式"的盲目性，不利于个人独立思考，不利于独辟蹊径，常常会约束人的创新意识，如果一味地考虑多数，个人就不愿开动脑筋，事业也就不可能获得成功。

一位成功的企业家说："一项新事业，在 10 个人当中，有一两个人赞成就可以开始了；有5个人赞成时，就已经迟了一步；如果有七八个人赞成，那就太晚了。"

【定律链接】切勿得不偿失

在这个变革的时代，怕的就是你不变。然而，这里的变不是乱变，不是无原则的变，而是有方向地变；不是倒退的变，也不是"30年河东、30年河西"的转圈变，而是向前发展的变。否则，你的创新之路走错时，结果只会得不偿失。

1978年，可口可乐公司起用布莱恩·戴森为其美国分公司经理，戴森试图突破传统，尝试一种新的软饮料——节食可口可乐。

1981年春，为了迎战自己的强劲对手百事可乐，在新任少壮派领导人戈伊祖艾塔的支持下，戴森开始组织实施节食可口可乐的研究。这项计划被称为"哈佛计划"。次年8月份，节食可口可乐在全国推出，并以较大的销售额迅速占领了市场，百事可乐受到极大的冲击。

然而就在这个时候，公司出现了重大失误。

1985年4月，戈伊祖艾塔向媒体宣布，公司决定对可乐配方进行修改，生产一种新可口可乐，以挽回因甜度不够而失去的市场。

新可口可乐上市，在饮料市场上引起轩然大波。来自老顾客的抗议电报和信件像雪片一样飞往可口可乐总部。亚特兰大总部的接线员们每天要记录1500个电话，几乎都是要求恢复老可口可乐配方的。修改还是恢复"7X"配方的论战成为报纸的头条新闻和电视新闻报道的新话题。包装商们声称，如果这种不利的宣传继续下去，可口可乐无论以何种名称出现，都会面临失去市场份额的危险，有可能在一夜之间就被百事可乐夺去市场，再想收复失地将会非常困难。

可口可乐咬着牙支持了3个月后，不得不再次宣布公司将恢复原配方，命名为经典可口可乐，新可口可乐也将继续销售。在重新问世之后6个月，经典可口可乐又成为全国第一位的软饮料，以将近3：1的优势超过了新可口可乐。

任何产品不可能一成不变，都会在不断改进中适应市场。问题在于该不该公开宣布这种改进，这其中有很大的技巧。顾客的心理都有一种信任惯性，尽管各种试验都表明新可乐的口味并不错，但消费者只想维持正宗真品的信誉，抗拒接受新可乐。

尽管可口可乐公司迅速挽回了因修改配方的失误所造成的损失，但在新产品的开发中又出现了失误。

可口可乐在不到一年的时间内连续推出 4 种新产品：3 种含咖啡因型可乐和节食可口可乐，再加上经典可口可乐、新可口可乐等，共有 8 种不同口味的新产品，同时出现在市场上。

消费者们几乎被弄晕了头，就连可口可乐的一些老顾客对它也不耐烦。

有这样一段对话，颇耐人寻味：

"给我一杯可口可乐。"

"您要经典可口可乐、新可口可乐、樱桃可口可乐，还是要健怡可口可乐？"

"请给我来杯健怡可口可乐。"

"您要普通健怡可口可乐还是要不含咖啡因的健怡可口可乐？"

"去他妈的！给我一杯七喜。"

虽然我们不能老是守着传统思想，但革新的步伐也要三思而后行，且勿得不偿失。创新是为了迎合新观念、新社会，而不是强行改变人们固有的生活方式。

儒佛尔定律：有效预测，才能英明决策

预测有效才能决策英明

在做任何事之前，你都要面对选择和判断。人生就是在不断地选择和判断中度过的，如果你选择了正确的道路，那么你的人生可能会一帆风顺、飞黄腾达；如果你判断失误而入了歧途，那么你这一生可能就只能与噩梦相伴。选择和判断，对于你的人生就是这么重要。

如何才能做好选择和判断呢？特别是在这个"信息爆炸"的时代，各种各样的道路、方向、方式、经历、指导放在你的面前，经常让人不知所措，只有选择好了，判断好了，才会好的结果。所以，在众多信息中抽出适合自己的信息，这个环节就显得非常重要。如何才能众里寻他一下命中呢？这就需要极强的预测能力。在这个极具机遇性的商业社会里，预测能力尤为重要。往往一个不起眼的信息，就能给你带来极大的灵感，抓住了这个商机，你就可能一夜暴富。所以，有效的预测对于一个竞争者来说，是最重要的能力。

市场变化多端，信息浩渺如洋，如何从这信息的汪洋大海中捞出属于自己的商机？只有靠预测！一个成功的企业家能从繁复的信息中预测出未来市场的走向，并马上将其转化为决策的行动。信息也有价值，只要你利用得好，转眼间就能将其变成大把的钞票。竞争者在做决策前，都要对市场的形势做一下评估和预测，运筹帷幄才能旗开得胜。如果对市场的一切都不熟悉，不提前做出一个精确的预测就妄下决定，那么你肯定会在商战中死得很惨。商场如战场，竞争的残酷性让决策者一步也不能走错。

精明的预测是成功决策的前提，所以一个企业要发展，要提高经济效益，决策者就必须对国内外经济态势和市场要求有所了解，对与生产流通有关的各个环节非常熟悉，掌握各方面的最新最可靠的信息，找出最有利于企业发展的信息加以利用，这样才能使企业时刻走在时代的前沿，跟得上时代的发展。

1973 年，爆发了全球性石油危机。美国通用、福特，日本丰田等汽车公司，由于决策者提前预测到汽车市场的变化趋势，就见机设计生产了大批油耗量低的小型汽车，以备市场骤变之需。果然，1978 年全球性石油危机再次爆发时，这几个汽车公司的营业额都未受影响甚至还有所增加。而美国的 K 公司，却因为没有预测到市场的变化，在第一次全球性石油危机时，没有做出任何反应和举措，继续生产耗油量高的大型车。结果导致石油危机再次爆发时，无以应对，公司销量锐减，积货如山，每日损失高达 200 万美元，最后濒临破产。这就是有预测能力和无预测能力的差别。

在这个竞争如此激烈的市场中，决策者必须要有敏锐的眼光，做到审时度势，这样才能在企业之林中立于不败之地。

与之类似，诸葛亮火烧赤壁靠的是什么，靠的就是预测；一个智囊、军师、元帅靠的不是勇而是智，这智就是预测，就是判断。

当然，预测也离不开知识和经验，预测是在知识、经验的基础上作出来的。而决策又是在预测的基础上作出来的。所以，竞争者不能没有知识、没有经验，更不能没有预测能力。

对自己的未来，对形势的发展，对市场的变化，都要有先见之明，这样才能成为一个容易获得胜算的竞争者。没有有效的预测，就不会有英明的决策，这个道理放在哪里都适用。

善于预测，成就霸业

只有善于预测的人，才能做出成功的决策，决策的成功便预示着事业的辉煌。无论是在历史中还是在现实中，都有很多这样的例子。

春秋时期的范蠡，可以说是历史上一位很强的预测家。他对战机，对自己的命运，对商机，对儿子的命运都有很精确的预测。当吴王阖闾为越军所伤致死后，阖闾之子夫差谨记父仇，三年日夜练兵以报越仇，勾践欲提前下手先攻吴。范蠡认为不可，奈何勾践不听，结果越军大败，几近为吴所灭。后来，勾践卧薪尝胆以俟时机灭吴自强，每次有点机会的苗头时，他都会先问范蠡，直到范蠡说可以才动手伐吴。结果，果真胜了。后来，勾践灭了吴。范蠡深知勾践的为人，已料到自己今后的命运，遂留书一封于文种，自己离开了越国。信上写着的正是现在非常知名的"飞鸟尽，良弓藏；狡兔死，走狗烹"。范蠡走了，成了流芳百世的陶朱公；而文种未走，则成了勾践剑下的冤死鬼。

这就是有无预测能力的差别。范蠡的预测力，还体现在"居无几何，致产数十万"上，体现在"久受尊名，不详"上，体现在"吾固知必杀其弟也"上。他因为对人、对事的洞察，所以能够精确地预测到事态的发展方向，因而总能做出正确的决定。这也是为什么他到哪里都能很出名，做什么都很成功的原因。

作为当今的竞争者，更要有洞察古今、预测未来的能力，要不然你只能等待着失败向你招手。现今香港的首富李嘉诚就是个很有预测能力的人。可以说，他能发家和他当年对市场做出正确的判断是分不开的。

20世纪50年代，初次创业的李嘉诚创办了名为"长江塑胶厂"的塑料玩具生产工厂。结果当时玩具市场已经饱和，工厂面临倒闭。就在李嘉诚一筹莫展的时候，他偶然在一份报纸上看到了一条消息，说当地一家小塑料厂将要制作塑料花销向欧洲。看到这个消息，李嘉诚骤然眼前一亮，马上想到了二战以来，欧美生活水平虽有所提高，但经济上却还没有种植草皮和鲜花的实力，因此塑料花必定会成为很好的替代品，被他们大量使用于装饰各种场合。这是个很大的需求市场，也是个很好的商机，于是李嘉诚马上决定企业转产生产塑料花，而正是这些塑料花，成就了今天的李嘉诚。

试想，如果当时李嘉诚没有看到这条信息，或者看到后也没有意识到信息背后隐藏的巨大商机，那还会有今天的李嘉诚吗？这确实很难说。只能说是这条信息造就了他，而他自己的预测能力成就了他。

李强和张勇同时受雇于一家超市，一样从底层干起。可不久后，两人的身份地位就大不一样了。李强由于受老总器重，职位是一升再升，直到部门经理；而张勇却像"被遗忘的角落"，仍然处于底层。为什么会有这么巨大的差别呢？原来正是因为李强每次做事时都有很强的预测能力，老板交代一件事，他能想到老板接下来会交代的一切可能的事情，因此把每件事都做得非常完美，让老板对他另眼相看，十分喜欢。而张勇，就没有什么预测能力，老板交代什么就做什么，只做老板交代的，根本不懂得灵活变通、思考老板交代的事情的深层含义，因此他只能处在底层。

所以说，我们不要羡慕别人的成功，要看到别人的优点，学习别人的优点。预测能力，是成功者必备的能力，无论是对生活还是对事业。只有拥有很强的预测能力，才能干出一番事业，成就你的霸业。

【定律链接】如何提高你的预测力

明天是未知的深渊，但对于明天我们不是手足无措，我们可以预知未来。因为这世界存在着规律和趋势，未来是在现在基础上的发展，所以它不可能脱离现在而存在，在今天的身上能看到明天的影子。对于未来我们不是一无所知，我们可以通过预测略知一二。但这种预测能力不是每个人都有的，只有通过不断地学习、总结、观察、实践，才能练就一双穿越时空的慧眼。

知识是一切行动的基石，你有了知识才能真正地了解和参与这个世界；没有知识，就谈不上审时度势，预测未来。

所以，如果你想提高自己的预测能力，首先要具备那个行业所要求的基础知识。有了专业的知识，你才能真正了解这个行业的内情，才能知道行业大体的走势。当然，光有基础知识是不行的，你还得时常关注各种信息，比如时政、金融、科技、民生、娱乐等各方面相关的信息你都要知道，不然你就会跟不上时代的发展，错过一些好的商机。

其次，你就要时刻关注各方面与行业相关的信息。有了知识和信息，还是不够的，你还得知道怎么利用它们。这就需要你多看一些行业成功人士的传记、语录和历史人物的传记等，从他们的人生中总结经验教训，择其优而学，被证明是错误的事情，就没必要再去经历一次，只做对的就好。

最后，还有一个非常重要的方面，就是要具备长远的思想，从一个事情看到它背后可能发生的第二、三、四件事情。只顾眼前，是没有出路的，要想在商业丛林中站稳脚跟，必须要具备走一步看五步、十步的能力。所以，如果你现在还只是做一天和尚撞一天钟的工作态度，那么要想提高预测能力就必须先得把这态度改了，做一件事情要想到这之后的一系列结果，久而久之你就会拥有不错的预测力了。

说白了，想要提高自己的预测力，平时做事的时候就要多想、多思考。商界成功人士大多有这样的共识：一个成功的企业家、一个成功的领导者，每天至多只用20％的时间处理日常事物，而另外80％的时间则用来思考企业的未来。

竞争者要生存，要具有市场竞争力，应付瞬息万变的市场竞争，就必须能够进行科学的预测，并在此基础上做出正确的判断和假设，采取有利的战略行动计划，否则企业就会在竞争中贻误商机，难逃失败的命运。

科学的预测，可以带来巨大的财富，也可以带来顺利的人生，所以，提高自己的预测能力是非常有必要的。从今天起，补充知识、关注信息、总结经验、思考未来吧！

费斯法则：步步为营，方可百战百胜

不放弃，抓紧到手的利益

在生活中，有很多人为了那虚无的下一站幸福，而抛弃了已经拥有的快乐；或为了更上一层楼，而赌上现有的身家性命，结果最终落得个身败名裂。所以，老人常说，拿到手里的才是自己的，守好了再去找别的。不要为了那不可预测的未来，赌上你现在所拥有的，不值得，也不明智。

作为一位竞争者，千万不要急功近利、好高骛远，以为前方是天上掉下的馅饼，拼了命也要抢了来，却不知那往往是天大的陷阱；没有看到自己已经拥有的东西和自己的优势，一味地以为别人拥有的更好，却不知会输得更惨。这就像一个女人，不知道自己的魅力在哪里，为了和别人争抢同一个男人，而一味地改变自己，到最后既失去了那个男人也失去了自己和喜欢自己的人。无论是做人还是做事，都要求稳，不要轻易地做决定，要三思而后行；更不要为了还未到手的东西放弃自己已经拥有的。

现在似乎有一种流行病，就是浮躁。许多人总想一夜成名、一夜暴富。比如投资赚钱，不是先从小生意做起，慢慢积累资金和经验，再把生意做大，而是如赌徒一般，借钱做大投资、大生意，结果往往惨败。网络经济一度充满了泡沫，有人并没有认真研究市场，也没有认真考虑它的巨大风险性，只觉得这是一个发财成名的"大馅饼"，一口吞下去，最后没撑多久，草草倒闭，白白"烧"掉了许多钞票。

俗话说得好：滚石不生苔，坚持不懈的乌龟能快过灵巧敏捷的野兔。如果能每天学习1小时，并坚持12年，所学到的东西，一定远比坐在教室里接受 4 年高等教育所学到的多。正如布尔沃所说的："恒心与忍耐力是征服者的灵魂，它是人类反抗命运、个人反抗世界、灵魂反抗物质的最有力支持，它也是福音书的精髓。从社会的角度看，考虑到它对种族问题和社会制度的影响，其重要性无论怎样强调也不为过。"

凡事不能持之以恒，正是很多人失败的根源。所以，培养不放弃的习惯对于一个竞争者尤为重要。下面的一些步骤应该对培养你的恒心有一定的帮助。

第一，合理的计划是你坚持下去的动力。如果没计划，东一榔头西一锤子，是做不好工作的。设计合理的计划表，不仅可以理顺工作的轻重缓急，提高效率，而且可以在无形之中督促自己努力工作，按时或超额完成计划。

制订可行的工作计划和执行计划时要注意，也许你愿意用硬性的东西约束自己，或希望有充分的灵活性，甚至等自己有了灵感的时候才动工。可是万一你正好没有灵感，整个礼拜都没兴致工作的话，怎么办呢？这样下去，你就可能失去坚持下去的耐心，对自己的创造能力产生怀疑。

至少开始的时候，你可以为自己安排一段单独的时间，试验自己的专长。按照进度，循序渐进，将使你做更多的工作——如果你想出类拔萃的话；如果你给自己安排的进度并不过分，可是你还是抗拒它的话，譬如，找借口拖延工作进度，那么你就得研究一下自己的动机了。

计划的制订，将迫使你自问这个严酷的问题：我真的想做这件事吗？即使进行得不太顺利，我还是按部就班地做吗？如果答案是"是"，那么你是真的想得到成功，合理的计划表可以帮助你坚持下去。

第二，拥有越挫越勇的劲头。有的失败会转眼被我们忘记，有些挫折却会给我们留下深深的伤痛。但是，无论如何，我们都不应该因为挫折而停止前进的步伐，每个人都必须为目标奋斗。如果你不继续为一个目标奋斗，你不仅会失去信心，还会逐渐忘记自己有个目标；如果你不再继续坚持的话，就会开始怀疑自己是否能成功地实现计划所定的目标。

有时你也许会因为目前完不成一个小的目标，而改做其他的尝试，这种随便的做法是一种变相的放弃。千万不要拿困难做借口，改做另一个计划。

第三，既然有计划，就要实现它。当你坚持完成计划的要求，实现成功的目标后，你会更加坚定地做完以后的工作，这对培养你的不轻言放弃的习惯会有很大的帮助。不把事情做完的话，你会觉得自己像个没有志气的懒虫；以后如果你不敢肯定是不是能把工作完成的话，就很难再开始做一件新的事情。这是非常重要的一点。因为从事的工作可以只花几个小时，也可能花许多年工夫，不管花多少时间，你都得面临这个问题：完成这件工作呢，还是放弃它？你最好从开始就搞清楚，自己是不是真的想完成它，如果不是，你何必花这些心力呢？

如果你是某一领域的专业人员，你的成功目标就是成为这一领域的翘楚，那么就不能单是把计划完成，你必须把作品展示出来，接受别人的批评。不要把你的小说只给一家出版社看，如果这一家不接受的话，就全盘放弃；你必须再接再厉，给很多家出版社看，一定要给自己的作品充分的展示机会。

如果你为了完成这个计划已经付出了很多，那就坚持下去，也许最艰难的时候，就是离成功最近的时候。

作为竞争者，一定要先巩固到手的利益，再开拓新的市场。不能像狗熊掰棒子一样，掰一个扔一个，到最后什么也没得到；也不要在对手的攻击下就乱了分寸，慌了手脚，做出一些贸然的举措和决策。无论何时，无论何种情形之下，抓紧到手的利益才是上策。

切莫怜新弃旧

怜新弃旧，出自《东周列国志》，讲的是为了新欢抛弃旧爱。放到商场上，就是指为了新的利益而放弃已经拥有的利益，或者为了开拓新的市场而放弃原有的客户。这些都是不明智的行为，都不是一个精明的决策者应该有的想法。如果想把企业越做越大，就要一步一步来，在原有的基础上发展，而不是为了捉天上的蝴蝶就放弃到手的鲜鱼。

俗话说："饭要一口一口吃，路要一步一步走，钱要一点一点赚。"一口吃不出个胖子来，一步也登不了天，不要想一夜暴富，而要稳扎稳打，在竞争起步阶段是这样，在竞争发展阶段也是这样。要一个项目一个项目地做，一个单子一个单子地签，不要好高骛远，只想着要去摘那天上的星星，而忘了拿在手里的馍馍。先把手头的工作做好，再做下一步；先把到手的买卖做好，再去接下一个。先巩固已经占有的市场，再去开发新的。没有绝对的把握，千万不要丢掉手里的，去追求那未知的。

高锋是个聪明且踏实的人，大学毕业后到一家大公司做销售。没几年的时间，他就当上了销售部的经理。朋友问他为什么升职升得这么快，有没有什么秘诀之类的。他微微一笑，秘诀就是："步步为营，稳扎稳打。尊重每一个客户，绝不放过任何一个有可能的客户。但最重要的是，不要为了追逐新客户而忽视已经谈妥的客户。"接着他就讲了一件他所经历的事情。几年前，当他还是个毛头小伙子的时候，每天的工作就是不断地约客户、见面、发名片、宣传产品。有一次，同时有好几家公司给了他回复。他非常高兴，就一一去拜访。一家小公司很快就与他达成了协议，有九成的把握要签下订单；另一家大公司也有一些意向，但把握没有那家小公司大。在一天中午，两家公司代表同时约他见面。他一下为难了，去哪个为好呢？他知道那个小公司会签的概率比较大，但大公司的单子更大些。思考良久，他决定先与小公司的代表见面，先拿下一个再说，不要为了那个没把握的单子丢了到手的生意。结果证明他是正确的，当天中午那家小公司的代表就与他签了合同，而那家大公司的代表不过是找他看一下方案，离签单还远得很呢。因为这个小公司的单子，他的事业打开了场面，慢慢地，单子签得越来越多，事业也越做越大。现在，他依然秉着当初的想法，一步一步地说服客户，先拿下把握大的再去找第二家。

可见，明智的竞争者要懂得坚守，就是不要随便放弃已有的利益。市场在不断地变化之中，竞争对手的行为也不是都能预测，消费者的行为也充满了不确定性和非逻辑性。要想在竞争中立于不败之地，就要做到在拿到新的东西之前，千万别放掉你手中的东西，尤其是手中的东西对你来说很重要时更应该如此。要知道有很多聪明人正在等着机会打败你，等着捡你手中的宝呢。

要珍惜自己拥有的，不要轻易地为了看似更美好的东西就放弃了手里的东西。最愚蠢的人莫过于还没有拿到新东西，就放弃已到手的宝贝。

史密斯原则：竞争中前进，合作中获利

学会与敌人合作

竞争，不单单意味着"你死我活"的争斗，也存在着"你为我用，我为你用"的合作。螳臂不能挡车，鸟卵不能击石，如果不能战胜对手，与其自寻死路，不如加入到他们之中去，学会与你的对方合作，达到一种双赢的效果。

从前，有一个农夫靠种地为生。一日，他见自己的农田旁边长有三丛灌木，越看越不顺眼。他认为这些灌木毫无用处，而且还耽误他种地。于是，他决定把这些灌木砍掉当柴烧。可他并不知道，每丛灌木中都住着一群蜜蜂。如果他把灌木砍了，蜜蜂们就无家可归了。因此，在农夫砍第一丛灌木时，里面的蜜蜂出来苦苦哀求："亲爱的农夫，您把灌木砍了也得不到多少柴火，请您行行好，就看在我们为您传播花粉的份上，不要砍这丛灌木了!"农夫看看这些令他讨厌的灌木，摇摇头说："即使没有你们，也会有别的蜜蜂为我传播花粉的。"说着，抡起手中的斧头把第一丛灌木砍掉了。

第二天，农夫又来到农田边要砍第二丛灌木。突然，一大群蜜蜂飞了出来，对农夫嗡嗡叫道："可恶的农夫，你胆敢破坏我们的家园，我们就蛰死你!"说着，就朝农夫脸上蛰去。农夫的脸上立即出现了几个大包，又疼又痒。农夫一下怒不可遏，一把火烧了第二丛灌木。

第三天，当农夫正要砍第三丛灌木的时候，住在里面的那群蜜蜂的蜂王飞了出来，对农夫说："睿智的农夫啊，您难道真的要砍掉这些灌木吗？难道您没有意识到它会给您带来多少好处吗？我们蜂窝每年产出的蜂蜜和蜂王浆够您一年的吃喝；而这丛灌木质地细腻，养大了也准能卖个好价钱。"听了蜂王的话，农夫举着斧头的手慢慢放了下来。他觉得蜂王言之有理，决定和蜜蜂合作，做蜂蜜的生意。

就这样，第三群蜜蜂保住了自己的家园，靠的不是恳求和对抗，而是与对手合作。天下熙熙皆为利来，天下攘攘皆为利往，没有永远的敌人，只有永远的利益。农夫砍灌木是为了自己的利益，蜜蜂用更大的利益打动了农夫，用合作的方式留住了自己的家园。

当你的力量比对手弱时，恳求是不能引起同情的，反而会让对手更加瞧不起你，更想早些把你除掉；硬碰硬地对抗，敌我悬殊太大，只能是自取灭亡；这时只有智取，与对手合作，用利益打动他，达到双赢的目的。当然，要想让强大的对手与不起眼的你合作，你就必须让对手看到与你合作的利益会大大超过不合作，这样才能让对手下定决心与你合作，而不是与你为敌；而对于力量相对弱小的你来说，与强大的对手合作只有利而没有弊。不要以为是对手，就一定要摆出势不两立的派头，其实在利益的追逐中，今天的敌人也许就是明天的伙伴。

还有这样一个故事：

在一个产柿子的地方，每年的秋天等柿子熟后，当地的农民都不会把每棵的柿子都摘完，而是留着树顶上的柿子不摘。外地人到那儿看到后都不明白，就问这些农民为什么不把那些柿子都摘去卖了。当地的农民给了一个让他们很讶异的答案："这些柿子是留给乌鸦的。"乌鸦？为什么会留给乌鸦呢？他们想不明白。那些农民就说："树上有柿子，乌鸦才会来，乌鸦来吃柿子，也会吃树上的虫子，这样柿子树就不会生病，就能保证明年柿子大丰收。"

这些农民也是在与敌人合作，乌鸦喜欢吃柿子，有时趁农民不备就会偷吃，既然如此，农民就主动地给乌鸦留柿子，让它们帮忙捉虫，这就是双赢。

在商场上，也是如此，要学会与自己的对手合作，在竞争中求进步，在合作中获利益。

竞争合作求双赢

竞争与合作从来都不是对立的，它们是相互依存的，与竞争对手合作，与合作伙伴良性竞争，在竞争、合作中互相学习、共同进步。一切以更好的发展为目的，无所谓敌人朋友，只要存在共同的利益，都可以一起合作达到共赢。

你可能不敢相信，为了能养出更好的羊，牧场主甚至可以和狼合作。

有一个牧场主养了许多羊。因为他的牧场所在的地方有狼，所以他的羊群总是受到狼的袭击。今天死两只，明天死两只，渐渐地羊群的数量越来越少。牧场主为此非常生气，对狼更是恨之入骨。有一天，又有几只羊被狼咬死了。牧场主再也忍受不了了，就花钱请了几位厉害的猎人把附近的狼全都消灭了。他想，这下可以高枕无忧了。结果，却让他大吃一惊。没有狼后，羊变得很懒散，吃吃睡睡生活很舒适，可它们的肉质变差了，当羊出栏时，销路大大不如以前。牧场主想不通这是为什么，现在他的羊越来越多了，却因为羊肉卖不上价，赚的钱还不如以前有狼的时候多。带着疑问，他去咨询了专家。原来，都是他自己闯的祸。他把狼给消灭了，羊没有了天敌追赶也懒得跑动，这样羊肉的质量就会下降，自然影响价格；而且没有了狼，羊的繁殖越来越快，对当地的草场也不好，如果草场破坏过大，牧场主还得花大价钱修复草场，这更不划算。专家的建议是，请狼回来，与狼共处。牧场主没有办法，只好从别的地方买了几只狼回来，将信将疑地等待结果。不出专家所料，狼回来后，羊的肉质上去了，草场也得到了应有的保护。牧场主终于明白了，狼不只是他的敌人，还可以是他的朋友，他的合作伙伴。

无独有偶，还有一个类似的故事。讲的是牧场主与猎户做朋友的故事。

一个养了许多羊的牧场主，和一个养了一群凶猛猎狗的猎户成了邻居。结果，那些猎狗经常跳过两家之间的栅栏，袭击牧场里的小羊羔。每次遇到这种事情，牧场主都只好去请猎户把猎狗关好，但猎户从来不以为意，只是口头上答应，从未有过行动。猎狗咬死、咬伤小羊的事依然经常发生。终于，牧场主忍无可忍，到镇上去找法官评理。法官听了他的控诉后，说了这么一段话："我可以处罚那个猎户，也可以发布法令让他把猎狗锁起来，但这样一来你就失去了一个朋友，多了一个敌人。你是愿意和敌人做邻居，还是愿意和朋友做邻居？"牧场主想也没想就说："当然是愿意和朋友做邻居了。"听了他的话，法官接着说："那好，我给你出个主意，按我说的去做，不但可以保证你的羊群不再受骚扰，还会为你赢得一个友好的邻居。"仔细听了法官的主意，牧场主回到家中就照着做了。他从自己的羊群中挑了三只最可爱的小羊羔，送给猎户的三个儿子。猎户的儿子们看到洁白温顺的小羊羔如获至宝，每天放学都要在院子里和小羊羔玩耍嬉戏。为了防止猎狗伤害儿子们的小羊，猎户专门做了一个大铁笼，把狗结结实实地锁了起来。为了答谢牧场主的好意，猎户开始经常送些野味给他，而牧场主也不时用羊肉和奶酪回赠猎户；而且因为这些猎狗的存在，从没有人敢来偷牧场主的羊，也没有其他动物敢来他的牧场捣乱。从此，牧场主的羊再也没有受到骚扰，他与猎户还成了朋友。

足见，化敌为友，不是对立而是合作，用友好的方式达到最终的目的是再好不过了。下过跳棋的人都知道，6 个人各霸一方，互相是竞争对手，又必须是合作伙伴。因为如果你想到达你的目的地，就必须得利用别人搭的桥，只有大家互相搭桥合作，才能最快地到达目的地。

如果我们只讲求合作，放弃竞争，一味地为别人搭桥铺路，那别人就会先到达目的地，而自己只有等待失败收场；相反，如果我们只注意竞争，而忽视合作，一心只想拆别人的路，反而会延误自己的正事，自己依然无法获胜。所以，要在竞争中合作，在合作中竞争，求得双赢。

卡贝定律：放弃是创新的钥匙

走不通就要另辟蹊径

不是所有的事情都是坚持才会有好的结果，有的时候懂得放弃才是上策。人生有限，机会有限，选择最有利于自己的，放弃那些不适合的，这样你才能用最短的时间，付出最少的成本，获得最大的利益。不要固执，走不通就另辟蹊径，不要在没有结果的事情上投入太多的精力。

在印度的热带丛林里，流传着一种奇特的捕猴法。这里的人们在捉猴子时，会先拿出一个小木盒，在木盒里装上猴子爱吃的坚果，然后把盒子固定起来。再在盒子上开一个刚好够猴子的前爪伸进去的小口，这样猴子一旦抓住坚果，爪子就抽不出来了。用这种方法，常常能捉到猴子。这全因为猴子的一种习性：不肯放下已到手的东西。这时，人们总是嘲笑猴子的愚蠢：为什么不松开爪子放下坚果逃命呢？但在现实生活中，又有多少像这些猴子一样的人在犯着同样的错误呢。

懂得放弃，是放弃错误，收获光明。不要像这猴子一样，为了一点蝇头小利而丢了性命，也不要不撞南墙不回头，发现此路不通，就要赶快另取他路。人生有很多个选择，不要以为放掉了一个就失去了所有，有时候只有放弃了才能获得。

瑞士军事理论家菲米尼有句名言："一次良好的撤退，应与一次伟大的胜利一样受到奖赏。"该放弃的时候，要勇于放弃，放弃需要更多的勇气与智慧。

在生活中，当我们努力争取的东西与目标无关，或者目前拥有的东西已成为负累，或者劣势大于优势时，那么坚持还不如放弃。当你放弃了不该追求的东西后，你可能会突然发现，你已经拥有了你曾争取过而又未得到的东西。就像电影《卧虎藏龙》里那句经典台词说的一样："当你紧握双手，里面什么也没有；当你打开双手，世界就在你手中。"你越是拼命想抓住的东西，就越是得不到；相反，如果你学会了放弃，你会发现幸福就在身边。

人的时间和精力都是有限的，不可能得到所有你想要的东西，你只能挑最想要的来为之奋斗。想要拥有一切的人，往往最终什么也得不到。在未学会放弃之前，你将很难懂得什么是争取。如果不懂得放弃，就无法做出决策。

以个人或企业的发展为例，我们不可能在竞争中做到万无一失，只能放弃一些不利于发展或者对个人、企业帮助较小的东西，来谋取更大的收获。过去的成就，不代表将来的辉煌，决策者要懂得放弃光环。

大多数人都很难拒绝过去那些效果很好的技术和战略对我们的诱惑，也很难看到采用新战略和新技术的必要性。不伸开拳头，就很难抓到更多更新的东西，所以不要固守过去，也不要坚持错误，懂得放弃，才能开创更美好的天地。

长期居于世界手表行业销售榜首位的日本钟表企业精工舍，之所以会有这样的成就，就是因为该企业的第三任总经理服部正次的放弃战略。作为钟表企业，都会把瑞士这个钟表王国作为对手，来努力提高自己的质量，服部正次也不例外。在他上任初期，他一直把企业的发展方向定为质量赶超瑞士，可结果却很不理想，10多年的努力几乎是白费力气。就是在这时，服部正次清楚地认识到与瑞士比质量是行不通了，于是他迅速地带领精工舍另走新路，不再在机械表上比质量，而是研发出比机械表更好的新产品。有这个思路后，服部正次就带领自己的科研人员刻苦钻研，终于在几年后，开发出了比机械表走时更准确的石英电子表。产品一推出，就大获全胜，甚至赢得世界手表销售的首位的荣誉。

这就是懂得放弃的回报，那条路被堵死了，没必要非得把它闯开，走另一条路也能看到柳暗花明，说不定景色更加秀丽。在竞争中，我们一定不要犯固执己见的错误，也不要贪得无厌，要懂得适时地放弃，才是成功的保证。

适时放弃收获更多

上帝在关上一扇窗的时候，会打开另一扇窗，或者打开一扇门。所以，不要害怕失去，失去的同时你可能会得到更多。

在选择中要懂得放弃，只有放弃了错误才能走向正确。比尔·盖茨曾说过："人生是一场大火，我们每个人唯一可做的，就是从这场大火中多抢一点东西出来。"在火中抢东西，一定要注意主次，没有多少时间供我们考虑，尽可能挑最重要的拿，而放弃那些相比之下次要的东西。

竞争中，我们不可能每个机会都去尝试，也不可能每个领域都获得成功，放弃自己不擅长的，放弃没有结果的尝试，放弃过多的欲望，放弃错误的坚持。这样，才能成为真正的赢家。

松下幸之助就是一位敢于放弃，懂得适时放弃的精明人。他领导松下集团走过了风风雨雨，创下了一个又一个商业奇迹。上世纪五六十年代，很多世界性的大公司都纷纷投入到大型电子计算机的研发和生产中来，以为这种高新科技会带来新的收益奇迹，松下通信工业公司也不例外地投入其中。可是1964年，在松下花费了5年时间，投入了高达10亿日元的研究开发资金，研发也很快要进入最后阶段的时候，松下公司突然决定全盘放弃，不再做大型电子计算机。这是松下幸之助的决定，他考虑到大型计算机的市场竞争太激烈，如果一着不慎，很可能使整个公司陷入危机。到那时再撤退，可能就为时已晚了，还是趁还没有陷入泥潭前，先拔出脚为好。结果，事实证明松下幸之助的决定是完全正确的。之后的市场正像松下预测的那样，而西门子、RCA等这种世界性的公司也陆续放弃了大型计算机的生产。

松下幸之助的成功，当然与他非凡的预测力是分不开的，但是更重要的是他懂得适时放弃的品质。做决策靠的就是果断，知道这条路是错的，就要立即调转头回到正确的路上去，不要为过去的付出斤斤计较，在错误的路上走得越远，只能失去得更多。

赌徒就是因为不懂得放弃，才会倾家荡产，总是不甘心过去输掉的钱，总是想着把本钱捞回来，而结果往往是输得更惨。

有些骗子，也是利用人们不懂得放弃的弱点来到处行骗。当你特别想得到某件东西时，你就会迷失自己；当你付出了成本时，你就总想着得到回报。网上有很多这样的诈骗者，利用你想要购买某物的急切心理，告诉你先交定金，到时把货邮给你；结果一般是定金打了水漂，有去无回。这时懂得放弃，损失的也就是那些定金。可有些人依然执迷不悟，明知道是骗局还是一个劲地往里钻，主动自愿地把剩下的金额都打过去，结果只能是赔得更惨。在现实中，还有很多这样的例子。

一个青年去向一位富翁请教成功之道。富翁什么话也没说，从冰箱里拿出三块大小不等的西瓜放在青年面前。问道："如果这里的每块西瓜代表一定程度的利益，你会选哪块？"青年人不假思索，直接答道："当然是最大的那块！"富翁笑了："那好，请用吧！"说着，富翁把最大的那块西瓜递给了青年，而自己却拿起最小的那块吃了起来。很快，富翁就把手里那块最小的西瓜吃完了，然后得意洋洋地拿起剩下的那块西瓜在青年面前晃了晃，大口吃了起来。青年顿时明白了富翁的意思：这些西瓜都代表着一定程度的利益，谁吃得最多谁拥有的利益就最大。虽然自己挑了最大的，可富翁却比自己吃得多，那么富翁占的利益自然也比自己多。

想在竞争中取胜，其实就像吃西瓜一样，要想使自己有大的发展，成为最后的赢家，就要有战略的眼光，要学会放弃，只有懂得适时地放弃，才能收获更多的利益。

罗杰斯论断：未雨绸缪，主宰命运

未雨绸缪，有备无患

对待问题的态度应该像对待疾病的态度一样，在身体有些不适的时候，就要及时治疗以免病情发展得更为严重，甚至无法医治，对问题也是这样，及早地预见问题，将其消灭于萌芽状态，才能有效地解决问题。

真正精明的人对自己所处的环境总是富有洞察力，一旦察觉到对自己不利的势力，在刚看出端倪时就会出手打压，将其扼杀在摇篮之中。否则，坐视其发展壮大到和自己旗鼓相当，甚至强于自己时，就会养虎为患，一切都来不及了。

在生活中，学会未雨绸缪、防微杜渐，将一切不利的因素消除在萌芽状态，将自己的危险降到最低，无疑是明智之举。

未雨绸缪、防微杜渐是人生智慧。竞争之中，常常强调"冬天"的人，日子未必艰难；一直浸润在"春天"里的人，"冬天"或许会提前到来。

微软公司创始人比尔·盖茨常说："微软离破产只有18个月。"居安思危是审时度势的理性思考，是在超前意识前提下的反思，是不敢懈怠、兢兢业业、勇于进取的积极心志。

世界著名的信息产业巨子，英特尔公司的前总裁安迪·葛罗夫，在功成身退之后回顾自己创业的历史，曾深有感触地说："只有那些危机感强烈，恐惧感强烈的人，才能够生存下去。"

英特尔成立时葛罗夫在研发部门工作。1979年，葛罗夫出任公司总裁，刚一上任他立即发动攻势，声称在一年内从摩托罗拉公司手中抢夺2000个客户，结果英特尔最后共赢得2500个客户，超额完成任务。此项攻势源于其强烈的危机意识，他总担心英特尔的市场会被其他企业占领。1982年，由于美国经济形势恶化，公司发展趋缓，他推出了"125％的解决方案"，要求雇员必须发挥更高的效率，以战胜咄咄逼人的日本企业。他时刻担心，日本已经超过了美国。在销售会议上，身材矮小、其貌不扬的葛罗夫，用拖长的声调说："英特尔是美国电子业迎战日本电子业的最后希望所在。"

危机意识渗透到安迪·葛罗夫经营管理的每一个细节中。1985年的一天，葛罗夫与公司董事长兼CEO摩尔讨论公司目前的困境。他问："假如我们下台了，另选一位新总裁，你认为他会采取什么行动？"摩尔犹豫了一下，答道："他会放弃存储器业务。"葛罗夫说："那我们为什么不自己动手？"1986年，葛罗夫为公司提出了新的口号——"英特尔，微处理器公司"，帮助英特尔顺利地走出了这一困境。其实，这皆源于他的危机意识。

1992 年，英特尔成为世界上最大的半导体企业。此时英特尔已不仅仅是微处理器厂商，而是整个计算机产业的领导者。1994 年，一个小小的芯片缺陷，将葛罗夫再次置于生死关头。12 月 12 日，IBM 宣布停止发售所有奔腾芯片的计算机。预期的成功变成泡影，一切变得不可捉摸，雇员心神不宁。12 月 19 日，葛罗夫决定改变方针，更换所有芯片，并改进芯片设计。最终，公司耗费相当于奔腾 5 年广告费用的巨资完成了这一工作。英特尔活了下来，而且更加生气勃勃，是葛罗夫的性格和他的危机意识再次挽救了公司。

在葛罗夫的带领下，英特尔把利润中非常大的部分花在研发上。葛罗夫那句"只有恐惧、危机感强烈的人，才能生存下去"的名言已成为英特尔企业文化的象征。

居安思危方可安身，贪图逸豫则会亡身。只有如葛罗夫那样充满危机意识，我们才能在激烈的竞争中保持不败的境地。每一个竞争者都要把葛罗夫的例子装在心中，将"永远让自己处于危机与恐惧中"的话记在心中。只有时时提醒自己不断进步，才能在竞争激烈的环境中生存下来，开创出属于自己的艳阳天。

在实践探索中培养预见力

未来是不确定的，计划在不确定因素面前无能为力，所以你必须随机应变，前提是你必须拥有确定的目标和长远的计划。

我们很容易被眼前的利益蒙蔽了双眼，从而忽视潜伏于远方的危险，在不知不觉中失败。因此，我们一定要高瞻远瞩，培养自己预见未来的能力。

公元前 415 年，雅典人准备攻击西西里岛，他们以为战争会给他们带来财富和权力，但是他们没有考虑到战争的危险性和西西里人抵抗战争的顽强性。由于求胜心切，战线拉得太长，他们的力量被分散了，再加上西西里人团结一致，他们更难以应付了。雅典的远征导致了自身的覆灭。

胜利的果实的确诱人，但远方隐约浮现的灾难更加可怕。因此，不要只想着胜利，还要想到潜在的危险，这种危险有可能是致命的。不要因为眼前的利益而毁了自己。被欲望蒙蔽了双眼的人，他们的目标往往不切实际，会随着周围状况的改变而改变。

我们应时刻保持清醒的头脑，根据变化随时调整自己的计划。世事变幻莫测，我们必须具有一定的预见未来的能力，过分苛求一项计划是不明智的，实现目标可以有多种途径，不要抓住一个不放。

预见未来的能力是可以通过实践探索慢慢培养的。要有明确的目标，但必须实事求是地对客观现状进行分析评估；计划要周密，模糊的计划只能让你在麻烦中越陷越深。

第四章 人际关系学定律

首因效应：先入为主的第一印象

从破格录用想到的

《三国演义》中，凤雏庞统起初准备效力东吴，于是去面见孙权。孙权见庞统相貌丑陋、傲慢不羁，无论鲁肃怎样苦言相劝，最后，还是将这位与诸葛亮比肩齐名的奇才拒于门外。为什么会这样呢？是庞统无能，还是孙权根本不需要帮手呢？其实，造成这样的后果仅仅是因为庞统没能给孙权留下良好的"第一印象"。

如今，大家都认为工作不好找，尤其是刚毕业的人。其实，如果把握好求职时的第一印象，效果往往会出乎意料。

一个新闻系的毕业生正急于找工作。一天，他到某报社对总编说："你们需要一个编辑吗？"

"不需要！"

"那么记者呢？"

"不需要！"

"那么排字工人、校对呢？"

"不，我们现在什么空缺也没有了。"

"那么，你们一定需要这个东西。"说着他从公文包中拿出一块精致的小牌子，上面写着"额满，暂不雇用"。总编看了看牌子，微笑着点了点头，说："如果你愿意，可以到我们广告部工作。"

这个大学生通过自己制作的牌子，表现了自己的机智和乐观，给总编留下了良好的"第一印象"，引起对方极大的兴趣，从而为自己赢得了一份满意的工作。这也是为什么当我们进入一个新环境，参加面试，或与某人第一次打交道的时候，常常会听到这样的忠告："要注意你给别人的第一印象噢！"

也许你会好奇，第一印象真的有那么重要，以至于在今后很长时间内都会影响别人对你的看法吗？心理学家曾做了这样一个实验：

心理学家设计了两段文字，描写一个叫吉姆的男孩一天的活动。其中，一段将吉姆描写成一个活泼外向的人：他与朋友一起上学，与熟人聊天，与刚认识不久的女孩打招呼等；另一段则将他描写成一个内向的人。

研究者让一些人先阅读描写吉姆外向的文字，再阅读描写他内向的文字；而让另一些人先阅读描写吉姆内向的文字，后阅读描写他外向的文字，然后请所有的人都来评价吉姆的性格特征。

结果，先阅读外向文字的人中，有78%的人评价吉姆热情外向；而先阅读内向文字的人中，则只有18%的人认为吉姆热情外向。

由此可见，第一印象真的很重要！事实上，人们对你形成的某种第一印象，往往日后也很难改变。而且，人们还会寻找更多的理由去支持这种印象。有的时候，尽管你的表现并不符合原先留给别人的印象，但人们在很长一段时间里仍然要坚持对你的最初评价。例如，一对结婚多年的夫妻，最清晰难忘的，是初次相逢的情景，在什么地方，什么情景，站的姿势，开口说的第一句话，甚至窘态和可笑的样子都记得清清楚楚，终生难忘。

成功打造第一印象，占据他人心中有利地形

了解了第一印象的重要性，现在我们来谈谈应该怎样给人留下良好的第一印象。

通常，第一印象包括谈吐、相貌、服饰、举止、神态，对于感知者来说都是新的信息，它对感官的刺激也比较强烈，有一种新鲜感。这好比在一张白纸上，第一笔抹上的色彩总是十分清晰、深刻一样。随着后来接触的增加，各种基本相同的信息的刺激，也往往盖不住初次印象的鲜明性。所以，第一印象的客观重要性还是显而易见的，并在以后交往中起了"心理定式"作用。

如果你与人初次见面就不言不语、反应缓慢，给人的第一印象基本就是呆板、虚伪、不热情，对方就可能不愿意继续了解你，即使你尚有许多优点，也不会被人接受；而如果你给人留下的第一印象是风趣、直率、热情，即使你身上尚有一些缺点，对方也会用自己最初捕捉的印象帮你掩饰短处。

一般来说，想给他人留下良好的第一印象，必须要牢记以下5点：

1. 显露自信和朝气蓬勃的精神面貌

自信是人们对自己的才干、能力、个人修养、文化水平、健康状况、相貌等的一种自我认同和自我肯定。一个人要是走路时步伐坚定，与人交谈时谈吐得体，说话时双目有神，目光正视对方，善于运用眼神交流，就会给人以自信、可靠、积极向上的感觉。

2. 讲信用，守时间

现代社会，人们对时间愈来愈重视，往往把不守时和不守信用联系在一起。若你第一次与人见面就迟到，可能会造成难以弥补的损失，最好避免。

3. 仪表、举止得体

脱俗的仪表、高雅的举止、和蔼可亲的态度等是个人品格修养的重要部分。在一个新环境里，别人对你还不完全了解，过分随便有可能引起误解，产生不良的第一印象。当然，仪表得体并不是非要用名牌服饰包装自己，更不是过分地修饰，因为这样反而会给人一种轻浮浅薄的印象。

4. 微笑待人，不卑不亢

第一次见面，热情地握手、微笑、点头问好，都是人们把友好的情意传递给对方的途径。在社会生活中，微笑已成为典型的人性特征，有助于人们之间的交往和友谊。但与别人第一次见面，笑要有度，不停地笑有失庄重；言行举止也要注意交际的场合，过度的亲昵举动，难免有轻浮油滑之嫌，尤其是对有一定社会地位的朋友，不应表露巴结讨好的意思。趋炎附势的行为不仅会引起当事人的蔑视，连在场的其他人也会瞧不起你。

5. 言行举止讲究文明礼貌

语言表达要简明扼要，不乱用词语；别人讲话时，要专心地倾听，态度谦虚，不随便打断；在听的过程中，要善于通过身体语言和话语给对方以必要的反馈；不追问自己不必知道或别人不想回答的事情，以免给人留下不好的印象。

刺猬法则：与人相处，距离产生美

我们都需要一定的"距离"

生物学家曾做过一个实验：冬季的一天，把十几只刺猬放到户外空地上。这些刺猬被冻得浑身发抖，为了取暖紧紧地靠在一起，而相互靠拢后，它们身上的长刺又把同伴刺疼，很快就分开了。但寒冷又迫使大家再次围拢，疼痛又迫使大家再次分离。如此反复多次，它们终于找到了一个较佳的位置——保持一个忍受最轻微疼痛又能最大程度取暖御寒的距离。其实，人与人之间亦是如此，良好交际需要保持适当的距离。

下面，我们先来做一个小小的选择题：

你要坐公交车出去玩，上车后你发现只有最后一排还有 5 个座位，走在你前面的两个人，一个选了正中间的座位，一个选了最右侧靠窗子的座位。剩下 3 个座位中，一个在前两个人之间，两个在中间人与最左侧的窗户之间。这时，你会坐在哪里呢？

想必，你多半会选择最左侧窗户的座位，而不是紧挨着两个人中的任何一位坐下。不要好奇，这是因为人与人之间，也像前面讲的刺猬那样，彼此需要一定的距离。

这种距离，有时是环绕在人体四周的一个抽象范围，用眼睛没法看清它的界限，但它确确实实存在，而且不容他人侵犯。

例如，无论在拥挤的车厢里，还是电梯内，你都会在意他人与自己的距离。当别人过于接近你时，你可以通过调整自己的位置来逃避这种接近的不快感；但是空间里挤满了人无法改变时，你只好以对其他乘客漠不关心的态度来忍受心中的不快，所以看上去神态木然。

关于这方面，一位心理学家曾做过这样一个实验：

在一个刚刚开门的阅览室，当里面只有一位读者时，心理学家进去拿了把椅子，坐在那位读者的旁边。实验进行了整整 80 个人次。结果证明，在一个只有两位读者的空旷的阅览室里，没有一个被试者能够忍受一个陌生人紧挨自己坐下。当他坐在那些读者身边后，被试者不知道这是在做实验，很多人选择默默地远离到别处坐下，甚至还有人干脆明确表示："你想干什么？"

这个实验向我们证明了，任何一个人，都需要在自己的周围有一个自己可以把握的自我空间，如果这个自我空间被人触犯，就会感到不舒服、不安全，甚至恼怒起来。

所以，我们在现实生活中，在人际交往中，一定要把握适当的交往距离，就像前面互相取暖的刺猬那样，既互相关心，又有各自独立的空间。

交际中的距离学问

既然距离在人际交往中如此重要，那么，究竟保持多远的距离才合适呢？一般而言，交往双方的人际关系以及所处情境决定着相互间自我空间的范围。

美国人类学家爱德华·霍尔博士划分了 4 种区域或距离，各种距离都与双方的关系相称。

1. 亲密距离

所谓"亲密距离"，即我们常说的"亲密无间"，是人际交往中的最小间隔，其近范围在 6 英寸（约 15 厘米）之内，彼此间可能肌肤相触、耳鬓厮磨，以至相互能感受到对方的体温、气味和气息；其远范围是 6～18 英寸（15～44 厘米），身体上的接触可能表现为挽臂执手，或促膝谈心，仍体现出亲密友好的人际关系。

这种亲密距离属于私下情境，只限于在情感联系上高度密切的人之间使用。在社交场合，大庭广众之下，两个人（尤其是异性）如此贴近，就不太雅观。在同性别的人之间，往往只限于贴心朋友，彼此十分熟识而随和，可以不拘小节，无话不谈；在异性之间，只限于夫妻和恋人之间。因此，在人际交往中，一个不属于这个亲密距离圈子内的人随意闯入这一空间，不管他的用心如何，都是不礼貌的，会引起对方的反感，也会自讨没趣。

2. 个人距离

这是人际间隔上稍有分寸感的距离，较少有直接的身体接触。个人距离的近范围为 1.5～2.5 英尺（46～76 厘米），正好能相互亲切握手，友好交谈。这是与熟人交往的空间，陌生人进入这个范围会构成对别人的侵犯。个人距离的远范围是 2.5～4 英尺（76～122 厘米），任何朋友和熟人都可以自由地进入这个空间。不过，在通常情况下，较为融洽的熟人之间交往时保持的距离更靠近远范围的近距离（2.5 英尺）一端，而陌生人之间谈话则更靠近远范围的远距离（4 英尺）

— 117 —

一端。

人际交往中，亲密距离与个人距离通常都是在非正式社交情境中使用，在正式社交场合则使用社交距离。

3. 社交距离

这个距离已超出了亲密或熟人的人际关系，而是体现出一种社交性或礼节上的较正式关系。其近范围为 4～7 英尺（1.2～2.1 米），一般在工作环境和社交聚会上，人们都保持这种程度的距离；社交距离的远范围为 7～12 英尺（2.1～3.7 米），表现为一种更加正式的交往关系。

例如，公司的经理们常用一个大而宽阔的办公桌，并将来访者的座位放在离桌子一段距离的地方，这就是为了与来访者谈话时能保持一定的距离。还有，企业或国家领导人之间的谈判、工作招聘时的面谈、教授和大学生的论文答辩等，往往都要隔一张桌子或保持一定距离，这样就增加了一种庄重的气氛。

4. 公众距离

通常，这个距离指公开演说时演说者与听众所保持的距离。其近范围为12～25 英尺（约 3.7～7.6 米），远范围在 25 英尺之外。这是一个几乎能容纳一切人的"门户开放"的空间，人们完全可以对处于空间内的其他人"视而不见"、不予交往，因为相互之间未必发生一定联系。因此，这个空间的活动，大多是当众演讲之类，当演讲者试图与一个特定的听众谈话时，他必须走下讲台，使两个人的距离缩短为个人距离或社交距离，才能够实现有效沟通。

当然了，人际交往的空间距离不是固定不变的，它具有一定的伸缩性，这依赖于具体情境、交谈双方的关系、社会地位、文化背景、性格特征、心境等。

了解了交往中人们所需的自我空间及适当的交往距离，我们就能够有意识地选择与人交往的最佳距离；而且，通过空间距离的信息，还可以很好地了解一个人的实际社会地位、性格以及人们之间的相互关系，更好地进行人际交往。

投射效应：人心各不同，不要以己度人

为何会有"以小人之心，度君子之腹"的心结

宋代著名学者苏东坡和佛印和尚是好朋友，一天，苏东坡去拜访佛印，与佛印相对而坐，苏东坡对佛印开玩笑说："我看你是一堆狗屎。"而佛印则微笑着说："我看你是一尊金佛。"苏东坡觉得自己占了便宜，很是得意。回家以后，苏东坡得意地向妹妹提起这件事，苏小妹说："哥哥你错了。佛家说'佛心自现'，你看别人是什么，就表示你看自己是什么。"

也许你会一笑而过，但苏小妹的话确实是有道理的。

你可能要问苏小妹的话为何有道理。从心理学角度，她正好指出了人喜欢把自己的想法投射到他人身上的投射效应。俗语说的"以小人之心，度君子之腹"心结，讲的就是小人总喜欢用自己卑劣的心意去猜测品行高尚的人。

与之类似，曾有这样一个有趣的笑话：

一天晚上，在漆黑偏僻的公路上，一个年轻人的汽车抛了锚——汽车轮胎爆炸了。

年轻人下来翻遍了工具箱，也没有找到千斤顶。怎么办？这条路很长时间都不会有车子经过。他远远望见一座亮灯的房子，决定去那户人家借千斤顶。可是他又有许多担心，在路上，他不停地想：

"要是没有人来开门怎么办？"

"要是没有千斤顶怎么办？"

"要是那家伙有千斤顶，却不肯借给我，该怎么办？"

……

顺着这种思路想下去，他越想越生气。当走到那间房子前，敲开门，主人一出来，他冲着人家劈头就是一句："你那千斤顶有什么稀罕的！"

主人一下子被弄得丈二和尚摸不着头脑，以为来的是个精神病人，就"砰"的一声把门关上了。

笑声中我们不难发现，这个年轻人，错就错在把自己的想法投射到了主人的身上。

在人际交往中，认识和评价别人的时候，我们常常免不了要受自身特点的影响，我们总会不由自主地以自己的想法去推测别人的想法，觉得既然我们这么想，别人肯定也这么想。例如，贪婪的人，总是认为别人也都嗜钱如命；自己经常说谎，就认为别人也总是在骗自己；自己自我感觉良好，就认为别人也都认为自己很出色……

1974年，心理学家希芬鲍尔曾做了这样一个实验：

他邀请一些大学生作为被试者，将他们分为两组。给其中一组学生放映喜剧电影，让他们心情愉快；而给另外一组学生放映恐怖电影，让他们产生害怕的情绪。然后，他又给这两组学生看相同的一组照片，让他们判断照片上人的面部表情。

结果，看了喜剧电影心情愉快的那组大学生判断照片上的人也是开心的表情，而看了恐怖电影心情紧张的那组大学生则判断照片上的人是紧张害怕的表情。

这个实验说明，被试的大部分学生将照片上人物的面部表情视为自己的情绪体验，即将自己的情绪投射到他人身上。

其实，投射效应的表现形式除了将自己的情况投射到别人身上外，还有另一种表现—感情投射。即对自己喜欢的人或事物越看越喜欢，越看优点越多；对自己不喜欢的人或事物越看越讨厌，越看缺点越多。

这种情况多发生在恋爱期间，如在热恋时人们喜欢在周围人面前吹嘘自己的另一半如何完美无缺；一旦失恋，对对方的憎恨之情溢于言表，并言过其实。

所以，知道了投射效应在人际交往的过程中会造成我们对其他人的知觉失真，我们这就要在与人交往的过程中保持理性，避免受这种效应的不良影响。

辩证走出"投射效应"的误区

哲学上曾讲过，对任何事物我们都应辩证地去看。没错，投射效应也不例外。

一方面，这种效应会使我们拿自己的感受去揣度别人，缺少了人际沟通中认知的客观性，从而造成主观臆断并陷入偏见的深渊，这是需要我们克服的。

《庄子·天地》中记载了这样一个故事：

尧到华山视察，华封人祝他"长寿、富贵、多男子"，尧都辞谢了。华封人说："寿、富、多男子，人之所欲也。汝独能不欲，何邪？"尧说："多男子则多惧，富则多事，寿则多辱。是三者，非所以养德也，故辞。"

透过这个故事，我们发现，人的心理特征各不相同，即使是"富、寿"等基本的目标，也不能随意"投射"给任何人。

由于产生投射效应是主观意识在作祟，所以我们可以通过时刻保持理性，克服潜意识和惯性思维，让事物的发展规律还原它本来的面目，从而消除这种效应带来的不良影响。

首先，我们要客观地认清别人与自己的差异，不断完善自己，不能总是以己之心度人之腹。其次，我们要承认和尊重差异，多角度、全方位地去认识别人。最后，为了避免投射效应，我们需要学会换位思考，也就是设身处地地站在对方的立场上去看别人。与人交往时，如果我们能站在对方的立场上，为对方着想，理解对方的需要和情感，就能与他人进行很好的交流和沟通，也更容易达成谅解和共识。

另一方面，我们也不可否认，因为人性有相通之处，有时不同的人的确会产生相同的感受。那么，我们就可以利用一个人对别人的看法来推测这个人的真正意图或心理特征。正如钱钟书说"自传其实是他传，他传往往却是自转"，要了解某人，看他的自传，不如看他为别人做的传。因为作者恨不得化身千千万万来讲述不方便言及或者即便说了别人也不能相信的发生在作者身上的真实故事。

例如，你在帮公司招聘人员的时候，想了解求职者真实的应聘目的，就可以设计这样的问题：

你应聘本公司的主要原因是什么？

A. 工作轻松　B. 有住房　C. 公司理念符合个人个性　D. 有发展前途

E. 收入高

你认为跟你一起到本公司应聘的其他人的主要原因是什么？

A. 工作轻松　B. 有住房　C. 公司理念符合个人个性　D. 有发展前途

E. 收入高

显然，第一个题目并没有多大意义，大部分求职者都会选择 C 或 D；第二个题目，则可以考察求职者的心理投射，求职者一般会根据自己内心的真实想法来推测别人，其答案往往也就是求职者内心的想法。

那么，在干部谈话或招聘等过程中，我们就可以利用投射效应了解交际对象的态度和动机，为我们带来积极的意义。

所以，对待交际中的投射效应，我们要学会辩证地看待其影响，用理智避开它不利的一面，用智慧运用好它有利的一面。

自我暴露定律：适当暴露，让你们的关系更加亲密

适当的"自我暴露"有助加深亲密度

你有秘密吗？你是否发现自己与身边最亲密的人往往共同分享着彼此的许多秘密，而对于那些交情一般的人，你们之间几乎任何秘密都没有？你还可以回想一下，与最好的朋友的友谊，是不是从那一次你们两人互诉真心开始建立的？想必，你对上述几个问题的答案基本都是"是"。无需奇怪，这就是人际交往中的自我暴露定律。

研究交际心理学的人士曾指出，让人家看到自己的缺点或弱点，人家才会觉得你真实可信，不存虚假，从而产生亲近感；反之，完全把自己"藏起来"，就会使人感觉造作、虚伪、有压力。

小敏是宿舍中最擅长交际的一个，并且人也长得漂亮。但同宿舍甚至同班的其他女孩都找到了自己的男朋友，唯独漂亮、擅长交际的小敏仍是独自一人。

为什么呢？她身边的同学都表示，她太神秘，别人很难了解她。和她有过接触的男同学也说，刚开始和她交往时，感觉她是个活泼开朗的女孩，但时间一长，就发现她其实很封闭。

原来，小敏一直对自己的私生活讳莫如深，也从不和别人谈论自己，每当别人问起时，她就把话题岔开，怪不得同学们都觉得她神秘呢！

生活中有一些人是相当封闭的，当对方向他们说出心事时，他们却总是对自己的事情闭口不谈。但这种人不一定都是内向的人，有的人话虽然不少，但是从不触及自己的私生活，也不谈自己内心的感受。

人之相识，贵在相知；人之相知，贵在知心。要想与别人成为知

心朋友，就必须表露自己的真实感情和真实想法，向别人讲心里话，坦率地表白自己、陈述自己、推销自己，这就是自我暴露。

当自己处于明处，对方处于暗处，你一定不会感到舒服。自己表露情感，对方却讳莫如深，不和你交心，你一定不会对他产生亲切感和信赖感。当一个人向你表白内心深处的感受，你可以感到对方信任你，想和你进行情感的沟通，这就会一下子拉近你们的距离。

在生活中，有的人知心朋友比较多，虽然他（她）看起来不是很擅长社交。如果你仔细观察，会发现这样的人一般都有一个特点，就是为人真诚，渴望情感沟通。他们说的话也许不多，但都是真诚的。他们有困难的时候，总会有人来帮助，而且很慷慨。

而有的人，虽然很擅长社交，甚至在交际场合中如鱼得水，但是他们却少有知心朋友。因为他们习惯于说场面话，做表面工夫，交朋友又多又快，感情却都不是很深；因为他们虽然说很多话，却很少暴露自己的真实感情。

要知道，人和人在情感上总会有相通之处。如果你愿意向对方适度袒露，就会发现相互的共同之处，从而和对方建立某种感情的联系。向可以信任的人吐露秘密，有时会一下子赢得对方的心，赢得一生的友谊。

如果希望结交知心朋友，你不妨先对他们敞开自己的心扉！

过犹不及，暴露自己要有度

人常说："凡事要有度，凡事不能过度。"一点儿也没错，在交际中，自我暴露是赢得他人好感的有效方式，但这种暴露同样要做到"适度"。

小鱼是某大学的研究生，刚入学不久，她就把同班同学"雷"到了。一天早上上课，课间，坐在前排的她转过身和一位同学借笔记，还回来时笔记里竟然夹了一张男生的照片，于是小鱼打开了话匣子，跟后面的同学聊了起来，说那是她在火车上认识的新男友，正热恋。

她从她和男友在哪儿租了房子、昨天买了什么菜、谁做的晚饭，说到她如何如何幸福，甚至说到二人世界里亲密的小细节……

这样的事情有很多，而且她经常不分时间场合随便就跟别人讲自己的一些私事。到后来，同学们一见到她就躲开了，大家都受不了她了。

由上面的这个例子我们可以看出，在人际交往的过程中，自我暴露要有一个度，过度的自我暴露反而会惹人厌。

在人际交往中，自我暴露应注意以下几个问题：

自我暴露应遵循对等原则，即当一个人的自我暴露与对方相当时，才能使对方产生好感。比对方暴露得多，则给对方以很大的威胁和压力，对方会采取避而远之的防卫态度；比对方暴露得少，又显得缺乏交流的诚意，交不到知心朋友。

自我暴露应循序渐进。自我暴露必须缓慢到相当温和的程度，缓慢到足以使双方都不感到惊讶的速度。如果过早地涉及太多的个人亲密关系，反而会引起对方的忧虑和不信任感，认为你不稳重、不敢托付，从而拉大了双方的心理距离。

真正的亲密关系是建立得很慢的，它的建立要靠信任和与别人相处的不断体验。因而，你的"自我暴露"必须以逐步深入为基本原则，这样，你才会讨人喜欢，才能交到知心朋友。

刻板效应：别让记忆中的刻板挡住你的人脉

偏见的认知源于记忆中的刻板

偏见源于何处呢？

一些社会心理学家认为，偏见的认知来源于刻板印象。

刻板印象指的是人们对某一类人或事物产生的比较固定、概括而笼统的看法，是我们在认识他人时经常出现的一种相当普遍的现象。

刻板印象的形成，主要是由于我们在人际交往的过程中，没有时间和精力去和某个群体中的每一成员都进行深入的交往，而只能与其中的一部分成员交往。因此，我们只能"由部分推知全部"，由我们所接触到的部分，去推知这个群体的全部。

人们一旦对某个事物形成某种印象，就很难改变。

美国一些心理学家分别于 1932 年、1951 年和 1967 年对普林斯顿大学生进行了 3 次有关民族性格的刻板印象调查。他们让学生选择 5 个他们认为某个民族最典型的性格特征。3 次研究的结果大致相同，如下表所示：

民族	性格特性
美国人	勤奋、聪明、实利主义、有雄心、进取
英国人	爱好运动、聪明、沿袭常规、传统、保守
德国人	有科学头脑、勤奋、不易激动、聪明、有条理
犹太人	精明、吝啬、勤奋、贪婪、聪明
意大利人	爱艺术、冲动、感情丰富、急性子、爱好音乐
日本人	聪明、勤奋、进取、精明、狡猾

雷兹兰（1950 年）、西森斯（1978 年）、休德费尔（1971 年）等人的研究也充分证实了这种刻板效应对人知觉的严重曲解。

生活中，人们都会不自觉地把人按年龄、性别、外貌、衣着、言谈、职业等外部特征归为各种类型，并认为每一类型的人有共同特点。在交往观察中，凡对象属一类，便用这一类人的共同特点去理解他们。比如，人们一般认为工人豪爽，军人雷厉风行，商人大多较为精明，知识分子是戴着眼镜、面色苍白的"白面书生"形象，农民是粗手大脚、质朴安分的形象等。诸如此类看法都是类化的看法，都是人脑中形成的刻板、固定的印象。

如何移去记忆中的刻板

刻板效应的产生，一是来自直接交往印象，二是通过别人介绍或传播媒介的宣传。刻板效应既有积极作用，也有消极作用。居住在同一个地区、从事同一种职业、属于同一个种族的人总会有一些共同的特征。刻板印象建立在对某类成员个性品质抽象概括认识的基础上，反映了这类成员的共性，有一定的合理性和可信度，所以它可以简化人们的认知过程，有助于对人迅速做出判断，帮助人们迅速有效地适应环境。但是，刻板印象毕竟只是一种概括而笼统的看法，并不能代替活生生的个体，因而"以偏概全"的错误总是在所难免。如果不明白这一点，在与人交往时，唯刻板印象是瞻，像"削足适履"的郑人，宁可相信作为"尺寸"的刻板印象，也不相信自己的切身经验，就会出现错误，导致人际交往的失败，自然也就无助于我们获得成功。因此，刻板效应容易使人认识僵化、保守，人们一旦形成不正确的刻板效应，用这种定型观念去衡量一切，就会造成认知上的偏差，如同戴上"有色眼镜"去看人一样。

在不同人的头脑中刻板效应的作用、特点是不相同的。文化水平高、思维方式好、有正确世界观的人，其刻板效应是不"刻板"的，是可以改变的。

刻板效应具有浅尝性，往往对个体或者某一群体的分类过于简单和机械，有的只依靠停留在表面上的认识就加以定性；刻板效应同时具有部落共性，在同一社会、同一群体中，由于同一文化、价值观念、信息来源影响，刻板印象有惊人的一致性；刻板效应还具有强烈的主观性，往往凭着偶然的经验加以评判或分类，大多是以偏概全，甚至是颠倒是非。假如最初我们认定日本人勤劳、有抱负而且聪明，美国人讲求实际、爱玩而又入乡随俗，犹太人有野心、勤奋而又精明，女人比男人更会养育子女、照料他人而且温柔顺从，戴眼镜的人都聪明，教授都有点古怪而且平日里都是一副漫不经心的样子等，当我们初次与以上人群相遇时，就会不自觉地用已有的概念去套用，而结果往往也会陷入啼笑皆非的尴尬局面。

作为教师或者学生家长或者社会其他人员，在评价学生的人格时首先要有大系统思维观，切忌单线条或者直线思维，要考虑事情原因和结果的多样性、复杂性，而不是"一个事物、一种现象、一个结果"，要建立多原因、多结果论。其次要用发展的眼光来看问题，世界是时时刻刻在发展变化中的，如果用刻舟求剑的办法处理问题，只能是落后的、要闹笑话的、最终会导致严重错误的。再次要多方位、多角度观察学生，"横看成岭侧成峰，远近高低各不同"。只有观察多了，才有可能比较全面地认识一个人。

克服刻板效应的关键：

一是要善于用"眼见之实"去核对"偏听之辞"，有意识地重视和寻求与刻板印象不一致的信息。

二是深入到群体中去，与群体中的成员广泛接触，并重点加强与群体中典型化、代表性的成员的沟通，不断地检索验证原来刻板印象中与现实相悖的信息，最终克服刻板印象的负面影响而获得准确的认识。

因此，我们要纠正刻板效应的消极作用，努力学习新知识，不断扩大视野，开拓思路，更新观念，养成良好的思维方式。

互惠定律：你来我往，人情互惠

投桃报李，学会感恩

爱默生说过："人生最美丽的补偿之一，就是人们真诚地帮助别人之后，同时也帮助了自己。帮助别人也就是帮助你自己。"你送出什么就收回什么，你播种什么就收获什么。你帮助的愈多，你得到的也就愈多；而你愈吝啬，也就愈可能一无所得。"爱别人就是爱自己"，这句很经典的话，其实已说出了人际关系的"核心秘密"——你付出别人所需要的，他们也会给予你所需要的。

古语有云："投我以桃，报之以李。"对于别人的恩惠，我们不能无动于衷，而要以另一种好处来报答他人。

在第一次世界大战中，为了刺探对方敌情，各国专门培训了一批特种兵，其任务是深入敌后去抓俘虏回来审讯。

当时的战争是堑壕战，大队人马要想穿过两军对垒前沿的无人区是十分困难的，如果一个士兵悄悄爬过去，溜进敌人的战壕，相对来说就比较容易了。

有一个德军特种兵以前曾多次成功地完成这样的任务，这次他又接到任务出发了。他很熟练地穿过两军之间的地带，悄无声息地出现在敌军战壕中。

一个落单的士兵正在吃东西，毫无戒备，一下子就被德国兵缴了械。他手中还举着刚才正在吃的面包，这时，他本能地把一块面包递给对面突袭的敌人。

面前的德国兵忽然被这个举动打动了，他做出了不可思议的行为——他没有俘虏这个敌军士兵，而是将其放了，自己空着手回去，虽然他知道回去后上司会大发雷霆。

这个德国兵为什么这么容易就被一块面包打动呢？其实，人的心理是很微妙的，在得到别人的好处或好意后，就想要回报对方。虽然德国兵从对手那里得到的只是一块面包，或者他根本没有想要那块面包，但是他感受到了对方对他的一种善意。即使这善意中包含着一种恳求，但这毕竟是一种善意，是很自然地表达出来的，在一瞬间打动了他。他在心里觉得，无论如何不能把一个对自己好的人当俘虏抓回去，更别说要了这个人的命。

其实这个德国兵不知不觉地受到了心理学上互惠定律的左右。得到对方的恩惠就一定要报答的心理，是人类社会中根深蒂固的一个行为准则。

一位心理学教授做过一个小小的实验，证明了这个定律：

他在一群素不相识的人中随机抽样，给挑选出来的人寄去了圣诞卡片。但没有想到，大部分收到卡片的人都给他回寄了一张，而实际上他们都不认识他。

给他回赠卡片的人，根本就没有想过打听一下这个陌生的教授到底是谁，他们收到卡片，自动就回赠了一张。也许他们想，可能自己忘了这个教授是谁了，或者这个教授有什么原因才给自己寄卡片。不管怎样，自己不能欠人家的情，给人家回寄一张总是没有错的。

这个实验虽小，却证明了互惠定律的作用。当然，你也可以使用这个原理来提升自己的影响力。如果从别人那里得到了好处，我们应该回报对方；如果一个人帮了我们，我们也会帮他，或者给他送礼品，或请他吃饭；如果别人记住了我们的生日，并送我们礼品，我们对他也会这么做。

人与人的相处其实是很简单的，你想要别人把你当做朋友，那你必须先把别人当做朋友。

播种爱心，赢得朋友

中国历来讲究礼尚往来，这似乎也是人类行为不成文的规则。与人交往讲究互惠互利，双方需要保持利益平衡，如果利益平衡被打破，就会导致关系破裂。互相帮助，有来有往，用真心换取真心，这样才能使我们赢得更多的人心，也能使友谊更加稳固。

人与人之间的互动，就像坐跷跷板一样，要高低交替。一个永远不肯吃亏、不肯让步的人，即使真正得到好处，也是暂时的，他迟早要被别人讨厌和疏远。得到别人的好处或好意，及时回报，这能够表明自己是一个知恩图报的人，有利于相互交往的发展。

在不是很熟悉的朋友之间，你求别人办事，如果没有及时回报，下一次又求人家，就显得不太自然，因为人家会怀疑你是否有回报的意识，是否感激他对你的付出。如果对方突然有一件事反过来求你，你即使觉得不太好办的话，也难以拒绝。俗话说："受人一饭，听人使唤。"为了保持一定的自由，最好不要欠人情。当然，在关系很密切的朋友之间，就不一定要马上回报，那样反而可能显得生疏。但也不等于不回报，有机会的时候还是应该回报的。

在人生的旅途中，我们一直在播种，也许我们不经意的一次善意，就会获得意想不到的感激。当然，我们付出的时候并不是为了得到回报，可生活就是这样，有播种就会有收获，对我们来说也许只是绵薄之力，对需要帮助的人来说则可能会是新的人生起点。

在尼泊尔白雪覆盖的山路上，刺骨的寒气伴随着暴风雪，让人很难睁开双眼。有个男子走了很久，好不容易碰到一个旅行家，两个人自然而然地成了旅途上的同伴。半路上他们看到一个老人倒在雪地里，如果置之不理，老人一定会被冻死。"我们带他一起走吧，先生！请你帮帮忙。"男子提议。旅行家听了很生气地说："这么大的风雪，咱们照顾自己都难，还顾得了谁呀！"说完便独自离去了。

这个男子只好背起老人继续往前走。不知过了多久，他全身被汗水浸湿，这股热气竟然温暖了老人冻僵的身体，老人慢慢恢复了知觉。两人将彼此的体温当成暖炉相互取暖，忘却了寒冷的天气。

"得救了，老爷爷，我们终于到了！"看到远处的村庄，男子高兴地对背上的老人说。当他们来到村口时，发现一群人聚在一起议论纷纷。男子挤进人群中一看，原来是有个男人僵硬地倒卧在雪地上。当他仔细观看尸首时，吓了一大跳——冻死在距离村子咫尺之遥的雪地上的男人，竟然就是当初为了自己活命而先行离开的那个旅行家。

行路的男子并不知道帮助老人会为自己赢得生机，他只是出于悲悯之心才背着老人行进的。救人一命，胜造七级浮屠，男子的善心不但救了老人的性命，更让自己成功走出困境，而旅行家则为他的自私付出了代价。

面对需要帮助的人，千万不要吝惜自己的爱心，善待他人，把你的爱心奉献出来。在你不经意地付出以后，也许会有意想不到的惊喜。播种你的爱心，让它在你的周围生根发芽，当你迎来硕果累累的金秋时，你就是拥有最多财富的富翁。

换位思考定律：将心比心，换位思考

己所不欲，勿施于人

曾经有位因不会与人交往而处处遭人白眼的年轻人，非常苦恼地去找智者，希望智者能告诉他与人交往的秘诀。结果，那智者只送了他4句话："把自己当成别人，把别人当成自己，把别人当成别人，把自己当成自己。"年轻人当时不明白，以为智者不想告诉他秘诀，所以随便说了几句来敷衍他。而智者却说："你回去吧，这就是秘诀。你会明白的。"后来，这位年轻人反复琢磨，经过实践后，终于明白了智者的话。与人交往的秘诀其实就是换位思考。

中国自古就有"己所不欲，勿施于人"的古训，而西方的《圣经》里也有这样的教诲："你们愿意别人怎样待你，你们就怎样对待别人。"人与人的交往，都是将心比心的。只有懂得为别人考虑的人，才能获得别人的真情。生活中，每个人所处的环境、地位、角色不同，所以每个人对同一个事物的想法也会有所不同，不要只从自己的立场出发来想事情，要懂得从别人的立场上看问题，这样你的观点才会更客观，你的胸怀才会更宽广，你的朋友才会更多，你的事业也会更成功。

这世上有很多争吵，都是因为我们不会从别人的立场上看问题而导致的。如果我们每个人都能站在别人的立场上为别人考虑，那么这个世界将变成爱的海洋，和谐美满的天堂。妻子总觉得丈夫不体贴，丈夫总觉得妻子不温柔；老师总觉得学生不听话，学生总觉得老师不讲道理；家长总觉得孩子不可救药，孩子则认为家长专治独裁；老板总认为员工爱偷懒，员工总觉得老板是吸血鬼……大家都只从自己的立场出发想问题，那将无法进行沟通和获得理解。

从前，有一个男人厌倦了天天忙碌的工作，每天回家看到妻子总是羡慕她的悠闲舒适。于是有一天，他向上帝祈祷，希望上帝把他变成女人，让他和妻子互换角色。结果，第二天祈祷灵验了：他变成妻子的模样，妻子变成了他的模样。他高兴极了，想这以后我就能享受美好的悠闲生活了。可还没等他想完，妻子就抗议道："你怎么还不去做早餐，我上班要迟到了。"于是，他赶紧起床去做早餐。做完早餐，又去叫孩子们起床，给孩子们穿衣服，喂早餐，装好午餐，送孩子们上学。回到家后，又开始打扫卫生，洗衣服，到超市买菜，准备晚餐……只一天，他就受不了了，太累了，比他上班还累。第二天一醒来，他就祷告，请求上帝再把他变回去。而上帝却对他说："把你变回去，可以。但是，要再等10个月，因为你昨天晚上怀孕了。"

这个有意思的故事，说的还是换位思考的问题。不要以为别人的工作就比你轻松，别人就比你活得容易。

每个人都有每个人的责任，每个人都有每个人的忧喜。只有设身处地为他人考虑，你才能真正地了解他的想法，理解他的行为。

换位思考是一种态度，更是一种品德。懂得换位思考的人，才值得别人尊敬。如果你不想别人剥夺你的生命，那就别当着别人的面抽烟；如果你不想别人啐你的脸，那你就不要随地吐痰；如果你不想别人用污秽的字眼说你，那你也不要随便辱骂别人；如果你不想自己被人瞧不起，那你也不要戴着"有色眼镜"看人。

总之，己所不欲，勿施于人，懂得站在别人的立场上考虑问题，希望别人怎么对你，你就怎么对别人。

设身处地为他人考虑

其实，设身处地为他人考虑，也是为自己考虑。在这个世界上，没有哪个人是不依赖他人而孤立存在的。社会就是人与人合作互助的结构，不懂得为他人考虑的人，也没有人会为你考虑。只想着自己，自私自利的人，以为没有吃亏，却也难有收获，而且还会失去很多，比如尊重、理解、爱戴、朋友，甚至更多。

曾经看过一个非常悲惨的故事，讲的正是不懂得设身处地为他人考虑而导致的悲剧。

一个参军的年轻人，由于在战场上误踩了地雷，致使他失去了一只胳膊和一条腿。他痛苦万分，但想到爱他的父母，他的心底又燃起了活下去的希望。可他现在这个样子，父母会如何看待他呢？他决定还是打个电话给父母，再做打算。于是，他拨通了父母家里的电话："爸爸，妈妈，我要回家了。但我想请你们帮我一个忙，我想带一位朋友回去。"父母听后，很高兴："当然可以，我们也很高兴能见到他。"年轻人接着说："但是这位朋友不是一般的人，他在这次战争中失去了一只胳膊和一条腿。他无处可去，我希望他能来我们家和我们一起生活。"年轻人这话一出口，电话中就传来父母的声音："我们很遗憾听到这件事，但是这样一个残疾人将会给我们带来沉重的负担，我们不能让这种事干扰我们的生活。我想你还是快点回家来，把这个人给忘掉，他自己会找到活路的。"听到这些，年轻人挂上了电话。几天后，他的父母接到了警察局的电话，说他的儿子从高楼上坠地而死，调查结果认定是自杀。当悲痛欲绝的父母，赶到陈尸间，看到儿子的尸体时，他们惊呆了：他们的儿子只剩一只胳膊和一条腿。

这就是只想到自己的结果。生活中，这样的悲剧还有很多。灾难发生在别人身上是故事，发生在自己身上才是事故。而这世界是公平的，风水轮流转，那发生在别人身上的不幸，也可能发生在自己身上。你怎么对待别人的，别人就会怎么对待你。所以，要处处为别人考虑。

在别人有难时，不要幸灾乐祸，而是想着帮助别人。无论何时都要为别人考虑，这样你的人生会不断地发现惊喜。

圣诞节那天，妈妈带着女儿在街上玩。妈妈一个劲地说："宝贝，你看多美啊!"可女儿却回答："我什么美也看不到!"妈妈很生气："你看那漂亮的五彩灯、圣诞树，还有琳琅满目的各式礼品，你怎么会看不到呢?"女儿很委屈："可我真的什么也没有看到。"这时，女儿的鞋带开了，妈妈蹲下来为她系鞋带。就在这时，妈妈发现她蹲下来的时候，除了前方一个女人的格子裙以外，什么也看不到。原来，那些东西都放得太高了。

所以，当别人给的答案不是你想要的时候，要想想为什么会这样。真正设身处地为他人着想，是每个人都应该明白的道理和应该学习的人生法则。

古德曼定律：没有沉默，就没有沟通

沉默是金

沉默是一种力量，是一种态度，是一种智慧。沉默不是一语不发的怯懦，而是鼓励他人畅谈的谦虚；沉默不是脑中空空的愚蠢，而是为自己积蓄力量的隐忍；沉默不是理屈词穷的失败，而是不屑一顾的威严；沉默不是任人摆布的屈从，而是待时而动的冷静。古语云：沉默是金。正说明了沉默的价值，沉默的可贵。如果两个人在交谈，没有一方的沉默，那肯定是进行不下去的。这个世界需要呼唤的声音，更需要沉默的安静。

总爱夸夸其谈的人，不一定有真本事。平时沉默不语的人，不一定没有出息。

春秋五霸之一的楚庄王，在继位的前三年，从未发过一道法令。他手下的大臣都看不下去了，但又不敢明着问他。因为他有令："敢谏者杀无赦！"但大夫伍举聪明，变个方法问道："一只大鸟落在山上三年，不飞不叫，沉默无声，这是为什么？"楚庄王也是个聪明人，一听就明白了伍举的意思，答道："这只鸟三年不展翅，是为了让翅膀长大；三年不发声，是为了观察、思考和准备。虽然三年不飞，但一飞必定冲天；虽然三年不叫，但一叫势必惊人！"果然，在第四年，楚庄王共发布九条法令，废除了十项措施，处死了五个贪官，选拔了六个进士。待机而动，一举成功。

沉默不是无所事事，而是想一招制敌。这是力量的积累，是时机的等待。

每年高考都会冒出不少"黑马"，那些平时看起来不怎么出众的学生，却能"金榜题名"；而那些平时出尽风头，看起来大有希望的学生，却往往"名落孙山"。那些平时看起来默默无闻的学生，其实就是在一点一滴地积累力量，他们"不鸣则已，一鸣惊人"！越王勾践卧薪尝胆，任劳任怨，最终却一举歼灭了强大的吴国。这里的沉默，就是在等待时机。所以，真正有大志向的人，往往是看起来比较沉默的人。不语则已，语必惊人。

适时的沉默，会让你获得很多。

大发明家爱迪生，一生发明了3000多件物品。有一次，他想卖掉自己的一项发明，来建一个实验室。但由于他不太熟悉市场行情，不知道自己的发明值多少钱，该向购买者开多高的价位。于是，他便与妻子商量。妻子也不懂行情，但她觉得肯定值不少钱，起码要也应该要高些。便对爱迪生说："你就要两万美元吧。"爱迪生听了，心想："两万美元，怎么可能呢？"第二天，一个商人上门来找爱迪生，并表示出对那项发明的浓厚兴趣，希望爱迪生能卖给他。商人让爱迪生出个价，爱迪生为难了，说多少好呢，他自己也不知道，所以他就沉默不语。商人一再地问他，他却坚持一言不发。最后，商人终于按捺不住了，就说："我先出个价吧。您看10万美元，怎么样？"爱迪生一听，喜出望外，立马同意了这笔交易。

所以说，沉默是金。沉默是在积蓄力量，是在等待时机，更是一种威严和智慧，一种冷静和沉着。

俗话说，"祸从口出"，"言多必失"。该沉默的时候，就要懂得沉默。买东西的时候，讨价还价，你千万不要先开口出价，要像爱迪生一样，等着别人出价。在谈判的时候，也是一样。不要先露出把柄，贸然行动，而是先观察、思考、准备，向楚庄王一样，不鸣则已，一鸣惊人！但沉默不是一直无言，而是适时沉默，该出口的时候，还是要出口的。不然，你就真的要"在沉默中灭亡"了！

善于倾听

沟通是需要说出来和听进去的，双方缺一不可。说出来是一种交流，听进去是一种领会。这个世界需要说出来的勇气，更需要听进去的耐心。

懂得倾听，是一种能力，更是一种品德。倾听是一种沉默，更是一种付出。认真地听别人讲话，是一种尊重，更是一种修养。很多人知道高谈阔论的魅力，却忽视了倾听的力量。科学家曾经对一批推销员进行过追踪调查，调查的对象分为业绩最好和业绩最差两类。经过调查，科学家发现，他们的业绩之所以有这么大的差别，不是因为说得好坏，而是因为听得多少。那些业绩最好的推销员，每次推销的时候平均只说12分钟话，而那些最差的平均却要说上30分钟。说得多，就听得少，听得少，就不容易对顾客有透彻的了解，而且说得多，还容易使顾客厌烦。而听得多则相反，不仅会对顾客有个清晰的了解，知道顾客最需要什么，而且还会使顾客觉得贴心。所以说，懂得倾听，是一种智慧。

一个好的谈话节目主持人，是一个好的倾听者；一个好的领导，也是一个好的倾听者；一个好的朋友，更是一个好的倾听者。倾听，让对方满足，让自己受益。懂得倾听，才能使说话更有效。在社交过程中，懂得倾听是一种很吸引人的品质。如果你是一个善于倾听的人，你的身边总会围绕着很多愿意与你交往的人。善于倾听，才能更好地沟通。如果双方各抒己见，都不把对方的观点听到心里去，那么最终只能是以争吵而收场。真正愉快的沟通，是互相倾听；真正的朋友，就是能够与你沟通的人，这个沟通指的就是能够互相倾听。只有能够互相倾听，才能互相理解，彼此知心。作为领导，更要具备善于倾听的能力。听到不同的声音，才能不断地改进。官员要听到百姓的疾苦，老板要听到员工的意见，老师要听到学生的要求，家长要听到孩子的心声。在很多时候，听比说更重要。

很久以前，有个不知名的小国想刁难一下它的邻国，因为它的邻国太大太强，让这个小国感到威胁。有一天，这个小国的使者带着三个一模一样的金人，来向大国进贡。大国的国王，看着这几个金人，心里非常高兴。但是，没想到那个小国的使者，竟向国王出了个难题："请问陛下，您说这三个金人哪个最有价值？"国王一下答不上来了，但国王不能说自己不知道，这样会失了尊严。于是，他想了很多办法，请金匠来看做工，称重量，验材质，但无论如何查，得出的结果都是：这三个金人价值都一样。正在国王急得火烧眉毛的时候，一位已告老还乡的老臣来到王宫的大殿上说他知道如何区分。国王十分高兴，把小国的使者也请到了大殿上。这时，只见老臣从袖子里拿出三根稻草，一根一根地分别插入三个金人的耳朵里。结果发现：第一个金人的稻草从另一边耳朵里掉了出来，第二个金人的稻草从嘴巴里掉了出来，而第三个金人的稻草掉进了肚子，再也没有出来。于是，老臣对使者和国王说："第三个金人最有价值。"使者这时也不得不承认，老臣的答案是正确的。

为什么第三个金人最有价值呢？因为它懂得倾听，善于倾听。人长了一张嘴两只耳朵，就是要让我们多听少说。善于倾听，是社交中一种非常有用的技能，是领导者必须具备的能力，是每个人都应该拥有的美德。

需求定律：欲取先予，以退为进

满足他人，成就自己

最会经商的犹太人在用自己的劳动成果进行食品交易时，会背诵一段著名的祷告：人们通过这些言语来感谢上帝创造出这些不完善和拥有众多需求的人。这些祷告让犹太人意识到，帮助别人满足需要或克服别人身上的不足，是一种值得尊敬的生活方式。当你满足了顾客、消费者和老板的需求，无论你是一名拉比还是一名宗教组织者，接受报酬是理所当然的事，因为这些钱是你满足别人需求的见证。

其实，无论是在商业行为还是在日常生活中，你只要尊重和满足他人的需求，同时你的需求也会得到满足。或者换句话说，如果你有某种个人的需求，那么就要去先满足别人的需求。

在激烈的商业竞争中，懂得满足消费者需求的企业才能立于不败之地。中国海尔是世界白色家电第一品牌，1984年创立于中国青岛。它以满足消费者的需求为第一的宗旨。无论是城市还是乡村，无论是中国还是欧美，海尔始终根据不同的消费需求研发相应的产品，让消费者用上适合的产品，自己才能获得丰硕的收入，这就是"欲取先予"

的真谛。

在日常生活中，无论是与人相处还是要获得成功，都要明白欲取先予这个道理。有些人总是打着自己的小算盘，不想付出，只想回报，他们不懂"天下没有免费的午餐"。有些人总是处心积虑地计划着占别人的便宜，这种人迟早会被现实教训，贪小便宜，吃大亏。有些人总是处处替别人着想，先人后己，这样的人往往会得到很多，不仅是尊重、名望，还有财富。这就是大智若愚的吃亏学。看起来你是吃亏了，其实你的需求也得到了满足，并且对方还很高兴地自愿让你满足。

每当你给别人一个微笑的时候，别人也会还你一个微笑。你想别人怎么对你，你就得先怎么样对别人。

满足是相互的，有付出才会有回报

欲取先予说起来容易做起来难，人天生都是有些自私的，而且往往还伴随着一些虚荣，谁会甘心先为别人付出，谁会愿意先满足别人呢？如果我满足了别人，别人不来满足我，那我岂不是很吃亏吗？一般的人都会有这种顾虑，但是那些能成就大业者或生活中的强者，却从来不会计较这些，因为他们明白：有付出才会有回报。

如果不付出，虽然没有失去，但也没有得到，没有得到就是失去。无论你付出了什么，你总会有所收获。当然这里的收获也许不是你所期望的，但是可能会比你期望的带来更多。投之以桃，才能报之以李，不投自然无报。所以，要懂得为他人着想，懂得为别人付出。

很早以前读过这样一个关于天堂和地狱的故事：

在大家心里，天堂和地狱总是有着天壤之别，其实不然。

有一天，一个使者也是抱着这样的想法，去考察了天堂和地狱。他看到在天堂每一个人都是红光满面，精神焕发；地狱里的人个个面黄肌瘦，像饿死鬼一样，每天非常痛苦。这更加坚定了他的信念：天堂与地狱差别真是太大了。可是细问之下才知道，天堂和地狱的人吃的东西是一样的，用的工具也是一样的。原来他们用的是1米长的大勺子，天堂的人用长把勺子互相喂别人食物，所以人人都可以吃到食物；地狱的人只想把装满食物的勺子往自己嘴里送，可是越想吃到东西，却越是吃不到，内心备受煎熬，所以面容枯槁。

天堂和地狱的真实差别就在于，天堂的人懂得互相付出，而地狱的人只想到自己罢了。所以，你如果想过天堂的生活，就要懂得先予后取的道理，这样你内心真正想要达到的目标才会得以实现。如果你只信奉"人不为己，天诛地灭"的信条，那么你就只能像地狱中的饿鬼一样，面容枯槁，事与愿违。只有设身处地地替别人考虑，想他人所想，急他人所急，大家才会互相扶助，各得所求，自然其乐融融。这就是所谓的"欲要取之，必先予之"。

我们在做事情的时候，不仅要有"双赢"的思想，而且要有"让对方先赢"的思想。不仅要有思想，而且要落实在行动上。这样我们才能获得我们想要的成就，才能满足我们内心的需求。就像钓鱼一样，我们必须要先给鱼下饵，才能钓到鱼，而鱼饵越好，你钓的鱼也越大。

《三国演义》里有这么个故事：

魏军准备攻打葭萌关，葭萌关告急。刘备派黄忠去支援。黄忠见魏军将领夏侯尚、韩浩头脑简单，便使了一招骄兵之计，主动出关迎战，然后一连几天都假装打败仗，后退数十里，丢了许多营寨、器械，然后退到葭萌关里，坚守不出。夏侯尚、韩浩自以为得胜，得意洋洋地开始攻打葭萌关。没料到被黄忠迎头痛击，打得落花流水，连韩浩都被黄忠斩杀于马前。黄忠不仅夺回了所有丢失的营寨阵地，还夺取了魏军的粮草重地天荡山，直逼汉中。

"以退为进"，是兵家常用之计，其实这中间运用的也是先予后取的道理。自己佯败，让敌人先获胜，这是予；然后借敌人大意之机再转败为胜，这是取。我们的人生也是这样，你只有先给了别人甜头，你才能满足自己的需求。

第五章　经济学效应

公地悲剧：都是"公共"惹的祸

为什么"公共"会惹祸

红红的樱桃不仅样子可爱，而且味道鲜美、营养丰富，自然成了不少人的喜爱之物。婺州公园的樱桃一熟，就被大家"追捧"。有人称："今天早上和家人一起到公园玩，发现那里的一片樱桃熟了，很多人都在摘。有折树枝的，有爬上树的，还有人竟然搬来梯子，一起动手，可热闹了。看了半天都弄不懂了，这样子怎么就没人管呢？是不是谁都可以摘啊？"

和所有水果一样，樱桃有着一个自然的成熟周期。还没成熟的时候，它们味道很酸，但随着时间的推移，樱桃的含糖量提高了，吃起来也就可口了。专门种植樱桃的农户到了收获时节才采摘樱桃，所以，超市里的樱桃都是到了成熟期才上架的。然而，长在公园里的樱桃，总是在尚未成熟、味道还酸的时候就被人摘下吃了。如果人们能等久点再采摘，樱桃的味道会更好。可为什么人们等不得呢？

这是因为，公园的樱桃是一种公共物品。人们知道，对公共物品而言，你不从中获得收益，他人也会从中获得收益，最后损失的是大家的利益。所以人们只期望从公共物品中捞取收益，但是没有人关心公共物品本身的结果。正因为如此，才最终酿成"公地悲剧"。

"公地悲剧"最初由英国人哈定于 1968 年提出，因此"公地悲剧"也被称为哈定悲剧。哈定说："在共享公有物的社会中，每个人，也就是所有人都追求各自的最大利益，这就是悲剧的所在。每个人都被锁定在一个迫使他在有限范围内无节制地增加牲畜的制度中，毁灭是所有人都奔向的目的地。因为在信奉公有物自由的社会当中，每个人均追求自己的最大利益。公有物自由给所有人带来了毁灭。"他提出了一个"公地悲剧"的模型。

一群牧民在共同的一块公共草场放牧。其中，有一个牧民想多养一头牛，因为多养一头牛增加的收益大于其成本，是有利润的。虽然他明知草场上牛的数量已经太多了，再增加牛的数目，将使草场的质量下降。但对他自己来说，增加一头牛是有利的，因为草场退化的代价可以由大家负担。于是，他增加了一头牛。当然，其他的牧民都认识到了这一点，都增加了一头牛。人人都增加了一头牛，整个牧场多了 N 头牛，结果过度放牧导致草场退化。于是，牛群数目开始大量减少。所有聪明牧民的如意算盘都落空了，大家都受到了严重的损失。

可见，"公地悲剧"展现的是一幅私人利用免费午餐时的狼狈景象——无休止地掠夺，"悲剧"的意义，也就在于此。

走出"公地悲剧"的漩涡

现实生活中，公地悲剧多发生在人们对公共产品或无主产权物品的无序开发及破坏上，如近海过度捕鱼造成近海生态系统严重退化等。

英国解决这种悲剧的办法是"圈地运动"。一些贵族通过暴力手段非法获得土地，开始用围栏将公共用地圈起来，据为己有，这就是我们历史书中学到的臭名昭著的"圈地运动"。但是由于土地产权的确立，土地由公地变为私人领地的同时，拥有者对土地的管理更高效了，为了长远利益，土地所有者会尽力保持草场的质量。同时，土地兼并后以户为单位的生产单元演化为大规模流水线生产，劳动效率大为提高。英国正是从"圈地运动"开始，逐渐发展为日不落帝国。

土地属于公有产权，零成本使用，而且排斥他人使用的成本很高，这样就导致了"牧民"的过度放牧。我们当然不能再采用简单的"圈地运动"来解决"公地悲剧"，我们可以将"公地"作为公共财产保留，但准许进入，这种准许可以以多种方式来进行。比如有两家石油或天然气生产商的油井钻到了同一片地下油田，两家都有提高自己的开采速度、抢先夺取更大份额的激励。如果两家都这么做，过度开采会减少他们可以从这片油田收获的利益。在实践中，两家都意识到了这个问题，达成了分享产量的协议，使从一片油田的所有油井开采出来的总数量保持在适当的水平，这样才能达到双赢的目的。

有人可能会说，避免"公地悲剧"的发生，就必须不断减少"公地"。但是，让"公地"完全消失是不可能的。"公地"依然存在，这就要求政府制定严格的制度，将管理的责任落实到具体的人，这样，在"公地"里过度"放牧"的人才会收敛自己的行为，才会在政府干预下合理"放牧"。

在市场经济中，政府规定和市场机制两者有机结合，才能更好地解决经济发展中的"公地悲剧"。

【定律链接】从"公地悲剧"到"反公地悲剧"

1998年，迈克尔·赫勒在《哈佛法律评论》上发表《反公地悲剧：从马克思到市场转型中的产权》一文，正式提出"反公地悲剧"的理论模型。他认为，生态学家加勒特·哈定之前创造的"公地悲剧"虽然很好地说明了公共资源被过度利用的恶果，但他却忽视了资源未被充分利用（或称"使用不足"）的可能性，而这导致的资源浪费、效率低下、收益减少的情况更为严重。于是，便提出了"反公地悲剧"。

2003年，复旦大学中国社会主义市场经济研究中心报道了新加坡南洋理工大学应用经济学系主任陈抗博士题为"从公地悲剧到反公地悲剧"的学术讲座。陈博士在讲座中也清晰地解释了"公地悲剧"和"反公地悲剧"的概念。当资源或财产被许多人拥有时，这些拥有者每一个人都有权使用资源，但没有人有权阻止他人使用，于是便导致资源的过度使用。这就是"公地悲剧"。例如，现实中的草地的过度放牧、海洋资源的过度捕捞、空气的严重污染等。与之相反，当资源或财产被许多人拥有时，这些拥有者每一个人都有权阻止其他人使用资源，但没有人拥有有效的使用权，资源或财产的使用效率和收益就会大大降低，甚至出现资源浪费。这就是"反公地悲剧"。如某些发明所导致的专利问题，由于专利权利太多，使后面的研发难以为继。

总之，一味地困守于资源或财产的完全"公共"或完全"反公共"，都会导致相应的悲剧。我们只有懂得采取相应的措施，有效平衡资源或财产的"共有"和"私有"，才能从根本上避免悲剧的发生。

马太效应：富者越来越富，穷者越来越穷

学会让自己的收益增值

假如你手里有一张足够大的白纸，请你把它折叠 51 次。想象一下，它会有多高？ 1 米？ 2 米？其实，这个厚度超过了地球和太阳之间的距离！财富与之类似，不用心去投资，它不过是将 51 张白纸简单叠在一起而已；但我们用心智去规划投资，它就像被不断折叠 51 次的那张白纸，越积越高，高到超乎我们的想象。

其实，根据马太效应，我们的收益是具有倍增效应的。你的收益越高，就越有机会获得更高的收益。

一位著名的成功学讲师应邀去某培训中心演讲，双方商定讲师的酬金是 300 美元。在那个时候，这笔数目并不算少。

这是一场规模盛大的演讲会，参加的人员很多。这位讲师的演讲非常成功，受到了大家的热烈欢迎。同时，他也因此结交了更多的成功学人士，感觉受益匪浅。

演讲结束后，他谢绝了培训中心给他的报酬，高兴地说："在这几天中，我的受益绝不是这几百美元所能买到的，我得到的东西，早已远远超出了报酬的价值。"

培训中心的领导很受感动，把这个讲师拒收酬金的事告诉了培训中心的所有学员。他说："这个讲师能够深深体会到他在其他方面的收获远远大于他的酬金，这说明了他对成功学的研究达到了很高水平，像他这样的讲师，才称得上是真正意义上的成功学大师，因为他已经深刻领会了成功的要素和成功的意义，那么他宣传的成功学一定很具实用性，也是可行的。阅读他所著的成功学书籍，一定会得到真实的成功启迪。"

于是，培训中心的学员们纷纷购买了讲师所著的成功学书籍和录像带等产品。

后来，培训中心又把这个讲师拒收酬金的事，写成激励短文挂在培训中心的阅览室里，参加培训的各期学员也都纷纷购买他的书籍和产品，使他的书籍再版了几次，总数超过了百万册。这样，仅在售书方面，讲师的收入就不是一个小数目了。

通过这个故事，我们不难发现，领悟了马太效应，对于我们获得更高的收益非常重要。

现实生活中，人人都希望自己富裕起来。那么，我们不能只看眼前的既得利益，应该把目光放得更远一些，看到马太效应的增值效果，让眼前的收益不断增值。这就好比前面将一张纸折叠 51 次那样，通过不断累加，你的收益便会越来越多。

【定律链接】投资，让金钱流动起来

据《犹太人五千年智慧》记载：

在古代的巴比伦城里，有位名叫亚凯德的犹太人，因为金钱太多闻名遐迩，而使他成为一位知名之士的另一原因，就是他慷慨好施，对慈善捐款毫不吝啬；他对家人宽大为怀，自己用钱也很大度。可是，他每年的收入仍大大超过支出。

有一些童年时代的老朋友常来看他，他们说："亚凯德，你比我们幸运多啦。我们大伙勉强糊口的时候，你已成为巴比伦的第一富翁，你能穿着最精致的服装，享用最珍贵的食物。如果我们能让家人穿着可以见人的衣服，吃着可口的食品，我们就心满意足了。

"然而，幼年时代，我们大家都是平等的，我们都向同一老师求学，我们玩相同的游戏，那时无论在读书方面或在游戏方面，你都和我们一样，毫无才华出众之处。幼年时代过去以后，你依然和我们一样，大家都是同等的诚实公民，然而现在，你成了亿万富翁，我们却终日不得不为了家人的温饱而四处奔走。

"根据我们的观察，你并不比我们辛苦，你做工的忠实程度也未超过我们。那么，为什么多变的命运之神偏偏让你享尽一切荣华富贵，却不给我们丝毫的福气呢？"

亚凯德于是规劝他们说道："童年以后，你们之所以没有得到优裕的生活，是因为要么你们没有学到发财原则，要么没有实行发财原则。你们忘记了：财富好像一棵大树，它是从一粒小小的种子发育而成的。金钱就是种子，你越勤奋栽培，它就长得越快。"

钱是可以生钱的，你只有懂得了马太效应，大胆地使用你的金钱去投资，才能成为一个真正富有的人。

布拉德和克里斯是一对非常要好的同学，他们毕业后到同一家公司上班，在公司里担任的职位、领取的薪水也都一样。此外，两个人都非常节俭，因此每个人每年都能攒下一笔钱。

但是，两人的理财方式完全不同。布拉德将每年攒下来的钱存入银行，而克里斯则把攒下来的钱分散地投资于股票。两人还有一个共同的特点，那就是都不爱管钱，钱放到银行或股市之后，两人就再也没去管过它们了。

如此这般过了 40 年，克里斯成为拥有数百万美元的富翁，而布拉德存折上却只有区区十几万。

布拉德亲眼看着昔日的同学兼同事，40 年来薪水收入相同，节俭程度相同，而克里斯却能成为百万富翁，反观一下自己，40 年下来只有十几万。理财方式的不同造成了如今如此之大的差距。

投资决定收入。一般来说，每一次正确的投资，都是在助长现金流动，一段时间之后，现金流动会带着更多的金钱回来。乔·史派勒曾写过这样一本书，叫《动手来种钱》。他在书中提到一个只剩下 1 美分的人，这个人开始用仅有的 1 美分进行投资，他先将钱兑换成铜币，他心里告诉自己每次花掉的钱，他都要以 10 倍或更多倍的数量使它们再回到自己手上。这个人最后依靠这种方法获得了更多的财富，最终成了一个富翁。

所以，让金钱流动起来，它就是你的摇钱树！

经济过热理论：繁荣背后藏隐患

经济，不是越热越好

经济扩张的合理限度，是指投资、消费与出口增长的特定约束条件。这些约束条件包括：资源约束、需求约束和效率约束。

所谓资源约束，是指经济扩张会受人、财、物的限制，主要原因在于，任何经济扩张都必须以一定的资源供给为支撑，而在特定时间与空间内资源供给是有限的，因此，一旦经济扩张超过资源供给限度就会造成"瓶颈制约"。例如，投资扩张会受原材料、能源、劳动力与资金投入等要素供给的限制，居民消费会受支付能力和消费品供给等因素限制，而出口则会受国内货源供给限制等等。

所谓需求约束，是指供给扩张会受市场需求的限制。在市场经济条件下，投资与生产活动通常以利润最大化为目标。唯利是图或尽可能获利是供给扩张的出发点，但是，只有在投资品或消费品供给能够满足社会需求并以合理价格销售出去后，经营者才有可能获利或实现利润最大化。

所谓效率约束，是指经济扩张会受单位产品的销售所带来的收益递减规律的制约。由于这种规律的作用，当经济扩张超过合理限度后，就会产生规模不经济的现象，也就是随着经济规模不断扩大，边际收益不断下降的现象。

经济过度扩张既有可能是投资过度造成的，也有可能是由消费膨胀和过度出口所致，甚至有可能是三者共同作用的结果。所以根据实际情况我们可以把经济过热大致区分为 4 种类型，即投资型经济过热、消费型经济过热、出口型经济过热与整体经济过热。但在实际经济生活中投资、消费与出口既有可能同时扩张，也有可能单独冒进，甚至有可能逆向发展。

应当注意的是，我们不能把经济过热等同于物价上涨。这是因为，经济过热的本质是经济扩张过度，或者说是投资、消费与出口超过特定限度；物价上涨则既有可能是由投资、消费与出口过度扩张引发的，也有可能是供给急剧下降、外部冲击（如国际油价或原材料价格大幅度上涨等）、政府调控政策（扩张性财政金融政策），以及成本推动（如工资成本增加与电、水、气等公共产品的人为提价）的产物。

很明显，前一种情况是主动性物价上涨，后一种情况下的物价上涨具有被动性。由于被动性物价上涨与经济过度扩张无关，并有可能在经济没有扩张或经济衰退情况下发生，所以不能把这种物价上涨视为经济过热引起的。因此，经济过热虽然会引起物价大幅度上涨，但并不是任何一种物价上涨都是经济过热引起的，只有那些由经济过度扩张所引起的物价大幅度上涨才真正是由经济过热引起的。

综上所述，经济过热的本质是超过资源供给以及需求或效率限度的投资、消费或出口扩张。由于经济过热会导致资源配置错位或降低资源配置效率，所以必须进行预防与控制。

关于中国经济是否过热的问题

2010 年 10 月《国际财经时报》报道：

10 月 22 日消息，中国第三季度经济增长稳健，但与今年早些时候相比有所放缓。中国政府关注的首要问题——通货膨胀率小幅上涨，表明这个世界第二大经济体形势依然稳健，并未出现过热趋势。

中国的经济增长率从第二季度的 10.3％下降到第三季度的 9.6％。

中国国家统计局发言人盛来运说："经过测算，前三季度国内生产总值为 268660 亿元。按可比价格计算，同比增长 10.6％，比上年同期加快 2.5 个百分点。分季度看，一季度增长 11.9％，二季度增长 10.3％，三季度增长 9.6％。"

这些数字表明中国经济发展保持强劲，离经济过热还很远，并不像很多经济学家所担忧的那样。

全国居民消费价格指数 9 月份同比上涨 3.6％，略高于 8 月份的 3.5％，远远超过今年 3％的通胀目标。

星期二，中国人民银行宣布提高利率，很多经济学家认为，这一举措的目的是给经济逐渐降温，并牢牢控制住通货膨胀。

中国经济今年第一季度增长幅度最大，折合成年率为 11.9％，在随后的两个季度逐步放缓。

渣打银行经济学家严瑾说，她很高兴看到中国并没有出现经济过热。她说："在我们看来，9.6％是一个相对来说更可持续的增长率，我们认为这与今年第一季度相比是一个更加健康的增长幅度。这意味着经济已经稳定下来，并且开始恢复。现在更重要的是把目光集中在其他风险上，比如通货膨胀和资产价格暴涨。"

经济学认为，实际增长率超过了潜在增长率叫做经济过热，它的基本特征表现为经济要素总需求超过总供给，由此引发物价指数的全面持续上涨。

通过对经济过热的界定，我们可以看出。社会总需求的过量增长往往意味着经济发展的过热倾向。我们所说的需求是指有购买能力的需求，总需求的增长通常用货币供应量，特别是广义货币（M2）的增长来表示，因此，经济运行中是否存在超量的货币供给也成为衡量经济是否过热的标准。此外，一国货币的超量供应通常会引起该国一般物价水平的持续上涨，出现通货膨胀，所以通货膨胀是否出现也成为判断一国经济是否过热的标准。

根据以上标准，我们可以从以下几个特征判断经济发展是否处于过热状态：

（1）固定资产投资增长速度连续几年明显快于 GDP 的增长，这是判断经济过热重要标准。

（2）能源原材料需求供应紧张加剧，价格上涨过快。

（3）生产能力过剩，产品积压。

（4）资源环境压力增大，时常发生生产事故。

经济增长所带来的资源消耗高、浪费大等问题，加剧了环境保护的压力，也是经济过热的一个重要表现。

经济过热可以分为消费推动型经济过热和投资推动型经济过热。由于居民消费旺盛而导致的经济过热称为消费推动型经济过热。投资推动型经济过热，亦即过度投资，包含两个方面：

第一，在一个投资项目完工后，由于没有出现预期的市场需求，生产出来的产品大量堆积，资金无法收回，导致生产资料的严重浪费。这个层面上的"过度"指的是投资相对市场需求过度。

第二，投资规模过度展开，超过了财力负担能力，使得投资不能按预定计划完成，无法形成预期的生产能力。这个层面上的"过度"是投资规模相对于财力负担的过度。

【定律链接】相关常识解释

经济软着陆：指国民经济的运行经过一段时期的过度扩张之后，平稳地回落到适度增长区间。国民经济的运行是一个动态的过程，各年度间经济增长率的运动轨迹不是一条直线，而是围绕潜在增长能力上下波动，形成扩张与回落相交替的一条曲线。国民经济的扩张，在部门之间、地区之间、企业之间具有连锁扩散效应，在投资与生产之间具有累积放大效应。当国民经济的运行经过一段过度扩张之后，超出了其潜在增长能力，打破了正常的均衡状况，于是经济增长率将回落。"软着陆"即是一种回落方式，是相对于"硬着陆"即"大起大落"的方式而言的。

总供给：是国民经济各部门在一定时期内所生产的产品和服务的总和。总供给可以用社会在一定时期内所供给的生产要素的总和或者生产要素所得到的报酬总和来表示。

总需求：指一个国家或地区在一定时期内（通常是一年）由社会可用于投资和消费的支出所实际形成的对产品的劳务和购买力总量。它取决于总的价格水平，并受到国内投资、净出口、政府开支、消费水平和货币供应等因素的影响。

产能过剩：一般认为，产能即生产能力的简称，即为成本最低产量与长期均衡中的实际产量之差。对于什么是过剩，学者有不同的观点。有人认为供大于求即为过剩。也有人认为，供大于求有两种状态，第一种是供给略大于需求，第二种是总供给不正常地超过总需求的状态。"略大于"是指除满足有效需求外，还包括必要的库存和预防不测事故的需要。这种过剩本身并不是什么祸害，而是利益。后一种状态才是过剩状态，包括两方面内容：一方面是总供给为一定时间里总需求相对不足，另一方面是总需求为一定时间里总供给相对过剩。

泡沫经济：上帝欲使其灭亡，必先使其疯狂

上帝欲使其灭亡，必先使其疯狂

西方谚语说："上帝欲使人灭亡，必先使其疯狂。"

20世纪80年代后期，日本的股票市场和土地市场热得发狂。从1985年年底到1989年年底的4年里，日本股票总市值涨了3倍，土地价格也是接连翻番。到1990年，日本土地总市值是美国土地总市值的5倍，而美国国土面积是日本的25倍！日本的股票和土地市场不断上演着一夜暴富的神话，眼红的人们不断涌进市场，许多企业也无心做实业，纷纷干起了炒股和炒地的行当——整个日本都为之疯狂。

灾难与幸福是如此靠近。正当人们还在陶醉之时，从1990年开始，股票价格和土地价格像自由落体一般猛跌，许多人的财富一转眼间就成了过眼云烟，上万家企业关门倒闭。土地和股票市场的暴跌带来数千亿美元的坏账，仅1995年1月～11月就有36家银行和非银行金融机构倒闭，爆发了剧烈的挤兑风潮。极度繁荣的市场轰然崩塌，人们形象地称其为"泡沫经济"。

20世纪90年代，日本经济完全是在苦苦挣扎中度过的，不少日本人哀叹那是"失去的十年"。

泡沫经济，是虚拟资本过度增长与相关交易持续膨胀，日益脱离实物资本的增长和实业部门的成长，金融证券、地产价格飞涨，投机交易极为活跃的经济现象。泡沫经济寓于金融投机，造成社会经济的虚假繁荣，最后必定泡沫破灭，导致社会震荡，甚至经济崩溃。

最早的泡沫经济可追溯至1720年发生在英国的"南海泡沫公司事

件"。当时南海公司在英国政府的授权下垄断了对西班牙的贸易权，对外鼓吹其利润的高速增长，从而引发了对南海股票的空前热潮。由于没有实体经济的支持，经过一段时间，其股价迅速下跌，犹如泡沫那样迅速膨胀又迅速破灭。

泡沫经济源于金融投机。正常情况下，资金的运动应当反映实体资本和实业部门的运动状况。只要金融存在，金融投机就必然存在。但如果金融投机交易过度膨胀，同实体资本和实业部门的成长脱离得越来越远，便会形成泡沫经济。

在现代经济条件下，各种金融工具和金融衍生工具的出现以及金融市场日益自由化、国际化，使得泡沫经济的发生更为频繁，波及范围更加广泛，危害程度更加严重，处理对策更加复杂。泡沫经济的根源在于虚拟经济对实体经济的偏离，即虚拟资本超过现实资本所产生的虚拟价值部分。

泡沫经济得以形成具有以下两个重要原因：

第一，宏观环境宽松，有炒作的资金来源。

泡沫经济都是发生在国家对银根放得比较松、经济发展速度比较快的阶段，社会经济表面上呈现一片繁荣，为泡沫经济提供了炒作的资金来源。一些手中拥有资金的企业和个人首先想到的是把这些资金投到有保值增值潜力的资源上，这就是泡沫经济成长的社会基础。

第二，社会对泡沫经济的形成和发展缺乏约束机制。

对泡沫经济的形成和发展进行约束，关键是对促进经济泡沫成长的各种投机活动进行监督和控制，但到目前为止，还缺乏这种监控的手段。这种投机活动发生在投机当事人之间，是两两交易活动，没有一个中介机构能去监控它。作为投机过程中的最关键的一步——货款支付活动，更没有一个监控机制。

此外，很多人将泡沫经济与经济泡沫相混淆，其实泡沫经济与经济泡沫既有区别，又有一定联系。经济泡沫是市场中普遍存在的一种经济现象，是指经济成长过程中出现的一些非实体经济因素，如金融证券、债券、地价和金融投机交易等，只要控制在适度的范围内，对活跃市场经济有利。

只有当经济泡沫过多，过度膨胀，严重脱离实体资本和实业发展需要的时候，才会演变成虚假繁荣的泡沫经济。可见，泡沫经济是个贬义词，而经济泡沫则属于中性范畴。所以，不能把经济泡沫与泡沫经济简单地画等号，既要承认经济泡沫存在的客观必然性，又要防止经济泡沫过度膨胀演变成泡沫经济。

在现代市场经济中，经济泡沫会长期存在。一方面，经济泡沫的存在有利于资本集中，促进竞争，活跃市场，繁荣经济；另一方面，也应清醒地看到经济泡沫中的不实因素和投机因素，这些都是经济泡沫的消极成分。

辨别虚假繁荣背后的泡沫

据英国媒体报道，2008年2月，津巴布韦物价飞涨，通货膨胀率已达到令人吃惊的100500％，当地货币的纸面价值已经低于纸的价值。大街上经常看到人们费力地抱着一摞纸币出门采购日用品。初看，外来人士会以为到处都是刚中了彩票的幸运儿或是亿万富豪，但不幸的是，这一大摞货币的价值都不及制造这些货币的纸的价值。此时，2500万津巴布韦元只相当于1美元。

这就是近在眼前的恶性通货膨胀，经济可以活跃社会，同样也可以覆灭一个社会。

人们的需求是无穷无尽的，经济社会中，我们的财产迅速积累，获得无数的幸福。中国人常说"祸福相依"，我们离不开它的收益，自然也拒绝不了它带来的毁灭。经济市场自始至终都是个充满各种诱惑和陷阱的大染缸，为了利益，人们总是展开不可避免的博弈争斗，各种价值冲突愈演愈烈，货币就是人类利益驱使下的产物，恶性通货膨胀也是由此产生的。

一般情况下通货膨胀都比较温和，只有在特殊时候，才如同洪水猛兽，将人们的财产一夜吞噬。

温和的通货膨胀，是一种价格上涨缓慢且可以预测的通货膨胀。世界上许多通货膨胀都是温和的通货膨胀，物价稳定上涨，人们对货币较有信心。

急剧的通货膨胀，是指总体价格以20％、100％、200％，甚至是1000％、10000％的速度增长。发生这种通货膨胀的地区，在价格被竭力稳定后，会出现严重的经济扭曲现象，并且人们会对本国货币失去信心，运用一些价格指数或外币作为衡量物品价值的标准。

恶性通货膨胀被称为经济的癌症，这种致命的通货膨胀以百分之一百万，甚至是百分之万亿的速度上涨，可以在短时间内摧毁市场经济。

所有泡沫形成的过程都大致相似：在狂热中上涨，似乎所有人都疯狂投入其中，直到发现荒谬，于是开始恐慌，最后噩耗此起彼伏……所有这一切，源头皆为利。

【定律链接】泡沫经济如同猴子捞月

"猴子捞月"的故事大家耳熟能详。故事里，树上的猴子们一只只地拉着前面一只猴子的尾巴，形成一条链子，把最后一只猴子送到水面，让它到水中捞月。

很多人看了这个故事都觉得好笑，现在看来，这些猴子的探索精神还是不错的，通过自身实践最终明白，水中的月亮不过是天上月亮的影子，从而增长知识。倒是人类不止一次地把投影当做实体，把实体抛在脑后。归根结底，不过一个"贪"字。这比捞月的猴子高明多少呢？

猴子认为月亮在水中，可它们真正去打捞时，月亮却破了，碎了，水中的月亮只是一个美丽的影像。在经济学中，泡沫经济如同水中的月亮一样，人们对它的希望如同一种投机，人们争先恐后地进入，给社会经济带来严重危害，甚至造成经济崩溃。

西方最早出现的泡沫经济，是以投资郁金香开始的。

在 16 世纪中期，荷兰人开发出郁金香的很多新品种，被无数的欧洲民众喜欢。于是，荷兰的郁金香种植者们开始搜寻"变异"、"整形"过的花朵，以此卖高价。逐渐地，这种狂热扩散到整个荷兰。所有的荷兰家庭都建起自己的花圃，郁金香几乎布满了荷兰每一寸可利用的土地。

1636 年，一枝郁金香已与一辆马车、几匹马等值，至 1637 年，郁金香球茎的总涨幅已高达 5900％！

终于，郁金香的价格开始崩溃，暴跌不止。整个荷兰的经济都崩溃了，债务诉讼数不胜数，法庭无力审理，很多大家族衰败，老字号倒闭。荷兰的经济也在很多年之后才得以恢复。

自此之后，接二连三的泡沫经济出现在世界的各个角落。归根结底，非理性的贪欲让人们丧失了判断标准，最后自食恶果。

集聚效应：集群发展，经济更上一层楼

产业集群带动经济发展

自然界里有许多"集聚现象"，如沙漠里的灌木，科学研究表明它们的分布跟降水量和地下水系的分布有很大关系，一般呈现出成群聚集的状态，这样才能更好地存活。在现实的经济领域中，也能找到许多"集聚效应"的例子。

例如，在我国浙江，诸如小家电、制鞋、制衣、制扣、打火机等行业都各自聚集在特定的地区，形成一种地区集中化的制造业布局。上世纪 90 年代以来，江苏省利用外商直接投资，取得突飞猛进的发展，截至 2001 年底其累计利用外资额位居全国第二，仅次于广东。外商直接投资大规模进入，让集聚效应的优势明显地发挥出来，有力地促进了江苏省经济的快速增长，江苏因此成为了近年来我国经济增长最快的省份之一。此外，股市中中小盘股走势的确火爆，锂电池概念、稀土永磁概念、装修装饰以及园林建筑工程等股票不断上涨，而且很多以短期之内连续涨停的极具刺激性的形式来表现，令人叹为观止。因此，深成指突破前期高点的意义比不上对中小板指数创年内新高更能吸引投资者的眼球。这些都是资金在市场上形成的集聚效应。

集聚效应出现在工业领域，能产生很好的效果，比如生产成本的降低，物流成本的降低，能源消耗的降低等等。对于地方区域来说，集聚效应的积极作用也是很明显的，它几乎聚集了全国的顶尖的人才、科研机构、知名外企等一系列优势，

在我国，最能体现集聚效应的就是一线大城市了，这种优势主要体现在产业集聚、人力资本集聚和创新活动集聚这三个方面。

中关村的发展实践，突显了人才的"集聚效应"。越来越多的人才荟萃中关村科技园，实现理想成就事业。到 2009 年年底，中关村汇聚各类人才 106 万人，其中，博士及以上学历 1.1 万人，硕士学历 9.8 万人；具有高级职称的 5.5 万人，具有中级职称的 11.5 万人。这些集聚到中关村的高科技人才，提升了我国的自主创新能力，极大地推动了北京新兴产业的发展，一个具有全球影响力的科技创新中心相信在不久的未来就能成形。

同时，自从北京提出发展文化创意产业以来，北京的文化创意产业也明显呈现出集聚效应。2006 年，北京市文化创意产业从业人员 89.5 万人，资产总计 6161 亿元，业务收入 3614.8 亿元，创造增加值 812.1 亿元，占全市 GDP 的 10.3%，比 2005 年增长 15.9%。

经过不断的发展，北京文化创意产业不仅稳步发展，而且文化创意产业集聚效应日益明显。据不完全统计，北京市 2006 年 12 月挂牌的

10 个文化创意产业集聚区入驻企业 4687 家，其中，挂牌后新入驻企业 1101 家。集聚区企业 2006 年营业收入 478.5 亿元，利润 48.8 亿元，上缴税金 18.5 亿元。

上海是长三角地区的中心城市，集聚效应是它与其他城市之间关系的最主要特征。自改革开放以来，上海经济发展表现出雄厚的实力，已经连续许多年保持了两位数的 GDP 增长率。上海世博会是全球创意人和创意产业的"奥运会"，世博会上各种创新思想、新理念、新文化、新产品的交流碰撞也将激发创意人才思维模式的转变与创新，从而推动创意产业、创意经济迈上新台阶，创意经济的发展将进一步推动国内相关产业的升级。

据不完全统计显示，截至 2009 年底，江苏共有 64 家各类文化产业园区，4 个国家级动漫产业基地，7 个国家级、18 个省级文化产业示范基地；浙江省围绕杭州、宁波、温州等中心城市形成数个文化创意产业集聚地，全省已有 18 个创意园区，3 个国家级人才培训基地。

据统计，截至 2009 年 10 月，上海市正式注册的创意产业园区达到 81 家，入驻企业超过 4000 家，总建筑面积 250 万平方米左右，相关从业人员已达 8 万余人，累计吸引了近 70 亿元社会资本参与集聚区建设。创意产业增加值从 2004 年的 493 亿元增至 2008 年的 1048.75 亿元，年均增幅 20％以上，占全市 GDP 比重从 5.8％提高到 7.66％。

足见，在当前由上至下力推创新型经济发展的中国，以文化产业为龙头的创意经济正在成为地方发展的"加速器"。

坚持集中发展，发挥集中优势

按照优势产业集聚发展的原则，我们要注重推动优势产业、优势资源、优势企业和要素保障集聚，把握市场需求，充分发挥主导产品的优势，推进同业集聚和产业协作，发挥其带动功能，加大整合力度，从而走上一条节约、集约的资源可持续利用之路。

实践证明，工业集中发展不仅可以结合增长方式的转变，把服务、土地、劳动力等优势聚集在一起，形成规模效益，产生集聚效应，成为加速工业化和城镇化进程的有效途径，而且成为经济发展的带动平台、体制和科技创新的试验平台。

近年来，全球的跨国公司纷纷采取"集聚生存"这种生存战略。"集聚生存"是指各个跨国公司基于各自核心竞争优势，为了获取合作伙伴的互补性资产，以扩大企业利用外部资源的边界，增强彼此的市场竞争地位，形成了一种事实上的相互依赖和互为客户或以联盟为发展的基础。跨国公司的集聚生存既是市场激烈竞争的结果，也是市场竞争的反映。随着社会分工的深化和竞争的加剧，任何一个公司都无法仅依靠自己的力量在价值链的每个环节都取得优势地位。相反，竞争促使各跨国公司将自身的资源逐渐集中于其最具优势的环节或能力，而将其不具竞争优势或优势较小的业务部分外包给其他公司。这种业务调整的结果是：各跨国公司只专注于自己最擅长的领域，而通过协议或客户网络获得公司生存所必需的外部资源支持。跨国公司这种业务整合是随着科技进步、分工细化以及市场结构的变迁持续进行的。跨国公司持续的业务分化组合的结果在客观上促进了价值链上相关公司的发展，这些公司的发展反过来更有利于跨国公司集中自身优势于全球竞争——这是一种相互依赖的网络化生存关系。集体化生存使各公司均获得了一种仅靠自身力量无法得到的市场竞争优势地位，形成了一种集聚效应。

纽约这座国际大都市是世界最大跨国公司总部最为集中之地，它可谓是全球总部经济成功典范。在财富500强公司中有46家公司总部选在纽约，并发展形成了与之配套的新型服务业。在纽约，有法律服务机构5346个，管理和公关机构4297个，计算机数据加工机构3120个，财会机构1874个，广告服务机构1351个，研究机构757个。纽约有制造业公司1.2万家，许多全球制造企业都在这里设立了总部机构（如洛克菲勒中心），同时纽约还是名副其实的国际金融经济中心。

香港总部经济助推国际化大都市转型。香港已经吸引数千家跨国公司在港设立亚太总部，地区总部，香港的中环区便是总部聚集的区域。目前，这一地区集中了大量的金融、保险、地产及商用服务行、中国银行新总部等，已发展为成熟而标准的 CBD，成为香港经济的"心脏"。

对我国来说，跨国公司来中国集聚产生的效应，有利有弊。跨国公司和国际资本集聚中国，促进了中国的资本形成和资本积累，中国产业结构调整与升级，先进技术和人才的引进，国内就业水平的提高和当地政府的赋税收入的增加。不过中国企业也因此将面临越来越多的具有国际竞争优势的跨国公司的挑战。

测不准定律：越是"测不准"越有创造性

我们生活在一个"测不准"的世界

德国物理学家海森堡的量子力学的测不准定律，带来了物理学上的革命，他也因此获得诺贝尔奖。这一定律冲破了牛顿力学中的死角，表明人类观测事物的精准程度是有限的，或者说错误难免，任何事皆有可能。

而对于经济学来说，索罗斯则发现了"经济学的测不准定律"。这个创造了许多金融奇迹的人，依然在创造着惊涛骇浪般的奇迹。索罗斯号称"金融天才"，从 1969 年启动的"量子基金"，以平均每年 35％的增长率令华尔街的同行目瞪口呆。他似乎在用一种超常的力量左右着世界金融市场，创下了许多令人难以置信的业绩。

传统的经济学理论总是宣扬市场如何有规律如何有理性，而在多年的经商过程中，索罗斯却发现那些经济理论是那么地不切实际。他对华尔街进行深入分析，察觉金融市场的现实其实就是混乱无序。市场中买入卖出决策并不是建立在理想的假设基础之上，而是基于投资者的预期，数学公式是不能控制金融市场的。人们对任何事物能实际获得的认知都并不是非常完美的，投资者对某一股票的偏见，不论其肯定或否定，都将导致股票价格的上升或下跌，因此市场价格也并非总是正确的，总能反映市场未来的发展趋势的，它常常因投资者以偏概全的推测而忽略某些未来因素可能产生的影响。

实际上，并非目前的预测与未来的事件吻合，而是目前的预测造就了未来的事件。所谓金融市场的理性，其实全依赖于人的理性，赢得市场的关键在于如何把握群体心理。投资者的狂热会导致市场的跟风行为，而不理性的跟风行为会导致市场崩溃。这就是他所提出的经济学"测不准定律"。所以，投资者在获得相关信息之后做出的决定，与其说是根据客观数据作出的预期，还不如说是根据他们自己心里的感觉作出的预期。

同时，索罗斯还认为，由于市场的运作是从事实到观念，再从观念到事实，一旦投资者的观念与事实之间的差距太大，无法得到自我纠正，市场就会处于剧烈的波动和不稳定的状态，这时市场就易出现"盛—衰"序列。投资者的赢利之道就在于推断出即将发生的预料之外的情况，判断盛衰过程的出现，逆潮流而动。但同时，索罗斯也提出，投资者的偏见会导致市场跟风行为，而盲目从众的跟风行为会让人们过度投机，最终的结果就是市场崩溃。

当然，在"测不准"当中，他又有"测得准"的由盛而衰的波动定律，投资者的赢利之道就在于及时地推断出即将发生的新情况，逆流而动。可究竟何时动何时不动，又完全取决于投资者本人的悟性。他说："股市通常是不可信赖的，因而，如果在华尔街你跟着别人赶时髦，那么，你的股票经营注定是十分惨淡的。"

股市的测不准现象比比皆是。在 2008 年的经济背景下，国际金融危机、国内经济压力重重，分析师们存忧患意识，看空市场理所当然。

但市场却否极泰来，反而杀出了一条血路，正应了这句名言：这是最坏的时候，这也是最好的时候。但过去的毕竟已经过去，股市着眼于今天和明天。在 2010 年之前，连续 5 年相关机构对股市的预测都看走了眼，大多数机构在年末对来年股市的走势都判断失误。其中 2009 年的股市报告，大家都可以当笑话来读，大多数专业人士的判断是 2009 年股市上半年没有行情，下半年有小行情，房市可能会崩盘。可是最后结果证明，2009 年房市、股市走出了大牛市。

机构的预测报告本来就是顺应媒体和股民的需求而产生的，那些企图预测股市的人，天天在预测，而股市的结局跟足球赛一样，是不可预测的。从科学的角度看，本来就"测不准"的，点位测市行为本身是错的，却偏要作个正确的预测结果出来，自然是难以做得准了。

近年来，另一个遵循"测不准"原理的就是国际原油价格。许多人热衷于预测油价，对油价走势进行判断，但油价预测已经无异于猜谜游戏。因为影响油价的因素实在太多：影响油价的基本原理应该是市场供求关系，但地缘政治冲突、自然灾害影响、恐怖活动威胁以及基金投机炒作等因素扭曲了国际石油市场供需的真相，国际油价随之大起大落，上涨之高甚至大大超出一般预期。

从经济学视窗看"测不准"

经济学中常用的马歇尔局部均衡"供给—需求"模型，这一模型包含相当多的"其余条件"，如偏好稳定、市场出清、不考虑其他商品等，可是在现实经济生活中，这一点是无法办到的，我们无法构筑这样一个定律能够完全发挥作用的环境。

1974 年，美国政府为清理翻新自由女神像扔弃的废料，向社会广泛招标。由于美国政府出价太低，好几个月没人应标。正在法国旅行的一个得克萨斯人听说了这件事，立即乘飞机赶往纽约，看过自由女神像下堆积如山的钢块、螺丝和木料，他喜出望外，未提任何条件。当即就签字包揽了下来。纽约的许多运输公司为他的这一愚蠢举动暗自发笑，因为在纽约州，对垃圾的处理有严格的规定，弄不好就要受到环保组织的起诉。就在一些人要看这个得克萨斯人的笑话时，他开始组织工人对废料进行分类。他让人把废铜熔化，铸成小自由女神像，用废水泥块和木头块加工成底座，把废铅、废铝做成纽约广场型的钥匙挂，最后他甚至把从自由女神像上扫下的灰尘都包装起来，出售给花店。不到 3 个月的时间他让这堆废料变成了 350 万美元现金，使每磅铜的价格整整翻了 1000 倍。

不得不承认，生活中有时候一个创意带来的实际成效，抵得上 100 个人缺乏创新的千篇一律的劳动。实现这种大幅度的飞跃，不仅需要主动性，还需要发挥创造力。在新的未知领域，有很多难以准确估计、精确测量的不确定性，但这些地方也正是提供跳跃的最好平台。比如，资金是制约企业初期创业发展的一个重要因素，这就为企业的前途增加了不确定性。但是，有的时候，越缺少资金，企业对市场的适应性也会因此越强。因为过分依赖资本本身就会使得公司面临风险。所以企业轻装上阵，反而能没有负担地发挥创造性。

【定律链接】创意经济发展七模式

政府驱动型：以国际战略形态由政府积极推动创意产业发展的类型。该类型以美国、英国、日本、新加坡、韩国和中国香港地区为代表，尤以英国政府 1997 年后大力推动的"创意工业"成效最为显著。

艺术家驱动型：原生态的创意经济形态。其主要代表是闻名于世的美国纽约市的 soho 区。近几年在中国出现的北京 798 厂大山子艺术区、上海苏州河仓库艺术区、昆明上河创库区等，是创意产业在中国开始起步的先声。

社区合作型：指政府在公共发展的区域政策指导下，在调动财政、税收、金融、补贴、科研、规划等政府力量的同时，充分发挥市场、社会、企业不同的创新力量，吸引各国各地创意阶层共同参与，形成复合性的区域创新商业模式创意产业新社区。这种发展形态以 90 年代以来东柏林旧城区的成功改造最具代表性。

传统保护型与旅游泛化型：依据本地城镇与街区的传统文化、建筑、工艺与人文资源，或利用专项基金进行传统艺术或遗产文明的保护性移植、复制与传承，均可以列为创意经济的范围；而旅游泛化型则多依靠旅游经济带动，在以旅游为主的同时，由创意艺术家与商家相互促动形成新的创意工业。

企业推动型：企业推动型是指企业依靠自身的资源与优势，在发现、识别并选择创意经济作为企业投资的产品方向后，整合社会创意与中介人群，与其他街区社区的发展定位形成互动与差异，成为当地创意产业的主力推动者这一创意经济发展类型。其成功案例有深圳华侨城的旅游地产双主题开发模式，成都置信地产古城再造与旅游地产模式，北京红石地产"长城公社"试验性建筑俱乐部模式，上海证大地产现代艺术馆与商业地产一体模式等等。

口红效应：经济危机中逆势上扬的商机

"口红"为何走俏

韩国经济不景气的时候，服装流行的是鲜艳的色彩，并且短小和夸张的款式订单比较多；日本现在的服装产业正处于低谷，但是修鞋补衣服之类的铺子，生意却出现了一片繁荣的景象；美国二三十年代的大萧条时期，几乎所有的行业都沉寂趋冷，然而好莱坞的电影业却乘势腾飞，热闹非凡，尤其是场面火爆的歌舞片大受欢迎，给观众带来欢乐和希望，也让美国人在秀兰邓波儿等家喻户晓的电影明星的歌声舞蹈中暂时忘却痛苦。

以上这些都是"口红效应"的作用表现。经济不景气的时候，生活压力会增加，人们的收入和对未来的预期都会降低，这时候首先削减的是那些大宗商品的消费，如买房、买车、出国旅游等，这样一来，反而可能会比正常时期有更多的"闲钱"，正好需要轻松的东西来让自己放松一下，所以会去购买一些"廉价的非必要之物"，从而刺激这些廉价商品的消费上升。

金融危机的寒流，并不会让所有的行业都陷入低迷的境遇，经济政策制定者和企业决策者可以利用"口红效应"这一规律，适时调整自己的政策和经营策略，就能最大限度地降低危机的负面影响。所以，危机到来的时候，商家所要做的就是打造危机下的口红商品，只要人人都努力了，都在想方设法地卖出自己的那支"口红"，"口红效应"就有可能发生意想不到的作用。

要想利用"口红效应"来拉动销售，需要满足以下三个条件：

首先是所售商品本身除了实用价值外，要有附加意义。同样花几十元钱，比起喝咖啡和坐出租车来，还是看电影更有吸引力，可以带来两个小时或者更长时间的持续满足感。危机时期令人绝望的境况，让人们黯然神伤，信心与快乐成为最稀缺的商品。而此时，文化娱乐产业将成为"口红效应"中的获益者。

其次，商品本身的价格要相对低廉。在经济不景气的时期，人们的收入会较之以前有不同幅度的下降，从而导致对消费品的购买力也会下降。对于大型投资或者奢侈品的购买在这一阶段不会赢得消费者青睐，反倒是一些价格低廉的商品，在此时会迎来销售的"春天"。

再次，商家要适当引导消费者，带动间接消费的欲望。20世纪二三十年代经济危机时期却成为了好莱坞腾飞的关键时期。在经济最黑暗的1929年，美国各大媒体就纷纷开辟专版，向公众推荐适合危机时期观看的疗伤影片。而且，不仅如此，好莱坞还就着这种经济不景气的现状，顺势举行了第一届奥斯卡颁奖礼，每张门票售价10美元，引来了众多观众的捧场。1930年的梅兰芳远渡重洋，在纽约唱响他的《汾河湾》，大萧条中的美国人一边在街上排队领救济面包，一边疯狂抢购他的戏票，5美元的票价被炒到十五六美元，创下萧条年代百老汇的天价。

经济危机中常见的生机产业

经济发展有其自身的规律，金融危机的爆发也是经济发展过程中出现的不可避免的问题。当出现这种现象时，商家不可坐以待毙，要学会从低潮中寻找新的商机，迅速实现产业的转型，从而让经济危机的劣势转化为产业发展的优势。就"口红效应"而言，它的受益产业主要有以下几个：

第一，化妆品行业。

据有关统计显示，美国1929年至1933年工业产值减半，但化妆品销售增加；1990年至2001年经济衰退时化妆品行业工人数量增加；2001年遭受9·11袭击后，口红销售额翻倍。我们可以发现，化妆品行业出现繁荣的时期都是对民众产生较大影响的时期。在人们心灵受伤的时候，格外需要一些低廉的非必要品来给自己疗伤，从而给商家带来商机。

第二，电影产业。

美国电影一直是"口红效应"的受益者之一，20世纪二三十年代经济危机时期正是好莱坞的腾飞期，而2008年的经济衰退也都伴随着电影票房的攀升。有人预测，中国的文化产业也许要借着"口红效应"实现一个新的跨越。12月公映的冯小刚电影《非诚勿扰》首周票房就超过了8000万元。12月17日，国家广电总局电影局副局长张宏森透露，2008年主流院线票房已经超过了40亿，比去年增长30%。其中，票房过亿的国产电影数量也历史性地超过了好莱坞大片，预计将达到9部之多。和几年前一些偏冷门的类型题材的电影在市场上没有生存空间不同，今天的观众走进影院，既能看到传统功夫片《叶问》，也可以选择结合了艺术和商业的《梅兰芳》以及《爱情呼叫转移2》《桃花运》等影片。观众审美需要不断增加，电影创作也应以多类型、多品种、多样化的电影产品结构来支撑市场。也许这正是"口红效应"在中国的一种反映。

第三，动漫游戏行业。

日本市场调研机构近日发布的消费统计数据显示，虽然其他行业走冷，游戏机行业中的任天堂和索尼PSP，却销量大增，其中很大一部分将作为圣诞节和新年的礼物，成为日本玩家迎接新年的伴侣。看来，无论其他行业的形势如何严峻，游戏会一直都是人们放松和疗伤的最优选择。

经济危机不会长久地存在于人们的生活中，终究还是会有回暖的时候。其实，经济增长的步伐偶尔慢下来，也未必不是一件好事。人们可以从繁忙的工作与生活中走出来，谈谈情，唱唱歌，跳跳舞，回归一下家庭，一箪食，一瓢饮，不改其乐。而企业则可以在这其中寻找商机，创造一支能让人们心仪的"口红"，推广开来。如此看来，"口红效应"也会实现双赢。

乘数效应：一次投入，拉动一系列反应

一场暴风雨引发的乘数效应

一场暴风雨过后，一家百货公司的玻璃被刮破了。

百货公司拿出5000元将玻璃修好。装修公司把玻璃重新装好后，得到了5000元，拿出了4000元为公司添置了一台电脑，其余1000元作为流动资金存入了银行。电脑公司卖出这台电脑后得到4000元，他们用3200元买了一辆摩托车，剩下800元存入银行。摩托车行的老板得到3200元后，用2650元买了一套时装，将640元存入银行。最后，各个公司得到的收入之和远远超出5000元这个数字。百货公司玻璃被刮坏而引发的一系列投资增长就是乘数效应。

在经济学中，乘数效应更完整地说是支出/收入乘数效应，是指一个变量的变化以乘数加速度方式引起最终量的增加。在宏观经济学中，指的是支出的变化导致经济总需求不成比例的变化，即最初投资的增加所引起的一系列连锁反应会带来国民收入的成倍增加。所谓乘数是指这样一个系数，用这个系数乘以投资的变动量，就可得到此投资变动量所引起的国民收入的变动量。假设投资增加了 100 亿元，若这个增加导致国民收入增加 300 亿元，那么乘数就是 3；如果所引起的国民收入增加量是 400 亿元，那么乘数就是 4。

为什么乘数会大于 1 呢？比如某政府增加 100 亿元用来购买投资品，那么此 100 亿元就会以工资、利润、利息等形式流入此投资品的生产者手中，国民收入从而增加了 100 亿元，这 100 亿元就是投资增加所引起的国民收入的第一轮增加。随着得到这些资本的人开始第二轮投资、第三轮投资，经济就会以大于 1 的乘数增长。

"乘数效应"也叫"凯恩斯乘数"，事实上，在凯恩斯之前，就有人提出过乘数效应的思想和概念，但是凯恩斯进一步完善了这个理论。凯恩斯的乘数理论对西方国家从"大萧条"中走出来起到了重大的作用，甚至有人认为 20 世纪两个最伟大的公式就是爱因斯坦的相对论基本公式和凯恩斯乘数理论的基本公式。凯恩斯乘数理论对于宏观经济的重要作用在 1929～1933 年的世界经济危机后得到重视，一度成为美国大萧条后"经济拉动"的原动力。

乘数效应不是万有定律，要辩证看待

美国东部时间 2001 年 9 月 11 日早晨 8：40，4 架美国国内民航航班几乎被同时劫持，其中两架撞击了位于纽约曼哈顿的世界贸易中心，一架袭击了首都华盛顿美国国防部所在地五角大楼，而第四架被劫持飞机在宾夕法尼亚州坠毁。这次事件是继第二次世界大战期间珍珠港事件后，第二次对美国造成重大伤亡的袭击，是人类历史上迄今为止

最严重的恐怖袭击事件。美国人民陷入了前所未有的恐慌之中。可是，这时候一些经济学家却跳出来发表了一番令人哭笑不得的言论，他们认为这次恐怖袭击对美国的宏观经济来说是大有好处的，甚至会为其带来契机。

他们的理由很简单，这次恐怖袭击令美国国会批准了400亿美元的紧急预算，这些钱会创造第一轮的需求和增收，大约一年内就会看到成效，并且，这一开支的增加将会继续创造下一轮的需求。这些经济学家们经过一番认真仔细的推算，认定在美国经济不景气的情况下，这400亿美元的增加开支，将会使得国民生产总值最终增加1000亿美元……所以说，在这个经济不景气的时刻，财政开支的增加对美国而言反而是一剂强心针。

看到这里，大家都会觉得奇怪，假如说这些经济学家的观点是正确的，即损失两栋大楼可以促进国民经济发展，那么，为什么美国人自己不动手多炸掉几栋，反而让恐怖分子钻了空子呢？

另外，还有一些经济学家根据乘数原理提出了与上述完全相反的结论。乘数原理既然可以放大好处，也可以放大坏处。损失的几栋大楼很值钱，里面的死伤人员也都是各行各业的精英人士，其价值是无法估量的，因此这一恐怖袭击将会造成美国经济的节节败退，并最终进入恶性循环，一发不可收拾。

最终的事实是怎样的呢？事实证明，美国经济在"9·11"事件之后，没有突飞猛进，也没有一败涂地。上述的两种结论似乎都是不正确的。那么，是乘数效应出错了吗？当然不是。问题在于社会经济生活中，"乘数效应"不止一宗，而是无数宗。不是说"乘数效应"不存在，而是说不能只盯着一宗"乘数效应"。要知道，无数宗"乘数效应"会互相抵消，互相排斥，其最终结果是怎样的谁也无法准确预料。这也就告诉我们，乘数效应是不能生搬硬套的，否则就会失之毫厘，谬以千里。

【定律链接】经营管理中也隐藏着乘数效应

在经营管理中，同样存在着乘数效应。乘数效应能发生在管理工作中。比如实施一个促进销售计划，管理者希望这个计划的效果可以成倍地增加。然而事实是，如果没有其他的策略配套实施，乘数效应便很难实现。比如，管理者采取了结果激励方法，或者过程激励方法，可能只是对某些具体的行为产生效果，而持续的或者自发的激励效果却不可能实现。

管理者自然希望每一个决策都能实现乘数效应，即一种措施产生多重效果，但乘数效应不是一劳永逸的，它还包括一系列的措施在里面，只有这些相应的配套措施发挥了功效，乘数效应才可能发生功效。所谓的配套措施，是使当初措施的效果进一步发挥的配套措施，比如管理中的激励措施，单纯的激励是不可能持续发挥作用的，必须要有相应的如企业文化等的配套措施才可以，只有做好这些配套措施，才可能发挥乘数效应。

拉动效应：经济在于"拉动"

不能高估政府投资的拉动效应

随着政府投资拉动的效应持续减弱，及对社会预期的刺激力度也逐级削减，转型将逐步成为最关键的社会焦点。与此相关的市场预期，将直接决定市场的格局走向。

1. 政府投资拉动效应减弱

从长期来看，无论是国内还是国外，宽松政策和大量政府财政投资对经济的拉动效应都将逐步减弱。

对于国外而言，由于财政空间的限制及宽松流动性的效应递减（比如欧洲央行释放资金购买债券，甚至仍不能抵挡商价和股市的节节下跌），政府投资的空间及影响力都不可能再起到明显作用。

对于国内而言，压缩和规范地方融资平台，都对直接针对市场的投资拉动预期起到打击作用。从最根本上说，这往往意味着管理层的经济政策思路发生了根本变化，即其已经开始出现基本认知到单一投资拉动模式的缺陷，并出现了较为明显的转向。

因此，无论从政府主观意愿上，还是政策的客观效果上来看，政府投资拉动效应逐步减弱是一个必然趋势。

2. 市场认同感减弱

第二个关键问题是，市场的认同感也在削弱，投资的不可持续性广受认同，这又反过来大大弱化和缩减了投资政策的效果。

对市场心理来说，随着投资拉动不可持续性的认同感日趋强烈，资金投放和资金放松未必能够获得市场的足够认同，反而可能会加大市场的担忧。最重要的是，这样会引发投资的带动效应减弱，主要是对社会消费和民间投资的拉动效果会越来越有限，市场的反应也会受到冲击和影响。

3. 转型是社会关注的焦点

实际上，目前市场更关注的不是现在的经济数据和经济发展现状，而是中国经济能否成功地迈入一条持续增长之路。机构和基金不认同的也并非仅仅是目前的经济数据有问题，而是对更长期的前景感到迷茫和不确定。

因此，在这种背景下经济体制的转型就必然越来越受到市场关注，唯有如此才能真正启动经济的发展。投资效应的衰减将导致市场对转型认知从朦胧到逐渐明晰，并最终确认这才是反转整个市场格局的关键。

高速铁路带动沿线新投资

湖北咸宁经济开发区，一个仅有 12 平方公里的地方，却有着 60 多个投资项目在红红火火地开展着。这是为什么呢？为什么这样一个小地方会有如此的魅力，吸引了那么多投资者的目光呢？原因很简单，用当地一位领导的话来说就是，"正是由于武广高铁，一大批广州客商都在咸宁投资，现在整个开发区70%以上都是外来投资者建设的"。

原来如此，可是高速铁路真的有如此大的影响力吗？事实上，在武广高铁尚未开通运营时，广州与武汉就已经开始研究并制定了促进产业转移的政策措施，首批项目24个，总投资117.6亿元。中铁第四勘察设计院总工程师王玉泽说，未来3～5年，通过高速铁路，武汉将建成一个辐射全国的大都市圈，以武汉为中心，5小时内可到达的城市，几乎囊括了大半个中国。王总工程师夸大其词了吗？非也。

如今，我们放眼中国的南部，车马未动，粮草先行，粤港澳正向内陆腹地加紧产业转移，长株潭正加速融入珠三角经济圈，武汉城市圈的影响力也正沿江入海，一条"武广高铁经济带"已初具雏形。随着多条高速铁路客运专线开通运营，有了铁路来实现客货分线，货运能力必然会得到极大的释放。这将有效缓解铁路对煤炭、石油、粮食等重点物资运输的瓶颈制约，提高货主的请车满足率，有效提高全国铁路网的整体运输能力，也有利于以更节能环保的方式降低整个社会的物流成本。

此外，个人异地投资者也开始紧盯高铁风向标。的确如此，我们可以想象一下，当我们到达另一座城市的时间比横穿我们所在城市的时间还要短，且所耗费成本更低时，我们自然会考虑异地投资。

现在，是否有高速铁路通达，已经成为异地投资者投资的重要考量指标之一，一些高铁沿线城市的经济联系与文化合作逐渐被重新定位，其区域经济格局也逐渐被改写。

【定律链接】节会品牌的十大拉动效应

举办大型节会活动，打造强势节会品牌，也成了众多城市拉动经济发展一大重要举措。通过分析我们很快发现，成功的大型节会品牌，至少会对城市的经济发展产生以下十大拉动效应。

1. 开放拉动效应

经济全球化、社会信息化的浪潮汹涌澎湃，知识经济时代、注意力经济时代扑面而来，在此背景下，注意力成为知识经济时代稀缺的资源、信息化社会的无形资产和市场经济宝贵的资本。世界经济乃至世界城市的竞争，正在演变为争夺眼球、争夺注意力的竞争。大型节会活动的举办，必将引起全球的瞩目。达沃斯和博鳌就是鲜活的例证。如世界经济论坛年会会址达沃斯，本是瑞士穷乡僻壤的一个小镇，而现在早已成为全世界注意力的中心。每年的年会，世界各地无不关注这里。我国海南省琼海市的小岛博鳌，也因为亚洲论坛首届年会的举办而成名天下。

2. 形象拉动效应

在世界城市空心化的巨大压力下，城市向何处去，成为一大影响世界城市乃至全球经济社会发展的严峻挑战。研究和推进世界城市的进一步繁荣与发展，这是一项迫在眉睫的战略课题，同时也是一项光荣而艰巨的历史使命。世界城市要想建立起自己的对话与协商机制，发出宏大的声音，迈出威武雄壮的步伐，从而抓住经济全球化带来的机遇，促进世界城市战胜困难、持续发展，必须要有一个良好的载体。大型节会活动的成功举办，将吸引来大批政界名流、知名企业、商界巨子和学术精英。通过节会的举办，为城市之间提供了一个相互探讨、协调立场、促进合作的平台。

3. 会展拉动效应

会展经济已成为世界经济新的增长点，世界许多发达城市已步入后会展经济时代。会展业的发展水平已成为衡量世界城市发达程度的重要标志，会展业的竞争力已成为世界城市的核心竞争力。据权威专家分析，节会经济作为会展经济高度升级的产物，正在成为后会展业时代世界城市发展的新宠。如世界经济论坛第 30 届年会，举办大大小小的各类会议 300 多场，极大地拉动了会展经济的发展。

4. 旅游拉动效应

旅游业是当今世界第一大产业，大力发展旅游产业已是世界各国的共识。举目环顾世界名城无一不是旅游名城。强势节会品牌的打造，带来的永久效应便是旅游朝阳产业的蓬勃发展。大型节会活动特别是国际性活动的成功举办，在世界瞩目和关注之下，伴随世界各路精英聚会城市，前来城市旅游休闲的国内外游客必将成倍增长，城市旅游业将实现空前的繁荣，其增长速度和发展水平将远远超出其现有发展水平，一些具备条件的国际性城市不但将成为中国旅游的明珠，也将因此而成为世界旅游的明珠。

5. 投资拉动效应

大型节会活动的举办，既是大脑智慧的聚会，又是信息交流的聚会，还是财富资本的聚会。达沃斯、博鳌论坛充分证明，国际性论坛能产生巨大的投资拉动效应。特别是博鳌良好的发展前景和已经可以看到的投资回报，让投资商趋之若鹜。此外，许多城市都增加了大型节会活动的投资拉动效应，这必然会促使其获得更大、更好的发展。

6. 城建拉动效应

投资拉动效应的直接效果，就是城市开发建设进程的加快，开发建设的水准提高。陈锦华指出，配套设施好是支撑达沃斯成功的四大因素之一。博鳌也因为亚洲论坛的带动和促进，经过短短两三年时间的全面开发，如今的博鳌道路畅通、环境优美、配套设施齐全，已经成为世界知名的旅游区。大型节会活动的成功举办，国际性节会品牌的打造，其对城建的拉动效应也是不言而喻的。特别是基础条件较好的许多发达城市，作为我国城市建设的点睛之作，对我国城市乃至整个中国的经济建设都将产生非同一般的作用。我们将高兴地看到，不久的将来，许多城市将更加富有魅力。

7. 品牌拉动效应

经营城市，打造品牌，加快培育城市的核心竞争力，已经成为世界城市之间相互竞争和促进的战略举措。节会品牌的打造，通过城市之间的互相交流和学习，全新的经营城市理念和城市营销战略与策略将在世界城市之间广为传播。大型节会活动的所在地，是城市信息交流的焦点和中心，无疑是近水楼台先得月，受益最早、得益最多、触动最大、提升最快。特别是通过主流媒体的多次传播，举办地城市品牌形象也将传播最广，影响最为久远。总之，无论从城市品牌的经营、管理、提升还是传播，大型节会活动对城市品牌的整体提升都将实现历史性的跨越和质的飞跃。

8. 文化拉动效应

世界权威专家研究表明，从消费的角度分析，当今及未来是休闲经济、体验经济和娱乐经济时代。节会经济各大拉动效应的相关作用，将极大地促进和带动文化娱乐产业的发展。世界发达城市传媒巨子、文化名流先进的经营理念、营销手段、竞争策略、技术设备等，伴随城市节会活动的举办，都将汇聚举办城市。从而促进城市文化产业包括广播电视、新闻出版、文化产业等发展水平较高的诸多产业实现与国际水平的对接。由于上述因素的作用，成功的节会品牌将给城市的文化产业带来新的春天。

9. 综合拉动效应

强势节会品牌的打造，对会址所在地的拉动效应是全方位的、持续性的，相互作用、交替放大、整体提升。例如，对学术研究及教育事业的拉动，对通讯及信息产业的拉动，对航空及交通建设的拉动，对体制改革及制度创新的拉动，对市民素质及服务水平的拉动，对文化生活及精神需求的拉动等，难以枚举。

第六章　决策中的学问

机会成本：鱼和熊掌不能兼得

有选择就有机会成本

在阳光明媚的午后，你好容易处理完公司的财务报告，想喝杯下午茶休息一下，你可能会考虑甜点选择，豆沙糕还是巧克力薄饼。

"豆沙糕还是巧克力薄饼"类似于"鱼与熊掌"，这种选择实际上就是一种机会成本的考虑。

如果你喜欢吃豆沙糕，也喜欢吃巧克力薄饼，在两者之间选择时，接受豆沙糕的机会成本是放弃巧克力薄饼。如果吃豆沙糕的收益是 5，那么吃巧克力薄饼的收益是 10。这样，吃豆沙糕的经济利润是负的，所以你会选择吃巧克力薄饼，而放弃豆沙糕。

值得注意的是，有些机会成本是可以用货币进行衡量的。比如，要在某块土地上发展养殖业，在建立养兔场还是养鸡场之间进行选择，由于二者只能选择其一，如果选择养兔就不能养鸡，那么养兔的机会成本就是放弃养鸡的收益。在这种情况下，人们可以根据对市场的预期大体计算出机会成本的数额，从而做出选择。但是有些机会成本是无法用货币来衡量的，它们涉及人们的情感、观念等。

机会成本广泛存在于生活当中。一个有着多种兴趣的人在上大学时，会面临选择专业的难题；辛苦了5天，到了双休日，是出去郊游还是在家看电视剧；面对同一时间的面试机会，选择了一家单位就不能去另一家单位……对于个人而言，机会成本往往是我们做出一项决策时所放弃的东西，而且常常比我们预想中的还多。

人生面临的选择何其多，人们无时无刻不在进行选择。比如是继续工作还是先去吃饭，是在这家商店买衣服还是在那家商店买衣服，是买红色的衣服还是黄色的衣服，心中有个秘密是告诉朋友还是不告诉朋友，如果告诉又告诉哪些朋友……这些选择在生活中很常见，不过似乎并不重大，所以大家轻松地做出了选择，也不会慎重考虑。

机会成本越高，选择越困难，因为在心底，我们不愿放弃任何有益的选择。但是，我们有时必须"二选一"，甚至是"三选一"，在这时，机会成本的考量将显得尤为重要。

赌博，赢不来幸福

皮皮一家的好日子在男主人失业后终止了。因为赶上金融危机，公司裁员，皮皮的男主人不幸名列其中。下岗在家赋闲的男主人成天唉声叹气，但厄运还没有结束，因为少了主要的经济来源，他们还不起贷款，不得已之下，男主人和女主人决定搬出这所房子，去找一个更小更便宜的住所。

问题随之而来，既然要节省开支，便无法养狗了，于是他们将皮皮一家三口赶了出来。皮皮一家没有了住处，只得到处流浪。皮皮在一夜之间成了无家可归的流浪狗。

那段日子，皮皮总是吃了上顿没下顿，过着没着没落的日子。一天，正当皮皮饿着肚皮睡觉的时候，爸爸忽然很兴奋地走过来，嘴里叼着一大块排骨，闻到肉香，皮皮一跃而起。它一边咬下一大块肉，一边问爸爸："这肉是从哪来的？"

"赌博赢来的。"爸爸的话让皮皮吃了一惊。

"村头有赛狗的，每天一场，谁赢了，谁就能赢得一大块排骨。"

皮皮爸爸解释道。皮皮知道那样的赛狗，就是抽签决定两条狗，进入围场殴斗，决出胜负。

皮皮担忧地说："但是，爸爸，万一你被抽中和一条大狗比赛，你会输得很惨的。"

爸爸不以为然："放心，我已经找到规律了，只要我把自己的签放到最后，被抽中的对手总是弱小的狗。"

妈妈也表示了赞同："这倒是一个好办法，以后，我和皮皮就不用挨饿了。"

赌博中取得胜利的几率十分小，这就好像经济学中常说的机会成本一样。纯粹的赌博是不存在理性上的投资收益的，只不过是数学里的离散游戏而已，是概率论和经济博弈论的运用，每一次赌博的赢输概率都是一样的，这在概率论里称为"伯努利事件"。

赌博能赚到钱吗？看似非常简单的逻辑，许多人却常常栽在其中。典型的例子就是，赌徒在输钱后，总是想翻本。输掉的钱就是沉没成本，它不可能再收回来，新的"选择"是：是不是还要继续赌下一盘？再赌下一盘的收益风险是多少？这便是机会成本，我们作出一个选择后所丧失的，不作这个选择而可能获得的最大利益。

皮皮的爸爸将自己的签放到最底层，的确被抽中的几率不大，但不是完全没有可能的。皮皮的爸爸和弱势的狗殴斗，每天可以领取一块排骨，这份利润的确可观。但如果一旦被抽中与强悍的狗殴斗，那它势必会落败，一天一块排骨的收益也就没有了，而且还有可能丧命。皮皮爸爸的这种行为便可理解为机会成本。

经济学家们对此的理解便是皮皮的爸爸用自己的性命在做赌注，以赢取那一块排骨，这实际上是亏损的。果然，没过几天，皮皮担心的事就发生了。

那天和往常一样，爸爸又去赛狗，一直到晚上，它才一瘸一拐地回来了。皮皮一看就知道出事了，爸爸缓了好半天之后，才道出原委。

原来那天它一去就被抽中，等它上台后，才发现对手又高又壮，是一条猎犬。

但已经上台了，皮皮爸爸只得硬着头皮打下去。很快，它被猎犬打得伤痕累累，在地上趴了好半天，才能挪着回来。

"爸爸，我早就说过，你会被大狗打得遍体鳞伤的。"皮皮看着爸爸一身的伤痕，心疼地说道。

爸爸也叹气道："我以为他们不会将两张连在一起的号码抽出来，没想到他们还真这样做了。"

皮皮看到爸爸痛苦的样子想，以后做选择一定要慎重，这种赌徒的心态是要不得的。

可以毫不夸张地说，目前比较流行的六合彩、牌九、大小、麻将、24点、赌球、赌马等都不存在长期投资必然赢利的可能性，否则那些华尔街金融投资家早就进入了。因为这些赌博都不符合经济学的条件，所以妄图靠这种赌博来博取一夜暴富，或者挣点零花钱，是不可取的。很多好赌者，包括故事中皮皮的爸爸，就是走入了这个误区，最后才伤得那么重。

赌博只是将机会成本在主观意识上放到最大，对于这种总是把成功寄希望于小概率事件的赌徒而言，失败之后的痛楚是他们无＝法承受的。

有时候，我们总是忽视对机会成本的计算，机会成本其实就是揭示了资源稀缺与选择多样化之间的关系。我们必须要做出选择，因为我们不能将所有资源都占到，所以，当我们只能选择一部分资源的时候，机会成本也便成了约束我们的概念。

【定律链接】用"机会成本"进行家庭理财

说得直白些，"机会成本"的思想，就是人们为了得到某种东西而放弃的东西的最大价值。在家庭理财的经济决策过程中，我们也应学会用机会成本来分析问题。

例如，今年你可能决定把家庭 10 万元的余钱投资到股市，并赚到了 2000 元的利润。你是否认为这次投资是正确的？答案是不一定。因为没有考虑到投资股票的机会成本。你本来可以把这 10 万元投资基金或者债券，甚至直接存到银行。投资股票的机会成本就是投资基金、债券或者银行赚到的利润。只有当你投资股票赚到的 2000 元利润大于其机会成本时，这一投资才是合算的。

我们在日常生活中，经常要面临各种决策，在决策过程中要面临各种选择，在做出选择的同时就必然要考虑选择的机会成本，并比较各种机会成本的大小。只有选择方案的收益大于其机会成本，这个选择方案才是正确的。因此，机会成本对每个人来说都是一个很重要的因素，因为只有充分考虑机会成本，我们所作的决策才会更加明智。

羊群效应：别被潮流牵着鼻子走

有种选择叫"跟风"

喝惯了绿茶、橙汁、果汁的人们如今有了新的选择，以"王老吉""苗条淑女动心饮料"等为代表的一批功能性饮品纷纷开始上市。值得关注的是，这些饮料并不是由传统的食品、饮料企业推出的，生产它们的是——药企。

这些功能性饮料的显著特点是，它们除了饮料所共有的为人体补充水分的功能外，都有一些药用的功能，比如去火、瘦身。伴随着"尽情享受生活，怕上火，喝王老吉"这句时尚、动感的广告词，"王老吉"一路走红，大举进军全国市场。虽然"王老吉"最初流行于我国南方，北方人其实并没有喝凉茶的传统，但是王老吉药业巧妙地借助人人皆知的中医理念，成功地把"王老吉"打造成了预防上火的必备饮料。淡淡的药味，独特的清凉去火功能，令其从众多只能用来解渴的茶饮料、果汁饮料、碳酸饮料中脱颖而出。酷热的夏天，加上人们对川菜的喜爱，给了消费者预防上火的理由，当然也给了人们选择"王老吉"的理由。

然而这里药品专家提醒广大消费者：理性消费不跟风。医学专家指出，在王老吉凉茶的配料中，菊花、金银花、夏枯草以及甘草都是属于中药的范畴，具有清热的功能，药性偏凉，不宜当做普通食品食用。专家表示，夏枯草的功用是清肝火、散郁结，用于肝火目赤肿痛，头晕目眩，耳鸣、烦热失眠等症，它和菊花、金银花配在一起使用时，应根据具体对象的身体状况对症使用。专家认为，凉茶这种饮料并非老少皆宜，脾胃虚寒者以及糖尿病患者都不宜饮用。脾胃虚寒的人饮用后会引起胃寒、胃部不适症状，而糖尿病患者饮用后则会导致血糖升高。可见，功能性饮料并不是适合所有人群。

这也提醒了我们在消费的同时不要盲目跟风，要做到理性消费。经济学上有一个名词叫"羊群效应"，是说在一个集体里人们往往会盲目从众，在集体的运动中会丧失独立的判断。

在一群羊前面横放一根木棍，第一只羊跳了过去，第二只、第三只也会跟着跳过去；这时，把那根棍子撤走，后面的羊，走到这里，仍然像前面的羊一样，向上跳一下，这就是所谓的"羊群效应"，也称"从众心理"。羊群是一个很散乱的组织，平时在一起也是盲目地左冲右撞，但一旦有一只头羊动起来，其他的羊也会不假思索地一哄而上，全然不顾前面可能有狼或者不远处有更好的草。

因此，"羊群效应"就是比喻人都有一种从众心理。从众心理很容易导致盲从，而盲从往往会使你陷入骗局或遭到失败。

其实，在现实生活中，类似的消费跟风的例子还真不少。比如每年大学必有的"散伙饭"。

所谓的"散伙饭"就是"离别饭"。三四年的同学、宿舍密友，转眼间就要各奔东西了，这个时候自然要聚一聚，喝酒、聊天，于是，

"散伙饭"成了大学生表达彼此间依依惜别之情的方式。

然而，作为大学里最后记忆的"散伙饭"，却渐渐地变了味道。"散伙饭"不仅越吃越多，还越吃越高档，成了"奢侈饭"。

大学生毕业的时候吃"散伙饭"，显然已经成了一种惯例，届届相传。其实，"散伙饭"只是大学生的一种"跟风"现象。

看到以前的学长们在吃"散伙饭"，看到周围的同学在吃"散伙饭"，自己怎能不吃呢？

这种一味地跟风，只图一时宣泄情绪的行为，往往给许多学生的家庭带来了财务负担。对家庭而言，培养一个大学生已经花费了不少钱财，豪华的饭局更加重了家庭的负担。家庭富裕的也许并不会在意什么，然而家庭比较贫困的呢？为了不丢孩子的面子，再"穷"也要让孩子在大学的最后时刻风风光光地毕业。这不仅突出了同学间的贫富不均的现象，反而容易引起贫困生们的自卑心理。对于学生而言，绝大多数都是依赖父母，有钱就花，花完再要，大摆饭局只为跟风、攀比，满足彼此的虚荣心，十分不利于培养学生正确的理财观、消费观，助长了社会"杯酒交盏，排场十足"的铺张浪费之风。不仅如此，错误的消费观还会影响到大学生日后就业，他们所挣的工资可能连在校时的消费水平都不如，这也就相应地加大了他们就业的压力。

"羊群效应"告诉我们，许多时候，并不是谚语说的那样——"群众的眼睛是雪亮的"。在市场中的普通大众，往往容易丧失基本判断力，人们喜欢凑热闹、人云亦云。有时候，群众的目光还投向资讯媒体，希望从中得到判断的依据。但是，媒体人也是普通群众，不是你的眼睛，你不会辨别垃圾信息就会失去方向。所以，收集信息并敏锐地加以判断，是让人们减少盲从行为，更多地运用自己理性的最好方法。

赢在自己，做一匹特立独行的狼

老猎人圣地亚哥最喜欢听狼嚎的声音。在月明星稀的深夜，狼群发出一声声凄厉、哀婉的嚎叫，老人经常为此泪流满面。他认为那是来自天堂的声音，因为那种声音总能震撼人们的心灵，让人们感受到生命的存在。

老人说："我认识这个草原上所有的狼群，但并不是通过形体来区分它们，而是通过声音—狼群在夜晚的嚎叫。每个狼群都是一个优秀的合唱团，并且它们都有各自的特点以区别于其他的狼群。在许多人看来，狼群的嚎叫并没有区别，可是我的确听出了不同狼群的不同声音。"

狼群在白天或者捕猎时很少发出声音，它们喜欢在夜晚仰着头对着天空嚎叫。对于狼群的嚎叫，许多动物学家进行过研究，但不能确定这种嚎叫的意义。也许是对生命孤独的感慨，也许是通过嚎叫表明自身的存在，也许仅仅是在深情歌唱。

在一个狼群内部，每一匹狼都具有自己独特的声音，这声音与群体内其他成员的声音不同。狼群虽然有严格的等级制度，也是最注重整体的物种，但这丝毫不妨碍它们个性的发展和展示，即使是具有最大权力的阿尔法狼，也没有权力去要求其他的狼模仿自己的声音和行为，每一匹狼都掌握着自己的命运和保留着自己的独立个性。同样，就投资而言，我们每一个人的未来终归掌握在自己手里。你愿意去做一只待宰的羔羊，还是做一匹特立独行的狼？

答案很明确，做一只待宰的羔羊肯定会被狼吃掉。可是，人们在实际的投资过程中，往往意识不到自己在不经意间已经加入了羊群。

我们要时刻保持警惕，时刻保持自己的个性，时刻保持自己的创造性，自己把握自己的未来。

下面，我们再来看一个特立独行者的例子：

20世纪50年代，斯图尔特只是华盛顿一家公司的小职员。一次，他看了一部表现非洲生活的电影，发现非洲人喜爱戴首饰，就萌发了做首饰生意的念头。于是他借了几千美元，独自闯荡非洲。

经过几年的努力，他的生意已经做到了使人眼红的地步，世界各地的商人纷纷赶到非洲抢做首饰生意。

面对众多的竞争者，斯图尔特并不留恋自己开创的事业，拱手相让，从首饰生意中走出来，另辟财路。

斯图尔特的成功就是靠"独立创意"这一制胜要诀，这是他善于观察、善于思考的结果。

要想有独立的创意，就不要人云亦云，一定要培养自己独立思考的能力。

【定律链接】由从众的石油大亨看盲目投资心态

有一个非常幽默的故事：

一位石油大亨到天堂去参加会议，一进会议室，发现座无虚席，自己没有地方落座。于是，他灵机一动，大喊一声："地狱里发现石油了！"

这一喊不要紧，天堂里的石油大亨们纷纷向地狱跑去，很快，天堂里就只剩下那位石油大亨了。

这时，大亨心想，大家都跑了过去，莫非地狱里真的发现石油了？

于是，他也急匆匆地向地狱跑去。

通过这个故事我们发现，人们都有一种从众心理，这种盲从的现象就是"羊群效应"。

在实际的投资生活中，这种从众的"羊群效应"现象也比比皆是，但是，那些从众的"羊"，并没有像自己想象中的那样赚到利润，而是很容易地成为了被"宰割"的对象。

就拿中国目前的股市来说，很多散户被股市情绪控制，从而出现从众心理：好的时候都蜂拥而上，坏的时候都消极沮丧。其实，在股市投资中，往往是少数人的看法才是正确的。

例如，股市大亨们想从散户手中拿到廉价的筹码，一般喊一嗓子："天堂在2500点以下！"结果，那些原先看好3000点的散户都会纷纷放弃原有位置，蜂拥到2500点去寻找自己的天堂。但是，通往2500点的路很快就被截断了，当他们不得不回来后，却发现自己原来的位置被大亨们占据了。两手空空的散户们仍然渴望进入天堂，这时，大亨们又喊话了："上帝说，真正的天堂是在5000点上方。"有些散户忘了先前吃的亏，再一次相信这种忽悠，同时，由于从众心理，其他散户也会随之争先恐后涌向5000点，而大亨们早就半道下车了。真正倒霉的，就是那些没有主见、盲从的散户。

事实上，无论是投资股票、基金，还是自己投资开公司，心态是非常关键的。社会心理学家研究发现，持某种意见的人数多少是影响从众心理最重要的一个因素，很少有人能够在众口一词的情况下，还坚持自己的不同意见。

虽然我们每个人都认为自己有判断能力，但是，在很多时候，我们总是不自觉地随大流，因为我们每个人不可能对任何事情都了解得一清二楚，对于那些自己不太了解、没有把握的事情，一般就会采取随大流的做法。然而，这种做法带来的收益，往往与我们期望的大相径庭。

所以，在现实生活中，一方面，我们要保持自己心态的独立性，一旦认准了一只金蛋，就不要被别人的言论左右，假以时日让它孵化成金鸡；另一方面，我们要学会理智、不盲目，多做研究和分析，不要被众人跟风的表象迷惑，要学会透过现象看本质，以伯乐的眼光审时度势。

沉没成本：难以割舍已经失去的，只会失去更多

别在"失去"上徘徊

阿根廷著名高尔夫球运动员罗伯特·德·温森在面对失去时，表现得非常令人钦佩。一次，温森赢得了一场球赛，拿到奖金支票后，正准备驱车回俱乐部，就在这时，一个年轻女子走到他面前，悲痛地向温森表示，自己的孩子不幸得了重病，因为无钱医治正面临死亡。温森二话没说，在支票上签上自己的名字，将它送给了年轻女子，并祝福她的孩子早日康复。

一周后，温森的朋友告诉温森，那个向他要钱的女子是个骗子。温森听后惊奇道："你敢肯定根本没有一个孩子病得快要死了这回事？"朋友做了肯定的回答。温森长长出了一口气，微笑道："这真是我一个星期以来听到的最好的消息。"

温森的支票，对于他而言是已经付出的不可回收的成本，他以博大的胸襟坦然面对自己的"失"，这是一种对待沉没成本的正确态度。

如果你预订了一张电影票，已经付了票款而且不能退票，但是看了一半之后觉得很不好看，你该怎么办？

这时有两种选择：忍受着看完，或退场去做别的事情。

两种情况下你都已经付钱，所以不应该再考虑钱的事。当前要做的决定不是后悔买票了，而是决定是否继续看这部电影。因为票已经买了，后悔已经于事无补，所以应该以看免费电影的心态来决定是否再看下去。作为一个理性的人，选择把电影看完就意味着要继续受罪，而选择退场无疑是更为明智的做法。

沉没成本从理性的角度说是不应该影响我们决策的，因为不管你

是不是继续看电影,你的钱已经花出去了。作为一个理性的决策者,你应该仅仅考虑将来要发生的成本(比如需要忍受的狂风暴雨)和收益(看电影所带来的满足和快乐)。

有一位先生,总是带着一条颜色很难看的领带。当他的朋友终于忍不住告诉他这条领带并不适合他时,他回答:"哎,其实我也觉得这条领带不是很适合我,可是没办法,花了500多块钱买的,总不能就扔在抽屉里睡大觉吧?那不是白白浪费了?"

这种情况十分普遍,人们在做决策的时候,往往不能割舍沉没成本,不少人还将整个人生陷入沉没成本的泥潭里无法自拔:毫无音乐细胞的人坚持把钢琴学下去,因为耗资不菲的钢琴,并且已经花不少钱报了钢琴班;两个性格不合的情侣早就没有了爱情和甜蜜,勉强在一起只因为已经在一起这么久了,为对方已经付出了那么多,怎么也耗到结婚吧……

其实,我们应该承认现实,把已经无法改变的"错误"视为昨天经营人生的坏账损失和沉没成本,以全新的面貌面对今天,这才是一种健康的、快乐的、向前看的人生态度,以这样的态度面对人生才能轻装上阵,才会有新的成功、新的人生和幸福。

忘记沉没成本,向前看

皮皮和爸爸最近住在一户人家的花园里。那家人很热情,9岁的儿子很喜欢狗,除了皮皮和爸爸,花园里还有一只可爱的小狼狗,主人常给小狼狗洗澡,带它晒太阳,皮皮看得出,这条小狼狗与这家人的感情很好。

但有一天,皮皮听到了一阵惨叫,它发现小狼狗被隔壁的大狗给咬死了。皮皮大叫,主人和他9岁的儿子赶紧出门,看到这幕惨剧,主人的儿子十分伤心,他拿着棍子就去打那条大狗。

主人却一把把他抱住:"既然我们的狼狗已经死了,就不要再伤害另外一条狗了。我相信，它也不是故意的。"

满脸泪痕的小孩被主人带进了屋，皮皮不满意了："这个男主人真是冷血，自己的宠物被咬死了，也不报仇，就这样算了，真没感情。"

皮皮爸爸说："反正都死了，就算把那条大狗杀死，这条小狼狗也是不可能复活的，这样的沉没成本何必让它再增加呢？"

皮皮摇头表示不明白。

皮皮爸爸接着启发他："好比一盆水被泼在地上，你再努力也不可能把它收回来，所以不如放弃，这就是已经成为定局的沉没成本。"

皮皮似懂非懂。

覆水难收比喻一切都已成为定局，不能更改。在经济学中，我们引入"沉没成本"的概念，代指已经付出且不可收回的成本。就好比小狼狗被大狗咬死已经成为定局，如果再打死大狗，也无法挽回，却还要支付那家主人的赔偿，所以，此刻就不能冲动。

当然，除了"冤枉钱"以外，沉没成本有时候只是商品价格的一部分。

这天，主人推着刚买不久的自行车去卖，下午他回来的时候，一脸不高兴。儿子上前问道："爸爸，你怎么了？"

"我才买的车，还是新的呢，结果到了市场上，他们每个人的开价都是那么低，我真是亏死了。"主人一肚子怨气。

"不要生气了，如果你不卖，过几天价格会更低的。"儿子安慰他。

爸爸对皮皮说："其实这也是一种沉没成本的表现。"

故事中，主人买了一辆自行车，骑了几天后低价在二手市场卖出，此时原价和他的卖出价间的差价就是沉没成本。在这种情况下，沉没成本随时间而改变，那辆自行车骑的时间越长，一般来说卖出的价会越低，这是不可避免的，当一项已经发生的投入无论如何也无法收回时，这种投入就变成了沉没成本。

每一次选择我们都要付出行动，每一次行动我们都要投入。不管我们前期所做的投入能不能收回，是否有价值，在做出下一个选择时，我们不可避免地会考虑到这些。最终，前期的投入就像坚固的铁链一样，把我们牢牢锁在原来的道路上，无法做出新的选择，而且投入越大，我们便被锁得越结实。可以说，沉没成本是路径依赖现象产生的一个主要原因。

总之，对于沉没成本不需要计较太多，就好像覆水难收，过去的就让他过去吧。这其实也是一种乐观主义精神，只要坚持下去，任何事情都会有回报的。朝前看，不回头，这样才正确。

【定律链接】换个角度想一想，"失去"也是好事情

既然沉没成本被视为"成本"的一种，那都是可能带来收益的，或许它的收益不是"种瓜得瓜种豆得豆"这样显而易见的，但绕个弯想想，当你遭遇某一种不幸的时候，或许恰恰避免了更大的不幸。

一次，印度的"圣雄"甘地乘坐火车出行，当他刚刚踏上车门时，火车正好启动，他的一只鞋子不慎掉到了车门外。就在这时，甘地麻利地脱下了另一只鞋子，朝第一只鞋子的方向扔去。有人奇怪地问他为什么？甘地道："如果一个穷人正好从铁路旁经过，他就可以拾到一双鞋，这或许对他是个收获。"

无论是甘地的鞋子还是前面温森的支票，对于他们而言都如同泼出去的水，但他们都以豁达的胸襟坦然面对自己的"失"，不仅丝毫不计较沉没成本给自己带来的损失，甚至看到了其背后的收益——给穷人留下了一双鞋。

任何事情的出现都只可能有两种结果，一种是好的，一种是坏的，各占50%的几率，万事万物都是如此。我们不妨也以这样的角度来看待沉没成本。

有一个故事说，两个旅行中的天使到一个非常贫穷的农家借宿。夫妇俩对他们非常热情，把仅有的一点食物拿出来款待客人，并且让出自己的床铺给天使睡。第二天一早，天使醒后发现农夫和他的妻子在哭泣，他们唯一的生活来源——一头奶牛死了。

这时，年轻一些的天使非常愤怒，质问老天使为什么对如此善良的家庭，却没有动用一点法力来阻止奶牛的死亡。

老天使说，不发生不幸的另一种可能为什么就一定就是幸运呢？为什么不可能是更大的不幸呢？——昨天晚上，死神来招唤农夫的妻子，我让奶牛代替了她。

"塞翁失马焉知非福"的典故众人皆知，骑马摔断了腿本是件坏事，却因此免于征战保全了性命，这就是沉没成本显而易见的收益。可见，所有的事情都不能片面地单看事情本身，"祸兮福之所倚，福兮祸之所伏"，不仅是耳熟能详的古训，更是很多人生活经历的真实感受。因此，当生活中发生不幸的沉没成本时，我们不妨将它也看作是一种特殊的投资，或许我们会从另一个方面有所收获。

最大笨蛋理论：你会成为那个最大的傻瓜吗

没有最笨，只有更笨

1908～1914 年间，经济学家凯恩斯拼命赚钱，他什么课都讲，经济学原理、货币理论、证券投资等。凯恩斯获得的评价是："一架按小时出售经济学的机器。"

凯恩斯之所以如此玩命，是为了日后能自由并专心地从事学术研究以免受金钱的困扰。然而，仅靠讲课又能积攒几个钱呢？

终于，凯恩斯开始醒悟了。1919 年 8 月，凯恩斯借了几千英镑进行远期外汇投机。4 个月后，净赚 1 万多英镑，这相当于他讲 10 年课的收入。

投机生意赚钱容易，赔钱也容易。投机者往往有这样的经历：开始那一跳往往有惊无险，钱就这样莫名其妙进了自己的腰包，飘飘然之际又倏忽掉进了万丈深渊。又过了 3 个月，凯恩斯把赚到的钱和借来的本金亏了个精光。投机与赌博一样，人们往往有这样的心理：一定要把输掉的再赢回来。半年之后，凯恩斯又涉足棉花期货交易，狂赌一通大获成功，从此一发不可收拾，几乎把期货品种做了个遍。他还嫌不够刺激，又去炒股票。到 1937 年凯恩斯因病金盆洗手之际，他已经积攒了一生享用不完的巨额财富。与一般赌徒不同，他给后人留下了极富解释力的"赔经"——最大笨蛋理论。

什么是"最大笨蛋理论"呢？凯恩斯曾举例说：从 100 张照片中选择你认为最漂亮的脸蛋，选中有奖，当然最终是由最高票数来决定哪张脸蛋最漂亮。你应该怎样投票呢？正确的做法不是选自己真的认为最漂亮的那张脸蛋，而是猜多数人会选谁就投她一票，哪怕她丑得不堪入目。

凯恩斯的最大笨蛋理论，又叫博傻理论。你之所以完全不管某个东西的真实价值，即使它一文不值，你也愿意花高价买下，是因为你预期有一个更大的笨蛋，会花更高的价格，从你那儿把它买走。投机行为关键是判断有无比自己更大的笨蛋，只要自己不是最大的笨蛋，结果就是赢多赢少的问题。如果再也找不到愿出更高价格的更大笨蛋把它从你那儿买走，那你就是最大的笨蛋。

对中外历史上不断上演的投机狂潮，最有解释力的就是最大笨蛋理论。

1720 年的英国股票投机狂潮有这样一个插曲：一个无名氏创建了一家莫须有的公司，自始至终无人知道这是什么公司，但认购时近千名投资者争先恐后，结果把大门都挤倒了。没有多少人相信它真正获利丰厚，而是预期更大的笨蛋会出现，价格会上涨，自己会赚钱。颇有讽刺意味的是，牛顿也参与了这场投机，结果成了"最大的笨蛋"，他因此感叹："我能计算出天体运行，但人们的疯狂实在难以估计。"

投资者的目的不是犯错，而是期待一个更大的笨蛋来替代自己，并且从中得到好处。没有人想当最大笨蛋，但是不懂如何投机的投资者，往往就成为了最大笨蛋。那么，如何才能避免做最大的笨蛋呢？其实，只要具备对别人心理的准确猜测和判断能力，在别人"看涨"之前投资，在别人"看跌"之前撒手，自己注定永远也不会成为那个最大的笨蛋。

别做最后一个笨蛋

最大笨蛋理论认为，股票市场上的一些投资者根本就不在乎股票的理论价格和内在价值，他们购入股票，只是因为他们相信将来会有更傻的人以更高的价格从他们手中接过"烫山芋"。支持博傻理论的基础是投资大众对未来判定的不一致和判定的不同步。对于任何部分或总体消息，总有人过于乐观估计，也总有人趋向悲观；有人过早采取行动，也有人行动迟缓，这些判定的差异导致整体行为出现差异，并激发市场自身的激励系统，导致博傻现象的出现。

最漂亮"博傻理论"所要揭示的就是投机行为背后的动机，投机行为的关键是判断"有没有比自己更大的笨蛋"。只要自己不是最大的笨蛋，那么自己就一定是赢家，只是赢多赢少的问题；如果没有一个愿意出更高价格的更大笨蛋来做你的"下家"，那么你就成了最大的笨蛋。可以这样说，任何一个投机者信奉的无非是"最大的笨蛋"理论。

其实，在期货与股票市场上，人们所遵循的也是这个策略。许多人在高价位买进股票，等行情上涨到有利可图时迅速卖出，这种操作策略通常被市场称之为傻瓜赢傻瓜，所以只在股市处于上升行情中适用。从理论上讲，博傻也有其合理的一面，即高价之上还有高价，低价之下还有低价，其游戏规则就像接力棒，只要不是接最后一棒都有利可图，做多者有利润可赚，做空者减少损失，只有接到最后一棒者倒霉。

再如，传销在中国曾经越炒越热，受到政府屡次打击依然不断地死灰复燃，参与传销的不仅仅是些毫无经济知识的普通人，还有许多知识分子，他们的唯一目的就是获利，再获利。一瓶兰花油成本不外乎 10 元，可以传成 1000 元甚至 10000 元，兰花油其实可以忽略不计，毫不犹豫买下它入会就是期待自己后面还有更大的笨蛋，这样一个笨蛋接一个笨蛋，到最后最大的一批笨蛋出现了，赢利的是早期的笨蛋们。

20 世纪 80 年代后期，日本房地产价格暴涨，1986～1989 年，日本的房价整整涨了 2 倍。这让日本人发现炒股票和炒房地产来钱更快，于是纷纷拿出积蓄进行投机。他们知道房子虽然不值那么多钱，但他们期待有更大的笨蛋出现，到了 1993 年，最大的笨蛋出现了，国土面积相当于美国加利福尼亚州的日本，其地价市值总额竟相当于整个美国地价总额的 4 倍。这些最大笨蛋只能跳楼来解脱了。

比如说，你不知道某个股票的真实价值，但为什么你会花高价去买一股呢，因为你预期当你抛出时会有人花更高的价钱来买它。

再如今天的房市和股市，如果做头傻那是成功的，做二傻也行，别成为最后的那个大傻子就行。博傻理论告诉人们最重要的一个道理是：在这个世界上，傻不可怕，可怕的是做最后一个傻子。

【定律链接】成功就是成为最小笨蛋

一位推销员从总公司被派到欧洲分公司，他到任的时候，带来了公司写给分公司总经理的一张字条："此人才华出众，但是嗜赌如命，如你能令他戒赌，他会成为一名百里挑一的出色推销员。"

总经理看完字条，马上把这位推销员叫到自己的办公室："听说你很喜欢赌，这次你想赌什么？"

推销员回答："什么都赌，比如，我敢说你左边的屁股上有一颗胎痣。假如没有，我输你 500 美元。"

这位总经理一听叫道："好。你把钱拿出来！"接着，他十分利索地脱掉裤子，让那位推销员仔细检查了一遍，证明并无胎痣，然后推销员把钱给了经理。

事后，他拨了通电话，洋洋得意地告诉 CEO 说："你知道吗？那位推销员被我整治了一下。""怎么回事？"于是总经理把事情的经过讲了一遍。

CEO 叹了口气回答说："他出发到你那里之前，同我赌 1000 美金，说在见到你的 5 分钟之内，一定能让你把屁股给他看。"停了一会儿，又说："不过，我和董事长打赌 5000 美元，说你会让这个推销员参观你的屁股。"

在这场环环相扣的博弈中，每个人都很聪明，但每个人又都是笨蛋，因为他们在把别人当做筹码的同时，又成为别人赌局中的一个筹码。

消费者剩余效应：在花钱中学会省钱

愿意支付 VS 实际支付

在南北朝时，有个叫吕僧珍的人，世代居住在广陵地区。他为人正直，很有智谋和胆略，受到人们的尊敬和爱戴。有一个名叫宋季雅的官员，被罢官后，由于仰慕吕僧珍的人品，特地买下吕僧珍宅子旁的一幢普通房子，与吕为邻。一天吕僧珍问宋季雅："你花多少钱买这幢房子？"宋季雅回答："1100 金。"吕僧珍听了大吃一惊："怎么这么贵？"宋季雅笑着回答："我用 100 金买房屋，用 1000 金买个好邻居。"

这就是后来人们常说的"千金买邻"的典故。"1100 金"的价钱买一幢普通的房子，一般人不会做出如此选择，但是宋季雅认为很值得，因为其中的"1000 金"是专门用来"买邻"的。

消费者在买东西时对所购买的物品有一种主观评价，这种主观评价表现为他愿意为这种物品所支付的最高价格，即需求价格。这种需求价格主要有两个决定因素：一是消费者满足程度的高低，即效用的大小；二是与其他同类物品所带来的效用和价格的比较。

在一场纪念猫王的小型拍卖会上，有一张绝版的猫王专辑在拍卖，小秦、小文、老李、阿俊 4 个猫王迷同时出现。他们每个人都想拥有这张专辑，但每个人愿意为此付出的价格都有限。小秦的支付意愿为 100 元，小文为 80 元，老李愿意出 70 元，阿俊只想出 50 元。

拍卖会开始了，拍卖者首先将最低价格定为 20 元，开始叫价。由于每个人都非常想要这张专辑，并且每个人愿意出的价格远远高于 20 元，于是价格很快上升。当价格达到 50 元时，阿俊不再参与竞拍。当专辑价格再次提升为 70 元时，老李退出了竞拍。最后，当小秦愿意出 81 元时，竞拍结束了，因为小文也不愿意出高于 80 元的价格购买这张专辑。

那么，小秦究竟从这张专辑中得到什么利益呢？实际上，小秦愿意为这张专辑支付 100 元，但他最终只为此支付了 81 元，比预期节省了 19 元。这 19 元就是小秦的消费者剩余。

消费者剩余是指消费者购买某种商品时，所愿支付的价格与实际支付的价格之间的差额。例如，对于一个正处于饥饿状态的人来说，他愿意花 8 元买一个馒头，而馒头的实际价格是 1 元，则他愿意支付一个馒头的最高价格和馒头的实际市场价格之间的差额是 7 元，这 7 元就是他获得的消费者剩余的量。

在西方经济学中，这一概念是马歇尔提出来的，他在《经济学原理》中为消费者剩余下了这样的定义："一个人对一物所付的价格，绝不会超过而且也很少达到他宁愿支付而不愿得不到此物的价格。因此，他从购买此物中所得到的满足，通常超过他因付出此物的代价而放弃的满足，这样，他就从这种购买中得到一种满足的剩余。他宁愿付出而不愿得到的此物的价格，超过他实际付出的价格的部分，就是这种剩余满足的经济衡量。这个部分可以称为消费者剩余。"

消费者剩余的真正根源其实就是成本。众所周知，人们想要获得任何东西都必须支付一定的成本，消费者剩余也不例外。消费者剩余的提供是需要成本的，想要获得消费者剩余，就必须支付这一成本。消费者在消费中作为剩余获得的免费收益并不是由消费者自己承担的，而是由消费者的前人和后人承担与提供的，消费者没有付出任何货币或者是努力而凭空得到了消费者剩余。前人为消费者承担的成本，主要体现在知识和科学技术上。在市场经济中，由知识和技术等要素所带来的以外部正效应形式存在的那一部分效用实际上并没有被价格机制衡量出来。也就是说，价格机制衡量出来的效用要低于它的实际效用，它们的差额就是由知识和技术等要素所带来的效用。人们花费货币买到的效用大于与他支付的货币所等价的效用，人们没有为此付费而得到了一部分效用，这部分效用就来源于知识和技术等，也意味着前人替我们承担了成本。

在市场经济中，很多商家为了让自己赚取更多的利润，会尽量让消费者剩余成为正数，于是采取薄利多销的销售策略，以此吸引更多的消费者前来购买商品。但是，我们会发现一种非常奇怪的现象，你在高档的精品屋里打折买来的东西，却与普通商场中不打折时的价格差不多，因为你被商家打折的手法诱惑了，你只获得的过多的消费者剩余是心理的满足，而付出的是自己的真金白银。

不上"一口价"的当，省不省先"砍"一下再说

很多商家为了降低成本使其利润最大化，常常会采取一些忽悠的手段来诱骗消费者购买自己的产品。

消费者想买实惠，销售者想赚实利；消费者想尽量砍低价钱，销售者则想方设法抬高价格且不让消费者看出来。于是，有些商家为了使消费者不好砍价，就与厂家联合起来在商品标签上大做文章，故意标上诸如"全国统一零售价"、"销售指导价"等字样，或者自行张贴"一口价"、"不还价"等店堂声明、告示，以此忽悠消费者。很多消费者信以为真，以为其所售的商品真就不能砍价，结果"一口价"买的却是"忽悠价"。

尤其在网上购物时，我们经常会遇到一口价商品，但不要认为标明一口价就不能议价了，这只是障眼法。一些不够精明的人往往被卖方的一口价忽悠住，以真正物品价值的几倍价钱买下商品，而自己还被蒙在鼓里。

不要上"一口价"的当，看商品谈价钱，能砍则砍，不能砍，可以尝试着要求卖家通过其他方式降低一些价格，例如免邮费、化零为整等。

一口价的陷阱不仅体现在虚假的报价上，一口价还经常打着特价商品的旗号来迷惑消费者，使之跌入陷阱。

年关将至，某品牌皮鞋店打出"店庆十周年，特价大酬宾"的宣传条幅，活动期间所有商品"一口价"甩卖，数量有限，先到先得。冲着该品牌及价位，许先生花了130元购买了一双男式休闲皮鞋，可穿了还不到一个礼拜，鞋底两边就裂开了嘴。于是，许先生带着这双皮鞋和购物发票到商家要求退货或更换。没想到，商家当场予以拒绝：特价商品无三包，既然是特价就说明商品本身质量有问题，要不也不会这么便宜就卖了。面对商家冠冕堂皇的解释，许先生想不出任何反驳的理由，因为他当时确实是冲着鞋的价位去的，看来如今只能自认倒霉了，他只好把鞋带回了家。

商家打着"一口价"的幌子，以所谓低价销售的手段，蒙骗消费者，逃避自己本来应当承担的退换和售后服务的责任，显然消费者又当了一次"冤大头"。或许有的时候一口价真的很低，但是当你以为自己真的捡了个便宜的时候，你可能完全忽略了商品的质量和售后服务问题。

"一口价"、"全市最低价"，在这些诱人的广告宣传语下，消费者不要在无知中自认为占了大便宜，很有可能你已经跌进商家设下的陷阱了。所以，面对一口价，要么将"砍"进行到底，要么横眉冷对之。

【定律链接】"支付意愿" 与 "生产者剩余"

支付意愿是指消费者为购买某件物品而愿意支付的最高价格，它用来衡量买者对物品的评价是多少。一般来说，在购买商品时，每个买者都希望以低于自己支付意愿的价格买到商品，而拒绝以高于他支付意愿的价格购买该商品。

比如无论是买票乘飞机、火车还是轮船，不同的人所愿意支付的价格实际上是不一样的。有的人收入高一些，或对花钱看得比较松，就可以支付较高的价格。相反，收入低或对花钱看得比较紧的人，就只愿支付较低的价格。但是，如果你问他们愿意支付什么样的价格时，他们都必定说愿支付较低的价格，因为即使有钱人也会觉得在同样服务下以低价购买划算一些。所以飞机或轮船公司针对这些具有不同支付意愿的乘客出售不同价位的票。

生产者剩余是指卖者出售一种物品或服务所得到的价格减去卖者的成本。假如现在有 3 家电脑供应商，IBM 的成本是 7800 元，联想的成本是 7500 元，天想的成本是 7000 元，如果都按照 8000 元的价格出卖，那么他们出售 1 台电脑将分别获得 200 元、500 元和 1000 元的生产者剩余。同时，如果这些企业采取新的技术和管理措施，使成本进一步下降，那他们可以获得更多的生产者剩余。

前景理论："患得患失"是一种纠结

面对获得与失去时的心理纠结

有个著名的心理学实验："假设你得了一种病，有十万分之一的可能性会突然死亡。现在有一种吃了以后可以把死亡的可能性降到 0 的药，你愿意花多少钱来买它呢？或者假定你身体很健康，医药公司想找一些人来测试新研制的一种药品，这种药用后会使你有十万分之一的几率突然死亡，那么医药公司起码要付多少钱你才愿意试用这种药呢？"

实验中，人们在第二种情况下索取的金额要远远高于第一种情况下愿意支付的金额。我们觉得这并不矛盾，因为正常人都会做出这样的选择，但是仔细想想，人们的这种决策实际上是相互矛盾的。第一种情况下是你在考虑花多少钱消除十万分之一的死亡率，买回自己的健康；第二种情况是你要求得到多少补偿才肯出卖自己的健康，换来十万分之一的死亡率。两者都是十万分之一的死亡率和金钱的权衡，是等价的，客观上讲，人们的回答也应该是没有区别的。

为什么两种情况会给人带来不同的感觉，做出不同的回答呢？对于绝大多数人来说，失去一件东西时的痛苦程度比得到同样一件东西所经历的高兴程度要大。对于一个理性人来说，对"得失"的态度反映了一种理性的悖论。由于人们倾向于对"失"表现出更大的敏感性，往往在做决定时会因为不能及时换位思考而做出错误的选择。

一家商店正在清仓大甩卖，其中一套餐具有 8 个菜碟、8 个汤碗和 8 个点心碗，共 24 件，每件都完好无损。同时有一套餐具，共 40 件，其中有24件和前面那套的种类大小完全相同，也完好无损，除此之外，还有8个杯子和8个茶托，不过两个杯子和7个茶托已经破损了。第二套餐具比第一套多出了6个好的杯子和1个好的茶托，但人们愿意支付的钱反而少了。

一套餐具的件数再多，即使只有一件破损，人们就会认为整套餐具都是次品，理应价廉；件数少，但全部完好，就成为合格品，当然应当高价。

在生活中，人们由于有限理性而对"得失"的判断屡屡失误，成了"理性的傻瓜"。

工人体育场将上演一场由众多明星参加的演唱会，票价很高，需要800元，这是你梦寐以求的演唱会，机会不容错过，因此很早就买到了演唱会的门票。演唱会的晚上，你正兴冲冲地准备出门，却发现门票没了。要想参加这场音乐会，必须重新掏一次腰包，那么你会再买一次门票吗？假设另一种情况：同样是这场演唱会，票价也是800元。但是这次你没有提前买票，你打算到了工人体育场后再买。刚要从家里出发的时候，你发现买票的800元弄丢了。这个时候，你还会再花800元去买这场演唱会的门票吗？

与在第一种情况下选择再买演唱会门票的人相比，在第二种情况下选择仍旧购买演唱会门票的人绝对不会少。同样是损失了800元，为什么两种情况下会有截然不同的选择呢？其实对于一个理性人来说，他们的理性是有限的，在他们心里，对每一枚硬币并不是一视同仁的，而是视它们来自何方、去往何处而采取不同的态度。这其实是一种非理性的思考。

前景理论告诉我们，在面临获得与失去时，一定要以理性的视角去认识和分析风险，从而作出正确的选择。

把握好风险尺度，别错失良机

有一年，但维尔地区经济萧条，不少工厂和商店纷纷倒闭，被迫贱价抛售自己堆积如山的存货，价钱低到 1 美元可以买到 100 双袜子。

那时，约翰·甘布士还是一家纺织厂的小技师。他马上把自己积蓄的钱用于收购低价货物，人们见到他这股傻劲，都公然嘲笑他是个蠢材。

约翰·甘布士对别人的嘲笑漠然置之，依旧收购各工厂和商店抛售的货物，并租了很大的货仓来存货。

他妻子劝他说，不要买这些别人廉价抛售的东西，因为他们历年积蓄下来的钱数量有限，而且是准备用做子女学费的，如果此举血本无归，那么后果不堪设想。

对于妻子忧心忡忡的劝告，甘布士安慰她道："3 个月以后，我们就可以靠这些廉价货物发大财了。"

过了 10 多天，那些工厂即使贱价抛售也找不到买主了，便把所有存货用车运走烧掉，以此稳定市场上的物价。

他妻子看到别人已经在焚烧货物，不由得焦急万分，抱怨起甘布士。对于妻子的抱怨，甘布士一言不发。

终于，美国政府采取了紧急行动，稳定了但维尔地区的物价，并且大力支持那里的厂商复业。

这时，但维尔地区因焚烧的货物过多，存货欠缺，物价一天天飞涨。约翰·甘布士马上把自己库存的大量货物抛售出去，一来赚了一大笔钱；二来使市场物价得以稳定，不致暴涨不断。

在他决定抛售货物时，他妻子又劝告他暂时不要把货物出售，因为物价还在一天一天飞涨。

他平静地说："是抛售的时候了，再拖延一段时间，就会追悔莫及。"

果然，甘布士的存货刚刚售完，物价便跌了下来。他的妻子对他的远见钦佩不已。

后来，甘布士用这笔赚来的钱开设了 5 家百货商店，成为全美举足轻重的商业巨子。

事实上，冒险具有一定的危险性，抓住机遇也是件很不容易的事情，并不是每个人想做就能做到的事情。正因为如此，冒险才显得那么重要，冒险也才有冒险的价值。但冒险的目的并不是为了找刺激，当你的机会来临，要及时脱身这种"危险游戏"。我们应有冒险精神，但是不要盲目冒险，才能真正抓住风险中的商机，圆自己的财富之梦。

【定律链接】把钱存入银行也有风险

10多年前，一对老夫妇退休，当时他们有近5万元的储蓄，心里觉得很踏实，可以养老了。10多年后的今天，他们在银行的5万元虽然有一定的利息收入，退休工资调整了几次，可现在他们很不踏实：以现在的物价水平来看，几万块钱还能提供什么样的保证呢？

如果他们不是把这笔钱存在银行，而是进行投资，比如在10多年前投资房地产，那么现在他们拥有的资产就非常可观了。

当然，每个人的具体情况都不相同，但我们应该有这样一个意识：把钱存入银行也是有风险的；有可能的话，可以多些考虑和选择。

如果你是工薪阶层，存入银行的钱多半是从工资里省下来的。简单和节省的生活自然是正确的，然而你还应该认识到，要达到经济自由的状态，我们就不能挣固定数字的钱，就必须不仅仅是从老板手中接过自己创造的"剩余价值"的一小部分，而是要赚取别人创造的"剩余价值"。

要想富，唯一的道路就是自己当老板！别误会，我们说的是把钱拿去投资，自己为自己干，不受别人的"剥削"，甚至还可以"剥削"别人，承担风险，也享受利润——所有投资者都可视为"老板"。

在你的投资组合中，你可以把资金分成两部分，一部分仍放在定存、活存以及国债中，这部分每年会有固定的利息收入，除了国债之外，本金并无亏损的风险，且兑现的速度快，可供不时之需。第二部分，如果你还有余钱，你不妨把它放在股票、黄金、共同基金，甚至高风险、高报酬的外币及期货投资上。

但不管做什么投资，你都必须有血本无归的心理准备，而且就算血本无归，也必须保证不会影响你的基本日常生活开支，否则就犯了投资过度、风险过高的兵家大忌。

如果你有房子、车子，也结了婚，有了孩子，那么，保险是你理财规划中不可或缺的一环。正所谓"不怕一万，只怕万一"，一旦你半生辛苦所买下的房子在一场大火中付之一炬，一切从头来的打击会令人难以招架。因此，火险、车险、寿险等保险规划，都是这一阶段必修的课程。

把钱存入银行是一种因循守旧的做法，除了让银行有本钱赚取利润外没有更多的好处，而且，需要记住的是，它并没有想象中那么安全。

棘轮效应：由俭入奢易，由奢入俭难

由俭入奢易，由奢入俭难

商朝时，纣王登位之初，天下人都认为在这位英明的国君治理下，商朝的江山坚如磐石。有一天，纣王命人用象牙做了一双筷子，十分高兴地使用这双象牙筷子就餐。他的叔叔箕子见了，劝他收藏起来，而纣王却满不在乎，满朝文武大臣也不以为意，认为这本来是一件很平常的小事。箕子为此忧心忡忡，有的大臣问他原因，箕子回答："纣王用象牙做筷子，就不会用土制的瓦罐盛汤装饭，肯定要改用犀牛角做成的杯子和美玉制成的饭碗，有了象牙筷、犀牛杯和美玉碗，难道还会用它来吃粗茶淡饭和豆子煮的汤吗？大王的餐桌从此顿顿都要摆上美酒佳肴了。吃的是美酒佳肴，穿的自然要绫罗绸缎，住的就要求富丽堂皇，还要大兴土木筑起楼台亭阁以便取乐了。对于这样的后果我觉得不寒而栗。"仅仅 5 年时间，箕子的预言果然应验了，商纣王恣意骄奢，商朝灭亡了。

在这则故事中，箕子对纣王使用象牙筷子的评价，就反映了现代经济学消费效应——棘轮效应。

棘轮效应，又称制轮作用，是指人的消费习惯形成之后具有不可逆性，即易于向上调整，而难于向下调整，尤其是在短期内消费是不可逆的，其习惯效应较大。这种习惯效应使消费取决于相对收入，即相对于自己过去的高峰收入。实际上棘轮效应可以用宋代政治家和文学家司马光的一句名言概括："由俭入奢易，由奢入俭难。"

在子女教育方面，因为深知消费的不可逆性，所以明智的家长注重防止棘轮效应。如今，一些成功的企业家虽然十分富有，仍对自己的子女要求严格，从来不给孩子过多的零用钱，甚至在寒暑假期间要求孩子外出打工。他们这么做的目的并非是为了让孩子多赚钱，而是为了教育他们要懂得每分钱都来之不易，懂得俭朴与自立。这一点在比尔·盖茨身上体现得十分明显。

微软公司的创始人比尔·盖茨是世界上赫赫有名的富豪，个人资产总额达数百亿亿美元。但是他在媒体采访时却说，要把自己的巨额遗产返还给社会，用于慈善事业，只给 3 个女儿几百万美元。比尔·盖茨没有自己的私人司机，公务旅行不坐飞机头等舱而坐经济舱，衣着也不讲究什么名牌。更让人不可思议的是，他对打折商品感兴趣，不愿为泊车多花几美元。

有一次，比尔·盖茨和一位朋友同车前往希尔顿饭店开会，由于去晚了，以致找不到停车位。朋友建议把车停在饭店的贵客车位，盖茨不同意。他的朋友说"车费我来付"，盖茨还是不同意。原因很简单，贵客车位要多付 12 美元停车费，盖茨认为那是"超值收费"。

棘轮效应是出于人的一种本性，人生而有欲，"饥而欲食，寒而欲暖"，这是人与生俱来的欲望。人有了欲望就会千方百计地寻求满足。

但是，消费要结合自身情况，不要养成奢侈的消费习惯。哪怕只是几元钱甚至几分钱，也要让其发挥出最大的效益，养成良好的消费习惯。

聚沙成塔，滴水成河——存钱是一种习惯

梁家芝是一个电视台的普通文字记者，她每月的月薪是 35000 元台币，扣掉各种开销，她一点点地积攒，在不到 4 年的时间存了 70 万元台币，圆了自己出国读硕士的梦想。

刚刚参加工作的梁家芝，遇到了大多数新人都会遇到的工作瓶颈，总是觉得无力突破。为了自己的前途，她觉得需要进一步学习和进修，可是又不想向父母或银行借钱，因此，她就萌生出了要靠储蓄积攒出这笔费用的想法。

每天，她的食宿都非常节省，也从来不买光鲜亮丽的名牌服饰。她觉得与其把钱花掉，还不如握在手中。只要一有零钱，她就积攒起来。于是，她账户上的钱越来越多，她也离自己的梦想越来越近。

有一天，当她的朋友跟她开玩笑说："家芝，你存了多少钱了啊？是不是成了小富婆啦？"她才注意到，自己已经存够了出国留学的钱。

很多人都有留学的梦想，但是他们可能因为种种理由而凑不到钱，从而不得不放弃。看了梁家芝的故事，你还会觉得留学是件难事么？尽管是一点点地积累，一分分地节俭，可她还是存够了钱，圆了自己的梦想。

在开始存钱前，你也许会说："我知道我应该为将来存些钱。但每个月末，我都余不下多少工资。那么我该怎样开始呢？"这里给你的建议是，每月初在你试图花钱以前，存一些钱到储蓄账户里。

存钱纯粹是习惯的问题。人经由习惯的法则，塑造了自己的个性。任何行为在重复做过多次之后，就会变成一种习惯，人的意志也只不过是从我们的日常习惯中成长出来的一种推动力量。

一种习惯一旦在脑中形成之后，就会自动驱使一个人采取行动。在存钱方面，你不必一开始就存很多钱，即使一周存 100 元或 200 元也

比不存强，因为它是养成存钱习惯的方法之一。

其实要养成存钱的习惯，并不像想象中的那么难。每晚把所有你从饭店、超市和其他地方得来的零钱放入储蓄罐，几个星期后，你就会为你所有的可以存入储蓄账户的钱而感到惊讶。

养成储蓄的习惯，并不表示限制你的理财能力。正好相反，你在养成了这种习惯后，不仅把你所赚的钱有系统地保存下来，也增强了你的观察力、自信心、想象力、进取心及领导才能，真正增强你的理财能力。

【定律链接】新节俭主义

泼留希金是俄国文学家果戈理的名著《死魂灵》中的著名人物。他是个富有的地主，有上千个农奴，他的仓库里有堆积如山的麦子、麦粉，库房里也充斥着呢绒和麻布、羊皮、干鱼以及各种蔬菜、果子。

可是他生活极端吝啬，过着像叫花子一样的生活。他穿得很破旧，吃得也很坏。当他在路上走着的时候，看到一块旧鞋底、一片破布或一个铁钉都要拾回家。

他的住室，如果不是桌子上的一顶破旧睡帽作证，谁也不会相信这房子里住着活人。他的屋子里放着"一个装些红色液体，内浮三个苍蝇，上盖一张信纸的酒杯……一把发黄的牙刷，大约还在法国人攻入莫斯科之前，它的主人曾经刷过牙的"。

泼留希金对自己如此吝啬，对他人更是可想而知。女儿成婚，他只送一样礼物——诅咒；儿子从部队来信讨钱做衣服也碰了一鼻子灰，除了送他一些诅咒外，从此与儿子不再相见，而且连他的死活也毫不在意。

泼留希金已经不大明白自己有些什么了，然而他还不满足，每天仍在聚敛财富。他走过的路，就用不着打扫，甚至他还会去偷别人的东西……

泼留希金是俄国文学史上吝啬鬼的代表人物，在当今社会中，也出现了这样一群"吝啬鬼"：他们精打细算，本可以过更好的生活，却处处"斤斤计较"，绝不乱花一分钱。一些人不理解，将他们称为新时代的吝啬鬼或新时代的泼留希金。

不过，他们的"吝啬"不是泼留希金式的盲目守财，而是尽量减少不必要的开支。其实，他们秉承的是一种新的生活方式——新吝啬主义。

新吝啬主义又称为新节俭主义，一切以需要为目的购买，绝不盲目追逐品牌和附庸风雅。作为一种成熟的消费观念，其诞生是人们的消费观发展的必然结果。

在商品匮乏的年代，人们总认为"贵的就是好的"，"钱是衡量一切的标准"。但随着商品经济的不断繁荣，一部分人开始觉醒并有意识地寻找自己真正需要的东西，在这个过程中，消费观念不断与现实生活进行碰撞磨合，最终真正走向了成熟。

越来越多的人加入了新版"泼留希金"的阵营，和"月光族"相比，他们是一群真正精明、智慧、对自己负责的消费者。他们拥有稳定持久的消费能力，收放自如地支配着自己的收入，让有限的金钱最大限度地满足自己的各种需要，他们的存在和不断增多，将颠覆传统的消费理念，使人们不再过分重视商品所体现的外在价值甚至是身份的象征意义，而更加珍视自身的感受和满意度。

在新的形势下，新节俭主义更应该成为一种时尚。我们应尽量减少和避免在喧哗和浮躁中浪费时间和金钱，紧随新版"泼留希金"们的步伐，过一种简单本真的有品质生活。

配套效应：有一种"和谐"叫"配套"

为什么商品总是配套组合

18世纪，欧洲掀起了一场轰轰烈烈的启蒙运动，法国人丹尼·狄德罗是这场运动的代表人物之一。他才华横溢，不但编撰了欧洲第一部《百科全书》，还在文学、艺术、哲学等诸多领域作出了卓越贡献，是当时赫赫有名的思想家。

有一天，一位朋友送给狄德罗一件质地精良、做工考究、图案高雅的酒红色长袍，狄德罗非常喜欢。于是，他马上将旧的长袍丢弃了，穿上了新长袍。可是不久之后，他就产生了烦恼。因为当他穿着华贵的长袍在书房里踱来踱去时，越发觉得那张自己用了好久的办公桌破旧不堪，而且风格也不对。于是，狄德罗叫来了仆人，让他去市场上买一张与新长袍相搭配的新办公桌。当办公桌买来之后，狄德罗又神气十足地在书房踱步了。可是他马上发现了新的问题：挂在书房墙上的花毯针脚粗得吓人，与新的办公桌不配套！

狄德罗马上打发仆人买来了新挂毯。可是，没过多久，他又发现椅子、雕像、书架、闹钟等摆设都显得与挂上新挂毯后的房间不协调，需要更换。慢慢的，旧物件都被换掉了，狄德罗得到了一个富丽堂皇的书房。

这时，这位哲人突然发现"自己居然被一件长袍胁迫了"，更换了那么多他原本无意更换的东西。于是，狄德罗十分后悔自己丢弃了旧长袍。他还把这种感觉写成了一篇文章，题目就叫《丢掉旧长袍之后的烦恼》。

200年之后，1988年，美国人格兰特·麦克莱肯读了这篇文章，感慨颇多。他认为这一个案具有典型意义，集中揭示了消费品之间的协调统一的文化现象，借用狄德罗的名义，将这一类现象概括为"狄德罗效应"，也称配套效应。

1998 年，美国哈佛大学的一位女经济学家朱丽叶·施罗尔出版了《过度消费的美国人》，在这本畅销书中对这种新睡袍导致新书房的攀升消费模式进行了详细分析。此后，配套效应引起了越来越多人的关注，而且被运用到了社会生活的各个方面。

在人们的观念里，高雅的长袍是富贵的象征，应该与高档的家具、华贵的地毯、豪华的住宅相配套，否则就会使主人感到"很不舒服"。

配套效应在生活中可谓屡见不鲜。在服饰消费中，人们会重视帽子、围巾、上衣、裤子、袜子、鞋子、首饰、手表等物品之间在色彩、款式上的相互搭配；在装修时，人们会注重家具、灯具、厨具、地板、电器、艺术品和整体风格之间的和谐统一。这些都是为了实现"配套"，达到一种和谐。

生产厂家和商场可谓最善于利用这种配套效应了。配套效应的核心并不在于那件新长袍的风格样式，而在于它所象征的一种生活方式，后面的一切都是为了这种生活方式的完整而设计的。所以，厂家和商家往往会想方设法，利用这一效应来推销自己的商品。他们会告诉你这些商品是如何与你的气质相配，如何符合你的档次等等。总之，它们都是你不能不拥有的"狄德罗商品"。比方说，劳力士手表和宝马汽车都宣称自己是成功和地位的标志，所以如果你拥有了一块劳力士手表，那么你就应该考虑以宝马代步，这样才不会失掉自己的"面子"。

很多人都有这样的经历：在外出购物时明明只想买一样东西，结果却买回了一大堆。出门时只想买一件衬衫，但买下衬衫之后，又觉得跟裤子不配套，于是又去买了一条新裤子。穿上裤子，又觉得皮鞋的式样不般配，又去买双皮鞋。回到家才发现，原本只想花几十块钱，最后却花了好几百。

又比方说，买了一套三室两厅的新住宅之后，自然要好好装修一番。首先是铺上大理石或木地板，再安装像样的吊灯；四壁豪华之后，自然还想配上一些高档家具。一旦住上了这样的高档住宅，出入时显然不能再穿旧衣烂衫，必定要穿"拿得出手"的衣服与鞋袜。如此这般下去，所有这一切，都是为了跟这套房子配套。

其实，我们应该警惕这种预料之外的开支。很多人还没有到月末，就发现这个月已经大大超支，原因是买了许多不在计划之中的"狄德罗商品"。

钱要花得是时候

配套效应给人们一种启示：对于那些非必需的东西尽量不要购买。因为如果你接受了一件，那么外界的和心理的压力会使你不断地接受更多非必需的东西。

当今市场经济社会里，金钱已成为最宝贵的资源之一，所以我们一定要在最需要的时候消费，一定要将金钱用在最该用的地方。

有一次，张娟和几个朋友到另一个朋友家去做客，那位朋友的母亲为她们做了许多美味菜肴，但是都没有给她们留下深刻的印象，只有最后一道汤菜给她们留下了非常美好的记忆，感觉味道异常鲜美。第二天张娟仍然想着那道汤的好味道，并且专门去请教。但是，她严格地按照朋友母亲传授的技艺和程序去操作，汤做好了之后，端上桌子品尝的时候，却感觉淡而无味。后来她不服输，又做了一次，这一次她吸取了前一次的经验，多放了一些盐，但是端上桌后，竟然没有一个人不说咸的。

她真是被搞得莫名其妙了，只好又去谦虚地请教，朋友母亲当时说的一席话令她茅塞顿开。

原来上汤的时间是非常有讲究的，如果汤是在最开始上来的，由于人们体内盐的浓度不高，这时候的汤就要适当咸一点，这样舌头的味蕾才能够充分地感觉到盐的味道；如果汤是在最后上来的，人们已经吃了很多菜，体内盐的浓度已经比较高，这时候即使汤中一点盐不放，人们仍然能感觉到盐的存在，感觉汤的味道很鲜美。

张娟呢？正好相反，第一次上汤的时候就记得要少放盐，但是却忽略了上汤的时间；第二次只想着要最后上汤，但是又将盐放得多了。

我们花钱最忌讳的就是掌握不好时机和数量。什么时候必须花钱，什么时候不该花钱；什么时候多花一点，什么时候少花一点。这就如我们喝汤的时候放盐一样，什么时候应该放盐，什么时候不能放盐，什么时候要多放盐，什么时候要少放盐都得讲究一番，因为这是非常关键的，搞不好一顿饭就毁在了这点"盐"上。

我们日常生活中，金钱的消费就像掌握好盐的多少一样，该花的时候一定要花，不该花的钱一分钱也不能花。钱花的如果是时候，往往会起到事半功倍的效果；钱花的如果不是时候，可能就是事倍功半的效果。

生活中花钱的地方实在是太多了，所以我们就要对日常的花销进行排队，分出轻重缓急，然后根据自己的财力进行合理安排，把好钢都用在刀刃上。这样我们的生活就会像一道异常味美的佳肴，让我们的金钱就像汤中的盐一样，适时地、适量地分散在生活这道美味中。

【定律链接】苏格拉底与配套效应

我们如何才能摆脱"配套效应"对我们的暗示性作用呢？让我们来看看大哲学家苏格拉底如何运用自己的智慧处理配套效应的吧。

某一天，苏格拉底的几位学生怂恿他去逛一逛当地热闹的市集。学生们七嘴八舌地劝说自己的老师："那个集市里的东西真多，衣、食、住、行各方面的东西应有尽有，有很多好听的、好看的、好玩的和好吃的，有数不清的新鲜玩意儿。您如果去了，一定会满载而归。"他想了想，同意了学生的建议，决定去看一看。

第二天，苏格拉底一进课堂，学生们立刻围了上来，热情地请他讲一讲集市之行的收获。他看着大家，停顿了一下说："逛了这个集市之后，我的确有一个很大的收获，就是发现，原来这个世界上有那么多我并不需要的东西。"

接着，苏格拉底语重心长地给自己的学生上了一课。他说了这样的话："当我们为奢侈的生活而疲于奔波的时候，幸福的生活已经离我们越来越远了。幸福的生活往往很简单，比如最好的房间，就是必需的物品一个也不少，没用的物品一个也不多。做人要知足，做事要知不足，做学问要不知足。"

是啊，苏格拉底的那句话说得太对了——"必需的物品一个也不少，没用的物品一个也不多"。我们之所以经常陷入配套效应的漩涡，往往就是因为我们不仅将精力集中到那些我们必需的物品上，而且也将精力集中到了那些与之配套的没有用的物品上。

长尾理论：今天的"冷门"将是明天的"热门"

今日小需求，成就明日大产业

Rhapsody 是一个记录音乐商，他将每个月的统计数据记录下来，并绘成图，结果发现该公司和其他任何唱片店一样，都有相同的符合"幂指数"形式的需求曲线——一条由左上陡降至右下的倾斜曲线。左边的短头部分，表示人们对排行榜前列的曲目有巨大的需求；右边的长尾部分，表示的是不太流行的曲目；短头代表传统的大规模生产，长尾代表新兴的小批量定制。最有趣的事情是深入挖掘排名在 4 万名以后的歌曲，而这个数字正是普通唱片店的流动库存量（最终会被销售出去的唱片的数量）。

Rhapsody 同时发现，尽管沃尔玛的那些排名 4 万名以后的唱片的销量几乎为 0，但在网上，这部分需求源源不断。不仅位于排行榜前 10

万的每个曲目每个月都至少会被点播一次，而且前 20 万、30 万、40 万的曲子也是这样。只要 Rhapsody 在它的歌曲库中增加曲子，就会有听众点播这些新歌曲。尽管每个月只有少数几个人点播它们，而且还分布在世界上不同的国家，但因为在网络世界经营 40 万首曲子的成本，与经营 4 万首曲子的成本相差无几，所以把得自 4 万首曲子以外的利润加总起来，就会赢得一个世界。

这就是当前风靡全球的长尾理论。

长尾理论是由美国人克里斯·安德森提出的，他认为，由于成本和效率的因素，过去人们只能关注重要的人或重要的事，如果用正态分布曲线来描绘这些人或事，人们只能关注曲线的"头部"，而将处于曲线"尾部"、需要更多的精力和成本才能关注到的大多数人或事忽略。

简单地说，所谓长尾理论是指，当商品存储流通展示的场地、渠道足够宽广，商品生产成本急剧下降以至于数人就可以进行生产，并且商品的销售成本急剧降低时，几乎以前类似需求极低的产品，只要有人卖，就会有人买，我们只要抓住了这个长尾，便可以将自己的成功最大化。例如，某著名网站是世界上最大的网络广告商，它没有一个大客户，收入完全来自被其他广告商忽略的中小企业。

发挥"长尾"效益，站在少数人群里

如果你留意，便会发现：在销售产品时，厂商关注的是"VIP"客户，无暇顾及在人数上居于大多数的普通消费者。在网络时代，由于关注的成本大大降低，人们有可能以很低的成本关注正态分布曲线的"尾部"，关注"尾部"产生的总体效益甚至会超过"头部"。

安德森指出，网络时代是关注"长尾"、发挥"长尾"效益的时代。长尾理论描述了这样一个新的时代：一个小数乘以一个非常大的数字等于一个大数，许许多多小市场聚合在一起就成了一个大市场。

要使长尾理论更有效，应该尽量增大尾巴，也就是降低门槛，制

造更多的小额消费者。不同于传统商业的拿大单、传统互联网企业的会员费，互联网营销应该把注意力放在把蛋糕做大上，通过鼓励用户尝试，将众多可以忽略不计的零散流量，汇集成巨大的商业价值。

在对目标客户的选择上，阿里巴巴总裁马云独辟蹊径，事实证明，马云发现了真正的"宝藏"。

马云与中小网站有不解之缘，据说这与他自己的亲身经历有关。当年，竞争对手想要把淘宝网扼杀在"摇篮"中，于是同各大门户网站都签了排他性协议，导致几乎没有一个稍具规模的网站愿意展示有关淘宝网的广告。无奈之下，马云团队找到了中小网站，最终让多数的中小网站都挂上了淘宝网的广告。此后，淘宝网红了，成为中国首屈一指的 C2C 商业网站。马云因此对中小网站充满感激，试图挖掘更多与之合作的机会，结果让他找到了重要的商机。

在中国所有的网站中，中小网站在数量上所占比重远远超过大型门户网站，尽管前者单个的流量不如后者，但它的总体流量却相当庞大。而且，中小网站由于过去一直缺乏把自己的流量变现的能力，因此，其广告位的收费比较低，这恰好符合中小企业广告主的需求。过去，一个网络广告如果想要制造声势，只能投放在门户网站上，高昂的收费令中小企业很难承受。

以中小企业为目标客户的阿里巴巴获得了成功，这其实就是马云利用"长尾理论"所获得的成绩。在日常经济生活中，有一些颇有趣味的商业现象也可以用长尾理论来解释。如在网上书店亚马逊的销量中，畅销书的销量并没有占据所谓的 80%，而非畅销书却由于数量上的积少成多，而占据了销量的一半以上。

但是，在实际经营过程中，"长尾理论"并不一定能取得良好的成效。因此，在运用长尾理论为自己服务时，不能抱太高的期望。

【定律链接】长尾理论的实践

关于长尾理论的实践应用，我们不妨通过两个案例来进行理解。

案例一：

有人在淘宝上开了一家卖服装的网店。店里上架了大约几十款女装，但他没有库存，他的存货都依靠上级代理商直接发给客户，每件衣服加 15 元就卖。结果他竟然依靠这种方法卖出了很多件。这个例子说明了在市场上运用长尾理论时，应该满足 3 个条件：

第一要有足够的供货商，第二是要有足够的人力，第三就是较低的市场售价。

网络带来的一个好处就是我们可以有无限长的货架（这也是长尾理论的一个重要基石）。利用这点，以及上面的 3 个并不算难做到的条件，完全可以在淘宝上出售数百种商品——这比一个中型超市的规模还大。

案例二：

上网的时候，我们如果搜索某一个事物，发现关键词结果都会指向一个网站。点进去一看，这个网站似乎无所不包，但奇怪的是，这个网站没有任何导航页面，有的只是内容的大集合。这个网站利用网络爬虫，把很多网络上的内容搜集到了他的网站上。于是，这个网站就等于提供了大多数的关键词，从而形成了一个关键词的长尾。后来这种做法催生了一种网站模式，这种网站利用网络爬虫程序（现在叫小偷程序），搜罗内容，吸引流量，赚取广告费。到后来，又出现了可以搜集某个特定网站内容的网站，比如搜罗 CSDN 或者百度知道等等。

小数法则：以"小"见"大"需理性

小数法则的决策不理性

盲人摸象的故事可谓家喻户晓，四个盲人根据自己片面的理解就断定了大象的样子。现实生活中的"盲人"也不少。常常看到很多人热心地根据自己的经历来告诫别人："所有男人都是信不过的！""这个世界没有爱情""真心付出永远没有回报""这个世界没有值得爱的女人""真爱只有一次"……这些言论未免过于极端，也正是小数法则的作用效果。

所谓小数法则，指人类行为本身并不总是理性的，在有些情况下，我们总是会不由自主地以自己的视角或已知的少数例子作为衡量标准，并以此来推测和下结论，导致思维出现系统性偏见，采取并不理性的行为。

例如，有的人投资一次股票就惨遭失败，于是便轻易地作出很绝对的定论——股票碰不得，股票都是有亏钱的。这样不仅会影响个人对事物的判断能力，而且这种在"小数法则"影响下所产生的想法会也给他们以后的人生投资带来困扰。如果不尝试着从一段失败的投资中总结经验并尽快走出来，那么他的投资梦想恐怕真的只能是梦想了。

因为每个人已知的领域有所不同，便会对同一事物持有不同的看法，造成决策和判断上的差别。在盲人摸象的过程中，每个人都以偏概全，根据自己所了解的一小部分来对整个大象的形象妄加评论，最终导致了"差之毫厘谬以千里"的结果。这就是"小数法则"。

其实，小数法则除了在生活中有体现之外，更广泛地运用还是在经济领域。比如，股民发现某支稳定的股票突然在一夜之间就暴涨了许多个点，也没有进行事实的确认或考察，就断定这家公司在进行改组，会有大的发展势头，便一下子买进了许多，几乎把自己在股市中的所有投资都放到了这家公司上。岂不知，几天之后，股价又大跌，原来是有人故意在股市上做手脚。结果，所有的钱都打了水漂。又如，普通的消费者极容易受舆论导向的影响，当听到有人说某种食品能抵抗某种传染病的时候，就会大批量地从超市中买回家囤积，即使价格大涨也毫不在乎，而且还会觉得很有成就感。但是不久之后才会发现，之前听说的都只是谣言。再如，厂家的生产产量是要根据市场需求来安排的。某生产商在 1 月份的销售量是 50 万件，就推断全年的销售量会达到 600 万件。于是，就按照预算开始生产，但是到了年底，却发现，仓库里还积压了好多货。原来，1 月份是该产品的需求旺季，过了那几个月，就不会有那么高的销售量了。生产商根据 1 月份预计全年的方法显然失算了。这些都是有失偏颇的，片面地根据某一现象而枉下决策，将会与事实出现很大的反差。

在概率论中，有一个与小数法则相对应的大数定律，通俗地说，就是统计的样本越大，最后统计出的数据越接近真实结果。例如，统计一个城镇的人民平均生活水平，抽查了 5 户，年平均收入是 1 万元，马上下结论说该城镇的生活水平很高，是不科学严谨的。因为可能那个城镇每户的年平均收入只有 5000 元钱，只是碰巧抽查的那几户是生活条件比较好的。

众所周知，"有的男人信不过"和"所有男人都信不过"是两个完全不同性质的结论；"这个世界不是每个女人都值得爱"和"这个世界没有值得爱的女人"也是完全不同的命题。

但为什么那么多人会犯如此低级的逻辑错误呢？原因在于大数定律在一般人身上是失效的，他们运用的是小数法则，即根据自己的亲身经历或者知道的少数例子来推测及下结论。例如，在一位长期合作的客户那里拿到一次质量不高的货物，就认为所有的货物都不可靠；在某个城市做生意赔本了，就认为那个城市不适合生意的扩展；看到同行业的其他企业都遇到生产销售的瓶颈，就认为自己的公司也会遇到同样的问题；作对了一次决定，就立即作其他决定，开始任由其他人发表意见，而不在乎其正确与否……这样的人是不受人尊敬和崇拜的，因为他们是弱者，让小数法则控制了他们的思想，甚至摧毁了他们的人生。所以，在生活中，要尽量摆脱小数法则对自己的影响，做一个生活的强者和明智的决策者。

不要因"小"失"大"

有的人会因为要攒足积分来兑换一些价值不高的小礼品，而去大量地购物消费；有的人会因为省几块钱，而打车去某个商店买东西，等等。这些不明智的事情，偏偏有的人在当时就是意识不到。赌博的人也大多有这种"小数法则"的心理，所以，在赌徒身上，经常会看到"越赌越输，越输越赌"的恶性循环。

一名赌徒在打赌硬币是正面朝上或是背面朝上时的情景。如果硬币正面朝上或朝下确实是随机的话，那么该名打赌者在任何一次压注时赢的概率都是0.5。假设这个人接连赌了5次，每次他都赌硬币正面朝上，而每次结果却都是背面朝上。现在他要赌第6次了，他该赌正面朝上还是背面朝上呢？或者说这时硬币正面朝上的概率大还是背面朝上的概率大呢？显然，投掷硬币时连续5次背面朝上是很不寻常的，这样的事件发生的概率非常低，赌徒注意到了这一点，所以，在下一次压注时，他加大了赌注，依然赌了正面向上，在硬币连续5次背面朝上后，他愈发相信硬币将正面向上了。结果很不幸，这位打赌者又一次输了。打赌者的错误就在于对概率规律的应用，一枚硬币应该有一半的时候正面朝上，但这个规律只有在次数非常多的时候才可能成立。对于很少的尝试次数而言，这些规律不适用。那名赌徒所忽略的是，每次硬币投掷都与之前的那些次没有任何关系，每次硬币投掷出现正反面的概率都是0.5。其实，赌徒对于第6次的尝试不会比前面的5次更有把握。正面朝上的概率依然没变。

其实，人生也像一场长久的赌局，每个人都必须在这赌场中认真地玩这个赌博的游戏，用自己的付出，博明天的获得。赌局中人的期望是能在最大程度上利用赌博的规则，作出最佳的决策，也就是通过规则引导自身所得的增加。但不是每个人都能在赌局中获得令自己满意的收获，输了怎么办？难道像大多数赌徒那样继续错下去吗？

当然不是，掷硬币这类的事件是有一定规律在支撑的，而规律是客观存在的，不以人的意志为转移。但是生活却和掷硬币有本质的区别，生活是可以由自己支配，自己掌控的。每个人在参与人生这场赌局的同时，也在自己掌控着这场赌局。得意的时候要谨慎，防止乐极生悲；失意的时候也不必沮丧，要相信柳暗花明。而且，无论是得意还是失意，都不会是长久保持的状态。所以，不要因为一件不顺心的事情就抱怨自己命运不济，也许好运就会在下一秒来临；也不要因为一时的幸运而认为自己就是幸运儿，也许周围就有可怕的陷阱。

第七章 信息决定成败

格雷欣法则：劣币驱逐良币与信息不对称

劣币驱逐良币

金属货币作为主货币有较长的历史。由于直接使用金属做货币有不便之处，于是人们将金属铸造成便于携带和交易，也便于计算的"钱"。人们铸造的金属货币有了一个"面值"，或称为名义价值。这一变化，使得铸币内在的某种金属含量（如黄金含量）产生了与面值不同的可能性，如面值1克黄金的铸币，实际含金量可能并不是1克，人们可以加入一些其他低价值的金属混合铸制，但它仍然作为1克黄金进入流通领域。

16世纪的英国商业贸易已经很发达，玛丽女王时代铸制了一些成色不足（即价值不足）的铸币投入流通中。当时在英国很受王室看重的金融家兼商人托马斯·格雷欣发现，当面值相同而实际价值不同的铸币同时进入流通时，人们会将足值的货币贮藏起来，或是熔化或是流通到国外，最后回到英国偿付贸易和流通的，则是那些不足值的"劣币"，英国因此遭受巨大损失。鉴于此，格雷欣对伊丽莎白一世建议，恢复英国铸币的足够成色，以恢复英国女王的信誉和英国商人的信誉，以免良币在贸易中受到不足价值铸币的"驱逐"。

这就是劣币驱逐良币效应，产生这种现象的根源在于当事人的信息不对称。因为如果交易双方对货币的成色或者真伪都十分了解，劣币持有者就很难将手中的劣币花出去，即使能够用出去也只能按照劣币的"实际"而非"法定"价值与对方进行交易。

"劣币驱逐良币"的现象在市场上是普遍存在的。在信息不对称的前提下，因为卖方比买方掌握更多的信息，从而会产生柠檬市场效应。柠檬市场效应是指在信息不对称的情况下，往往好的商品遭受淘汰，而劣等品会逐渐占领市场，从而取代好的商品，导致市场中都是劣等品。本来按常规，降低商品的价格，该商品的需求量就会增加；提高商品的价格，该商品的供给量就会增加。但是，由于信息的不完全性和机会主义行为，有时候，降低商品的价格，消费者也不会做出增加购买的选择，提高价格，生产者也不会增加供给的现象。"二手车市场模型"可以形象地解释这种现象。

假设有一个二手车市场，买车人和卖车人对汽车质量信息的掌握是不对称的。买家只能通过车的外观、介绍和简单的现场试验来验证汽车质量的信息，很难准确判断出车的质量好坏。因此，对于买家来说，在买下二手车之前，他并不知道哪辆汽车是质量好的，他只知道市场上汽车的平均质量。当然，买家知道市场里面的好车至少要卖6万元，坏车最低要卖2万元。那么，买家在不知道车的质量的前提下，愿意出多少钱购买他所选的车呢？买家只愿意根据平均质量出价，也就是4万元。但是，那些质量很好的二手车卖主就不愿意了，他们的汽车将会撤出这个二手车市场，市场上只留下车辆质量低的卖家。如此反复，二手车市场上的好车将会越来越少，最终陷入瓦解。

传统的市场竞争机制得出来的结论是"优胜劣汰"，可是，在信息不对称的情况下，市场的运行可能是无效率的，并且会导致"劣币驱逐良币"的恶果。产品的质量与价格有关，较高的价格导致较高的质量，较低的价格导致较低的质量。"劣币驱逐良币"使得市场上出现价格决定质量的现象，因为买者无法掌握产品质量的真实信息，这就出现了低价格导致低质量的现象。

明代四川有 3 个商人，都在市场上卖药。其中一人专门进优质药材，按照进价确定卖出价，不虚报价格，更不过多地取得赢利。另外一人进货的药材有优质的也有劣质的，售价的高低根据买者的需求程度来定。还有一人不进优质品，只求多，卖的价钱也便宜。于是人们争着到专卖劣质药的那家买药，他店铺的门槛每个月都要换一次，过了一年他就非常富裕了。那个兼顾优质品和次品的药商，前往他家买药的稍微少些，但过了两年也富裕了。而那个专门进优质品的药商，不到一年时间就穷得吃了早饭就没有晚饭了。

在这个故事中，卖优质药材的反倒穷得揭不开锅，卖劣质药材的反倒很快致富，这和柠檬市场上的"劣币驱逐良币"现象十分相似。

其实我们可以发现，格雷欣法则无处不在。比如人才市场，由于信息不对称，雇主愿意开出的是较低的工资，这根本不能满足精英人才的需要。信贷市场也有格雷欣法则发挥作用，信息不对称使贷款人只好确定一个较高的利率，结果好企业退避三舍，资金困难甚至不想还贷的企业却蜂拥而至。认识了格雷欣法则，在很多时候可以使我们避免"劣币驱逐良币"带来的危害。

劣币驱逐良币背后的信息不对称

有一个关于信息不对称的故事：

一个商人到教堂，跟神父忏悔道："我……我有罪……"

神父："说吧，我的孩子。"

商人："二战开始没多久，我藏匿了一个被纳粹追捕的犹太人……"

神父："这是好事啊，为什么你觉着有罪呢？"

商人："我把他藏在地窖里，而且……而且我让他每天交给我15法郎租金……"

　　神父："你为了这件事而忏悔吗?"

　　商人："是的，我现在很后悔……我一直还没有告诉他战争已经结束了!"

　　这个故事中的商人与犹太人对二战的认知产生了信息不对称，即商人知道战争已经结束，而犹太人并不知道战争结束了，犹太人为寻求庇护仍然每天支付租金给商人。如果在信息完全对称的情况下，即商人和犹太人都知道战争结束了，犹太人在战争结束后不可能仍每天支付租金给商人。

　　在现实经济中，信息不对称的情况十分普遍，它甚至影响了市场机制配置资源的效率，造成占有信息优势的一方在交易中获取太多的剩余，出现因信息力量对比过于悬殊导致利益分配结构严重失衡的情况。

　　人们在购买商品的过程中，对商品的个体信息认知也会产生信息不对称的情形。有些商品是内外有别的，而且很难在购买时加以检验。如瓶装的酒类，盒装的香烟，录音，录像带等。人们或是看不到商品包装内部的样子（如香烟、鸡蛋），或是看得到，却无法用肉眼辨别产品质量的好坏（如录音、录像带）。显然，对于这类产品，买者和卖者了解的信息是不一样的，卖者比买者更清楚产品实际的质量情况。

　　市场经济发展了几百年，都是处于信息不对称的情况之下。当人们没有发现信息不对称理论的时候，比如亚当·斯密的时代，市场并没有显示出多少缺陷，斯密甚至对"看不见的手"推崇备至，自由的市场经济理论学者都宣扬市场的自由调节，反对对市场进行干预。

　　今天，信息经济学逐渐成为新的市场经济理论的主流，人们打破了自由市场在完全信息情况下的假设，才终于发现信息不对称的严重性，研究信息经济学的学者因而获得了 1996 年和 2001 年的诺贝尔经济学奖。

　　信息经济学认为，信息不对称造成了市场交易双方的利益失衡，影响社会公平、公正以及市场配置资源的效率，并且提出了种种解决的办法。但是，可以看出，信息经济学是基于对现有经济现象的实证分析得出的结论，对于解决现实中的问题还处于尝试性的研究阶段。

占有信息的人在交易中获得优势，这实际上是一种信息租金，信息租金是每一个交易环节相互联系的纽带。每一个行业都是特殊信息的汇总，生产一种产品要工程师的专业信息和技术人员的技术信息以及销售人员的市场信息，把产品变成商品进行交换，需要商人的专业渠道信息和价格信息。俗话说，隔行如隔山，这座山其实就是信息不对称，而要获得这些信息是要付出成本（代价）的。不对称信息实际上可以被看做对信息成本的投入差异，消费者往往没有对商品的信息投入成本，这必然与生产者之间产生信息投入成本差异，生产者利用信息投入差异获取利润正是为了补偿先前付出的信息成本。

信息经济学的价值不在于揭示了信息不对称，而在于说明了信息和资本、土地一样，是一种需要进行经济核算的生产要素。

【定律链接】爱情市场也是一个"劣币"与"良币"共存的市场

曾有这样一个有趣的故事：

有个长得十分漂亮的女孩子，金发碧眼，开朗大方，但一直没有男生敢追她。仰慕者们都这样想：这么漂亮的女孩，怎么轮得到我来追？肯定有那些比我更有钱的男人，比如巴菲特去追求她。于是长叹一声，转而追求其他女孩去了。

巴菲特在华尔街巧遇来纽约观光的漂亮女孩之后，也颇为心仪，但是巴菲特转念一想：这么漂亮的女孩，怎么轮得到我来追？肯定有那些比我年轻的小伙子，比如比尔·盖茨去追求她。于是巴菲特长叹一声，转而与结发老妇相伴去了。

漂亮女孩去微软公司面试时，巧遇比尔·盖茨。面对如此佳人，比尔·盖茨心中一阵激动，但他转念一想：这么漂亮的女孩，怎么轮得到我来追？肯定有那些比我更强壮的人，比如乔丹去追求她。于是比尔·盖茨长叹一声，埋头继续与司法部周旋。

漂亮女孩去观看篮球比赛时，邂逅飞人乔丹。面对如此佳人，乔丹也为之心动，但乔丹冷静下来一想：这么漂亮的女孩，怎么轮得到我来追？肯定有那些比我更英俊的小伙，比如她的同学或同事，早就已经把她追到手了。于是乔丹长叹一声，转身来个空中走步。

这就是漂亮女孩的困惑。

想追求漂亮女孩的人相互之间都不能互通信息，也不了解漂亮女孩的尴尬处境和真实想法。结果想追求她的男人都根据自己的预期来决定是否要去追求漂亮女孩。由于大家都预期追求漂亮女孩一定是极高的门槛，最后造成大家都退缩不前的局面。

在这个过程中，大家只观察到了女孩的美貌，只发现了自己的不足之处，而根本不知道其他任何信息，最后每个人都相信追求漂亮女孩的代价将是很高的，因而大家都不采取行动。反而是那些考虑问题简单、懵懵懂懂的普通男生追到了漂亮女孩——这就是典型的"劣币驱逐良币"。只不过，这里的"劣币驱逐良币"不是"劣币"有多么嚣张，而是"良币"主动让步，把机会留给"劣币"了。

这在经济学中被称为逆向选择。造成"鲜花总是插在牛粪上"的原因就是信息不对称下的逆向选择。那些对漂亮女孩向往已久的崇拜者们相互之间，以及和漂亮女孩之间都不能沟通信息，只能造成一段段充满可能的佳缘最终以遗憾告终。

爱情的市场也是一个"劣币"与"良币"共存的市场，我们在逆向选择的作用下，或许不免阴差阳错地和梦中情人擦身而过。为了最大化地避免遗憾，要么你在遇到心仪对象时好好把握，勇于追求；要么，和那些优秀的人一样，收起自己不切实际的幻想，过平平淡淡才是真的幸福生活！

啤酒效应：信号在传递过程中被无限放大或缩小

不对称信息会扭曲供应链内部的需求信息

麻省理工学院的斯特曼教授做了一个著名的实验——啤酒销售流通实验。假设制造一件成品要经过 7 个流程，需要 7 层上游厂商提供原材料和配件。如果第一个月，客户向公司下的订单是 100 件，为了防止缺货风险，保证安全库存，公司会要求上游厂家提供 105 件。

然后，公司的上游厂商为了保险，会要求他的上游厂家提供 110 件，以此类推，到了最上游的第七层厂商时，他所提供的数量可能达到 200 件之多。

10 个月下来，随着时间与上下游的累计效应，这个数字会与实际需求相差很远，导致最后一层厂商损失惨重，可能受伤 100 倍。

"啤酒效应"暴露了供应链中信息传递的问题。不对称的信息往往会扭曲供应链内部的需求信息，而且不同阶段对需求状况有着截然不同的估计，如果不能及时详细地掌握供应链的供求状况，其结果便是导致供应链失调。可怕的市场"泡沫"，往往便是"啤酒效应"所导致的最终结果。

"啤酒效应"不仅仅是啤酒行业的现象，也是经济流通领域一种具有普遍意义的现象。"啤酒效应"产生的原因在于信息传递过程中出现了偏差。

春秋时宋国有一个姓丁的人家家里没有水井，需要抽出一个人专门到很远的地方打水洗涤。于是丁家下定决心打一眼井。井打好后，丁家人非常高兴，逢人便说："我们打井节省了一个人的劳动力。"人们辗转相传，越传越走样，传到最后竟然成了："丁氏打井打出了一个人。"于是，宋国的人都在议论这件事，宋国的国君也听说了这件事。宋君派人去问丁家这件事。丁氏答道："是节省了一个人的劳动力，并非打井打到了一个人！"

打井挖出一个人，显得荒诞不经，却有很多人相信。信息在传递的过程中，往往会发生偏差，以致产生以讹传讹的情况，这就要求人们必须加以辨别考察。

有信息传递就会有谬误，产生这种谬误有可能是因为传递链过长，因此要充分利用现代信息技术，减少信息传递的中间环节。此外，也可能是有些人在信息传递过程中制造虚假信息，传播谣言。因此要建立一套避免信息失真的保障制度，对那些虚假信息的制造者给予相应的处罚。

信息传递中的失真性

流浪狗波波在一棵树下小憩了一会儿，醒来后，发现身边围聚着一帮大爷大妈，他们仔细地盯着波波，眼都不眨一下。

"这是一只萨摩犬，绝对是。"一个很像学者的老头，发表了意见。

"他们又在讨论我的品种。"波波虽然无奈，但碍于重重人墙，它无法冲出去，只得听这些大爷大妈们争论。

一个大妈发表不同意见："不对不对，这条狗和我家的土狗很像，我猜它应该是一条普通的狗，顶多是条杂交狗。"

众人争论不休，过了许久才散开，波波方能昏头昏脑地离开。但事情还没有结束，一路上不断有人围观他。

两个妇女在讨论："这不是那条有着萨摩犬血统的狗吗？长得真不错。"

波波赶紧躲到另一端，没想到，有几个人也指着它说："就是它，就是它，那条萨摩犬，真好，能值大价钱呢。"

到走出这片生活区时，波波所听到的最后版本已经是："今天早上，本社区发现了一条富豪家遗失的名贵犬，能值很多钱，要把它抓住，富豪一定有重谢。"

波波惊出一身冷汗，它偷偷摸摸地从街角溜走，生怕人们把它捉去换钱。其实自己根本就是一条普通的狗，只不过在人们的口口相传中，变成了一条名牌狗，这真是让它哭笑不得的误会。

其实，在我们的生活中类似的事并不在少数，这就是信息在传递过程中的失真。一个人说街上有老虎，人们不信；两个人说街上有老虎，人们开始有点相信；当三个人都说街上有老虎时，人们肯定会相信了，这就是"三人成虎"。在信息传递的过程中，往往存在失真的可能性。

比如，现在以车代步成为越来越多人的选择。市中心的拥堵生活，令都市里的人们不堪重负，他们便选择在郊区买房，享受清新空气和自然魅力，但工作地点不可能变更，所以，汽车的重要性就变得不言而喻了。

但现在的汽车更新换代极快，堪比电脑、相机这些电子数码产品，所以，买二手车便成为人们的首选。二手车市场里应有尽有，不比正规汽车店里的差，价格便宜，只要能挑中一辆性能不错、价格适中的二手车，便算是赚到了。

如何才能选中一辆让人心满意足的二手车呢？普通人对于车的了解有限，他们便将希望放到了专家身上。

但专家是否就真的权威？没人可以确定，二手车的性能、价格种种因素都会令买车的人做出错误的判断，专家的许多建议很多时候只是纸上谈兵，而买车需要实际的考察和认真的审视，这是专家无法给予的，只能靠自己判断。

就好像故事中人们对待波波的态度一样，那些真专家、伪专家一渲染，人们便开始相信一些虚假的信息。买车时，正是因为信息的不对称，买二手车的人为了尽量降低风险，便使劲压低价格，所以，即便是一辆崭新的车开到二手车市场，也会大打折扣。

可见，信息失真，受损失的不仅仅是买方，卖方也不会占到便宜。

随着经济学研究的深入发展，特别是社会信息化进程的加快，人们认识到，信息传递的失真会带来额外的成本，因此我们必须认识到降低或避免信息失真成本的重要性。

【定律链接】掌握信息脉象，掌握制胜法宝

在商品经济中，信息主要反映在价格上，价格信息是经济信息的中心，其他信息都是为价格信息服务的。市场经济的本质是用价格信号对社会资源进行配置，社会资源的分配和再分配过程实际上是人们围绕价格进行资源博弈的过程。对任何一种资源的优先占有都可以在博弈中获得相关的利益，信息也是一样。

人们常说，买东西的永远没有卖东西的精明，便是因为买方的信息不如卖方的全面。基于这种信息不对称，卖方总是可以凭信息优势获得商品价值以外的利润。交易关系因为信息不对称变成了委托代理关系，交易中拥有信息优势的一方为代理人，不具备信息优势的一方是委托人，交易双方实际上是在进行无休止的信息博弈。

此外，完全信息是我们做出有效决策的先决条件，谁获得的信息既丰富又准确，谁就会在经济生活中先行一步。要获得真实可靠的信息，一定要付出更多的努力才行，不但需要多听专家的意见，更要主动地把握信息的脉象。

蝴蝶效应：用"微小"信息成就高营业额

营销要抓住引发风暴的信息"蝴蝶"

1972 年，美国气象学家爱德华·罗伦兹在华盛顿的美国科学发展学会上发表一篇演说，大意为：一只亚马孙河流域热带雨林中的蝴蝶，偶尔扇动几下翅膀，两周后，可能在美国得克萨斯州引起一场龙卷风。因为蝴蝶翅膀的扇动，导致其身边的空气系统发生变化，引起微弱气流的产生；而微弱气流的产生，又会引起它四周空气或其他系统产生相应的变化，由此引起连锁反应，最终导致天气系统的巨大变化。

故事中的规律，在销售活动中同样存在。曾经，人们一直认为，营销者的水平层次越高，就越需要抓大放小，要把精力放在做大事和要事上，不做琐屑的杂务，以高效利用时间。然而，蝴蝶效应却告诉我们：小事情一样可以导致大后果，小变化可能会引起大变化。就市场营销而言，若能合理利用蝴蝶效应，往往会起到"四两拨千斤"的作用。

据《第一财经日报》报道：2009 年 5 月，三星电子与百思买在中国正式签订了协同补货（CPFR）协议。

根据该协议，三星电子与百思买在供应链上共同管理采购预测与库存，共享客户信息，而三星的市场部将通过汇总的销售信息分析出大致的研发方向，如用户在最近半年或者一个季度喜欢什么样的手机等。

到目前为止，三星电子已经与北美和欧洲的 38 家零售流通渠道进行 CPFR 合作。从 2004 年合作开始至今，三星电子销售额增长 400％，物流库存减少 64％，预测订单的正确率提高至 93％，提前备货周期从 2005 年的 11 周缩减至 2008 年的 4 周。未来，中国的零售商也会成为三星信息链上重要的信息提供者。

在三星看来，如果高速信息流最后不能汇总到设计和专利上，那么这些信息并没有被充分利用。外部的信息获取要配合内部的积极"做功"。

信息反馈的高速战略使三星公司从缩短产品周期中获益。另外，三星还实行 B2B 和 B2C 两个市场并行，不仅生产成品还生产成品的部件，加上市场信息反馈的配合，这使得三星实现了产品多样化、大规模化和成本领导权。

三星还成立了中国经济研究院，分析的内容从家电到房地产，再到中国宏观经济。阅读该研究院的报告，读者就可以发现，三星搜集了大量第三方数据，从调研机构易观国际，到中国经济统计数据，数据量庞大。

在三星内部人士看来，这种分析对三星内部很有帮助，如中国的房地产情况就对家电销售有影响，而经济的涨落也涉及高端手机的消费心理。三星中国研究院还可对外出售报告产生收入。

故事中，三星巧妙利用了信息的"蝴蝶效应"，使自己的营销越做越成功。

营销界名人熊兴平在《蝴蝶效应与市场营销——寻找引发销售风暴的那只蝴蝶》中曾指出：要引起一场销售的龙卷风，关键是寻找到在临界点附近那只扇动翅膀的蝴蝶。

第一，让产品成为蝴蝶。利用消费者购买行为的非线性，通过逐渐累积比竞争对手领先1％的优势（微弱优势），在正反馈的自我增加机制作用下，到达终点时便会领先100％，最终打败势均力敌的对手。

第二，让消费者成为蝴蝶。利用口碑营销的病毒式传播原理，找到一位消费者意见领袖（如种植大户、科技示范户），让他成为引发产品销售龙卷风的那只蝴蝶。

第三，让经销商成为蝴蝶。对经销商采取表扬与批评交替结合的办法，通过奖惩激励，逐步把经销商引入到混沌理论的蝴蝶模型中，最后让经销商"化蝶"引发风暴。

第四，让员工成为蝴蝶。企业员工在不同的条件下会产生天壤之别的销售业绩，若加以引导和激励，企业将呈现积极向上的竞争气氛，员工也可能成为销售竞赛中的那些蝴蝶。

第五，让企业自己成为蝴蝶。企业营销战略是既定战略（领导制定、自上而下）与随机战略（市场引导、自下而上）相结合的混沌战略，企业自己也能进入到混沌模型中而成为那只蝴蝶，如果反馈不当，就可能在一夜之间轰然倒闭；反之，企业就可能成为一夜之间崛起的黑马。

总之，营销中要充分抓住能够引发销售风暴的那只"蝴蝶"。

避免忽略缺陷造成的恶果

根据蝴蝶效应，在企业经营中，若发现公司有不合理的现象，要立刻设法改正，否则，管理上的漏洞很快就会表现在产品和服务上。所以，不要因为产品有毛病就讳而不宣，等到消费者发觉时，很可能会损害公司的名誉、信用。

有着百年辉煌历史的爱立信与诺基亚、摩托罗拉并列称雄于世界移动通讯业。但自1998年开始的3年里，当世界蜂窝电话业务高速增长时，爱立信的蜂窝电话市场份额却从18％迅速降至5％，即使在中国市场，其份额也从1/3左右迅速地滑到了2％。爱立信从手机销售头把交椅跌落，不但退出了销售三甲，而且还排在了新军三星、飞利浦之后。

为什么爱立信在中国这块风水宝地上失去了它往日的辉煌呢？

2001年，爱立信的一款型号为T28的手机存在质量问题。这本来就是一种错误，但更大的错误是爱立信漠视这一错误。

"我的爱立信手机的送话器坏了，去爱立信的维修部门，很长时间都没有解决问题，最后，他们告诉我是主板坏了，要花700块钱换主板，而我在个体维修部那里，只花25元就解决了问题。"一位消费者明确说出了爱立信存在的问题。那时，几乎所有媒体都注意到了T28的问题，似乎只有爱立信没有注意到。爱立信一再地辩解自己的手机没有问题，而是一些别有用心的人在背后捣鬼。

然而，市场不会去探究事情的真相，也不给爱立信以"申冤"的机会，无情地疏远了它。

其实，信奉"亡羊补牢"观念的中国消费者已经给了爱立信一次机会，只不过，爱立信没能好好把握。

1998年，《广州青年报》从8月21日起连续三次报道了爱立信手机在中国市场上的质量和服务问题，引发了消费者以及知名人士对爱立信的大规模批评，而且爱立信的768、788C以及当时大做广告的SH888，居然没有取得入网证就开始在中国大量销售。当时，轻易不表态的电信管理部门的声明，证实了此事。至此，爱立信手机存在的问题浮出了水面。但爱立信采取掩耳盗铃的方式来解决问题，甚至试图拿钱来封媒体的嘴。爱立信广州办事处主任还心虚嘴硬地狡辩：我们的手机没有问题！

既然选择拒不认错，爱立信自然不会去解决问题，更不会切实去做服务工作。正是这一系列的质量和服务中的缺陷，使爱立信失去了中国市场。同时，也让我们明白，即使是一个由数以百万计的个人行动所构成的公司，同样经不起其中微小行动的偏离。

【定律链接】单双号限行的"蝴蝶效应"

某一天，家住北京的董明一反常态起了个大早，因为今天他要挤公交上班。这对习惯于开车上班的他来说颇有些新鲜，但没有办法，自从单双号限行开始实施以后，董明的汽车便只能轮班休息了。这些并不重要，重要的是，他作为北京市民，应积极响应政府的单双号限行政策。

在北京举办奥运会期间，政府决定单双号限行，即从2008年7月20日起，北京正式开始实行为期2个月的限行政策。试行之后，北京又正式开始实行汽车的限行措施，之后，不少省市也纷纷效仿北京的做法，希望通过单双号限行来改善交通拥堵状况。但是，效果似乎并没有预期的好，到了上下班的高峰期，堵车的情况依旧如故。

董明也发现了这点，他本以为乘坐公交车只需半个小时就可以到达单位，但没有料到，在一条路上堵了40分钟，公交车依然没有前行的意思，这让董明心急如焚。眼看上班的时间就要到了，他还在半路上，下也下不去车，走也走不了。

为什么限行之后，依然堵得厉害呢？董明的苦恼也是许多人的苦恼。他听到车上几个人在讨论堵车的事情。

"我这个月都是第二回迟到了，每次都是在这条路上堵着下不去。"一个年轻小伙子抱怨道。

一个老大爷不急不慌地说："急啥，过了高峰期就能走动了。"

"那我们也都迟到了，这个月的奖金又没了。"小伙子沮丧地说。

董明忍不住插嘴道："以前开车堵，现在限行了，我们坐公交车也这么堵车，真不知道以后是不是该跑步去上班。"

老大爷笑着说："其实，单双号限行只是一时限制了汽车的数量，短期内人们有可能会看到汽车流量减少，但时间长了，反而会刺激汽车的消费和使用。"

看到董明一脸迷茫，老大爷接着说："举个例子，之前车辆增加，是因社会的进步和人们收入的增加。倘若长期实行单双号限行，随着人们收入的不断增多，有车族完全可以再买第二辆车，这样，遇到限行也不必担心会影响开车出门。即便是现在，很多家庭也拥有两辆车，但一般只开一辆。结果一限行，两辆换着开，限行对他们并没有影响。看来，限行政策还是没能解决问题。"

车辆限行，却无法缓解堵车状况，这令许多市民头疼不已。现在有车一族越来越多，据有关数据统计，截至2008年年底，北京市机动车保有量已突破350万辆，平时有大约30％～40％的车被闲置而没有使用，而限行之后，这个库存被充分挖掘，反而使出行车辆增加。所以说，限行不仅对交通改善的作用有限，从另一方面来说，限行还不利于提高汽车的使用率。

根据经济学的理论，某样产品在需求一定的情况下，应当是使用率越高越好。同理，汽车也应如此，否则就是社会资源的浪费。

单双号限行政策阻碍了汽车的使用。而且短期的社会成效不能改变和降低整个社会总的用车需求，只会降低每一辆车的使用效率。

从经济学的角度来看，单双号限行这种措施并没有预想中那么完美。北京市后来又出台了限号政策，在一定程度上改善了拥堵的问题。日后，还会有更科学的办法出台，提高道路和车辆的使用效率。

囚徒困境：信息不足，决策就会迷惘

信息不足，"囚徒"陷入理性的迷宫

在某城市郊区有个足球场，有一次足球场举行一个重要的比赛，大家都想去看。到足球场有好几条路，其中有一条是最近的。王波选择了走最近的这条路，但发现其他人也都选择走这条路，于是这条路非常堵塞。因此在路上所花的时间远远多于自己的预期。好不容易来到了足球场，精彩的比赛让人大开眼界，可惜前排有人站起来，影响了自己的观看效果。王波也选择站起来，这样他能看得清晰一些，他后排的人也只好选择站起来看。最后的结果是所有人都在站着看比赛。

王波无疑是个理性人，但是大家都是理性人的时候，却没有出现理性的结局。从个体来看，他所做出的选择或决策无疑是理性的，但人人都基于同样的考虑做出相同的选择或决策时，就会发生"理性合成谬误"。

1950年，担任斯坦福大学客座教授的数学家图克，为了更形象地说明个体理性，用2个犯罪嫌疑人的故事构造了一个博弈模型，即囚徒困境模型。

警方在一宗盗窃杀人案的侦破过程中，抓到两个犯罪嫌疑人。但是，他们都矢口否认曾杀过人，辩称是先发现富翁被杀，然后顺手牵羊偷了点东西。警察缺乏足够的证据指证他们所犯下的罪行，如果罪犯中至少一人供认罪行，就能确认罪名成立。

　　于是警方将两人隔离，以防止他们串供或结成攻守同盟，分别跟他们讲清了他们的处境和面临的选择：如果他们两人中有一人认罪，则坦白者会被立即释放而另一人将判 8 年徒刑；如果两人都坦白认罪，他们将被各判 5 年监禁；若两人都拒不认罪，因警察手上缺乏证据，他们会被处以较轻的偷盗罪各判 1 年徒刑。

　　那么，两个罪犯会怎样选择？

　　囚徒到底应该选择哪一项策略，才能将自己个人的刑期缩至最短？两名囚徒由于隔绝监禁，并不知道对方选择，也不相信对方不会背叛自己。

　　那么在困境中任何一名理性囚徒都会作出如此选择：

　　若对方选择抵赖，自己选择背叛，会让自己获释，所以会选择背叛。

　　若对方选择背叛，自己也要背叛，才能得到较低的刑期，所以还是选择背叛。

　　二人面对的情况一样，所以二人的理性思考都会得出相同的结论——选择背叛。背叛是两种策略之中的支配性策略。因此，这场博弈中唯一可能达到的均衡，就是双方都背叛对方，结果二人都服刑 5 年。这就是博弈论中经典的囚徒困境，可用下表表示。

囚徒乙 囚徒甲	坦白	抵赖
坦白	−5，−5	−8，−0
抵赖	0，−8，	−1，−1

　　囚徒困境是博弈论的非零和博弈中具有代表性的例子，反映个人最佳选择并非团体最佳选择。虽然囚徒困境本身属于模型性质，但现实中的价格竞争、环境保护等方面，频繁出现类似情况。

　　囚徒困境假定每个参与者都是利己的，即都寻求最大的自身利益，而不关心另一参与者的利益。参与者某一策略所得利益，如果在任何情况下都比其他策略要低的话，此策略称为"严格劣势"，理性的参与者绝不会选择。另外，没有任何其他力量干预个人决策，参与者可完全按照自己的意愿选择策略。

以全体利益而言，如果两个参与者都合作保持沉默，两人都是判刑 1 年，总体利益更高，结果也比两人都背叛对方、判刑 5 年的情况好。但根据以上假设，两人均为理性个人，且只追求个人利益，均衡状况会是两个囚徒都选择背叛，结果二人判决均比合作严重，总体利益较合作为低。这就是困境所在。

囚徒困境的主旨为，囚徒们虽然彼此合作，坚不吐实，可为全体带来最佳利益，但在信息不明的情况下，出卖同伙可为自己带来利益，但是却违反了最佳共同利益。

这种困境反映了个人理性与集体理性之间的矛盾，对每个人而言都是理性的选择，能得到最优的结果，但对于整个集体来说却是非理性的，最终导致对集体中每个人都不利的结果。

每个人想到的都首先是自己的利益，进行的都是有利于自己的选择决策，但最后的结果是大家都没有从中获得好处。以一个足球队而言，当球员在赛场所想的只是自己的风采，或是自己的位置，或者是在俱乐部的前途的时候，这支球队就不会有希望了。

为避免出现"囚徒困境"，任何一个集体都应该加强内部沟通，避免出现信息不对称。只有这样，才能实现集体和内部成员利益的最大化。

增产困境：农业增产不增收

广西南宁市西乡塘区的坛洛镇，是广西香蕉的主产地之一，有着中国香蕉之乡的美称。由于天气转暖，村民们纷纷将自家种植的香蕉运往镇里的香蕉交易市场，寻找买家。

"你这个是收购的？"

"是的。"

"多少钱一串?"

"7元钱。"

"这一串大概有多少斤?"

"大概有60多斤。"

"相当于多少钱一斤?"

"一角多。"

香蕉进入成熟期以后,收获和卖出的时间很短,一旦卖不出去,香蕉的外皮爆裂以后,就无法销售了。他们现在低价收购的大量香蕉都是进入成熟期蕉农没有卖得出去的香蕉。

已经进入成熟期的香蕉价格低得惊人,处在最佳销售期的香蕉在2008年一般每斤的价格在8角钱左右,现在只能卖4角,扣除中间人每斤2分钱的提成,蕉农真正卖出的价格只有3角8分钱。

卢校珠是南宁西乡塘区坛洛镇的香蕉种植户,2008年因为香蕉的价格好,夫妇俩拿出全部家当投入8万多元,种植了30多亩的香蕉。由于投入的增加以及有着多年的香蕉种植经验,2009年家里的香蕉喜获丰收。往年(每棵树)30~40斤一串,现在(每棵树)60~70斤一串,差不多增产一半。

为了使香蕉能够在收割的时节快速从田里运出,卖个好价钱,卢校珠夫妇不久前还专门花费了3.4万元,买了辆小货车。因为他们对于2009年的收入有着更多的期盼。30多亩(香蕉),大概估计能赚个8~10万元左右。

正当卢校珠夫妻俩沉浸在丰收的喜悦中时,2009年9月,卢校珠从稀少的香蕉收购商的数量上,看到了2009年香蕉行情出现的危机。

"价格低是对我们最大的打击,辛苦多少年,投资都投下去了,现在都收不回来,打击这样大,承受不了。"

在卢校珠种植的香蕉园里,已经成熟的香蕉成片地倒在地里,因为没有经销商来收购,地上的香蕉已经没人打理。

"（这片地）等于放弃了，早就放弃了，都没心情管了，心情不好怎么管。"对于 2009 年种植香蕉出现的这种行情，卢校珠夫妇显得非常痛心，也非常地无奈。"心里很难受，香蕉卖不出去，2009 年都亏本了，明年就没有投资了。"

卢校珠夫妇算了一笔账，一亩地种植香蕉 120 株，他们租地花费了750 元，树苗 84 元，肥料 1360 元，水电农药费用 240 元，防寒袋、绳索 120 元，也就是说种植一亩香蕉的成本一般在 2500 多元左右，但因为香蕉价格过低，卢校珠一家 2009 年预计要亏损 7 万多元。

广西 2009 年香蕉大丰收，但蕉农们非但没增收，反倒损失惨重。因为数十万吨的香蕉卖不出去，价格跌到了地板价，甚至只能眼睁睁看着香蕉烂在地里。这样的情形的确很反常。

"谷贱伤农"是囚徒困境的一个经典问题：在丰收的年份，农民的收入反而减少了。当粮食大幅增产后，农民为了卖掉手中的粮食，只能竞相降价。由于粮食需求缺少弹性，只有在农民大幅降低粮价后才能将手中的粮食卖出，这就意味着，在粮食丰收时往往粮价要大幅下跌。如果出现粮价下跌的百分比超过粮食增产的百分比，就会出现增产不增收甚至减收的状况。所以一些聪明的农民在博弈时，往往会选择人无我有，人有我优，人优我转的策略。

【定律链接】聪明反被聪明误的旅客

囚徒困境告诉人们怎样变得更"聪明"，如何判断人与人之间的利益关系，做出对自己最有利的选择，但恰恰是这个教人"聪明"的学问告诫大家，做人不能太"精明"了，否则得不偿失，聪明反被聪明误，弄巧成拙。

经常乘飞机的朋友都知道，如果托运的行李丢失或者托运的易损物品损坏，可以向航空公司索赔。航空公司一般是根据实际价格给予赔付的，但有时某些物品的价值不容易估算，但物件又不大，一个小东西，那怎么办呢？

有两个出去旅行的女孩，A 和 B，她们互不认识，各自在景德镇同一个瓷器店购买了一个一模一样的瓷器。当她们在上海浦东国际机场下飞机后，发现她们托运的行李中的瓷器可能由于运输途中的意外而遭到损坏，于是她们随即向航空公司提出索赔。因为物品没有发票等证明价格的凭证，于是航空公司内部评估人员约摸估算了价值应该在 1000 元以内。但是由于无法确切地知道该瓷器的价格，于是，航空公司分别告诉这两位女孩，让她们把该瓷器当时购买的价格分别写下来，然后告诉航空公司。

航空公司认为，如果这两个小姐都是诚实可信的老实人的话，那么她们写下来的价格应该是一样，如果不一样的话，则必然有人说谎，而说谎的人总是为了能获得更多的赔偿，所以可以认为申报的瓷器价格较低的那个小姐相对更加可信，因此会采用较低的那个价格作为赔偿金额，同时会给予那个给出更低价格的诚实女孩以 200 元的奖励。

这时，两个小姐各自心里就要想了，航空公司认为这个瓷器价值在 1000 元以内，而且如果自己给出的损失价格比另一个人低的话，就可以额外再得到 200 元，而自己实际损失是 888 元。

A 想了，航空公司不知道具体价格，那么 B 肯定会认为多报损失多得益，只要不超过 1000 元即可，那么 B 最有可能报的价格是 900～1000 元的某一个价格。A 心想我就报 890 元，这样航空公司肯定认为我是诚实的好姑娘，奖励我 200 元，这样我实际就可以获得 1090 元。

而 B 也想了，有句话说得好，人不犯我，我不犯人；人若犯我，我必犯人。她既然算计我，要写 890 元，我也要报复。所以，我就填 888 元原价。而 A 也不是吃素的，估计她会算到我要写 890 元，她可能就填真实价格了，我要来个更绝的，以退为攻，我填 880 元，低于真实价格，这下她肯定想不到了吧！

我们都知道，下棋、计谋之类的东西关键是要能算得比对手更远，于是这两个极其精明的人相互算计，最后，她们可能都会填 689 元，她们都认为，原价是 888 元，而自己填 689 元肯定是最低了，加上奖励的 200 元，就是 889 元，还能赚 1 元。

这两个人算计别人的本事是旗鼓相当的，她们都暗自为自己最终填了 689 元而感到兴奋不已。最后，航空公司收到她们的申报损失单，发现两个人都填了 689 元，料想这两个人都是诚实守信的好姑娘，航空公司本来预算的 2198 元的赔偿金现在只要赔偿 1378 元了。

而两个人各自只能拿到 689 元，还不足以弥补瓷器本来损失呢，亏大了吧！本来她们俩可以商量好都填 1000 元，这样她们各自都可以拿到 1000 元的赔偿金，而就是因为互相都要算计对方，要拿的比对方多，最后搞得大家都不得益。这个就是著名的"旅行者困境"博弈模型。

这个模型告诉我们一种博弈思想，做人不能够过于"精明"，太精明的人未必是真的聪明，有时精明过头了往往会变得更糟糕。当然现实生活中未必会真的出现这种超级精明的人，可以算到几十步以外，而做出自认为的最优策略。

名人效应：借名人信息扩大商品知名度

站在名人肩膀上，更容易扩大影响力

因为"体操王子"李宁的非凡成就，以李宁命名的服装也成了名牌；企业纷纷请名人代言，明星的身价因此暴涨；名人头上的光环是一笔无形的财富，具有巨大的吸引力；名人的力量是无穷的，否则就不会有"东施效颦"的典故了。

在意大利的一个小镇上，一栋看起来不起眼的二层楼住宅，下面有个毫不起眼的阳台，一扇毫不起眼的木门，旁边有一个毫不起眼的钟亭，却常常挤满了慕名而来的游客。每个人都要在阳台上摄影留念，年轻的恋人们还不忘在留言簿上写下海誓山盟，因为这是莎士比亚笔下经典爱情故事女主角朱丽叶原型的家。

这则故事反映了一种特殊的社会效应，一种能使原本的默默无闻变成众所周知，使不起眼变成全球闻名的神奇效应——名人效应。

从某种程度上讲，名人效应是一种非常有利用价值的社会效应，名人是人们心目中的偶像，名人效应就是因为名人本身有着一呼百应的影响力。

名人效应在社会中的应用是很普遍的。首先在广告方面，一打开电视机，铺天盖地的广告迎面而来，几乎大部分的广告都在利用名人效应，因为观众对名人的喜欢、信任甚至模仿，能够转化为对产品的喜欢和购买，这有利于商品的销售。在电影和电视剧市场，名人效应也是广泛存在的，借助名人的影响力提高影片的知名度，同时利用名人的个人魅力提升影片的观赏性，这些都是名人效应的应用。

许多企事业单位以及商场、酒店、学校、娱乐场所，大都愿意请政府官员或名人雅士题写名称；一些商品的宣传资料上，常常可以见到政界高级官员的题词和接见董事长、总裁的照片，就是因为人们更容易买名人的账。

还有许多人初次见面，总爱向对方夸耀自己认识某某大人物，一提到那些官居要职的人，即便攀不上亲戚，也一定要说成是自己的熟人或"朋友"，或"朋友的朋友"。这些人无非是想借名人的光环笼罩自己，扩大自己的影响力。

借用名人光环，实现商品销售

20 世纪 30 年代初，美国有两位大学生打赌，他们寄出了一封不写收信地址，只写"居里夫人收"的信，看它能否寄到居里夫人手里。结果，这封信真的寄到了居里夫人手里。试想，如果换了一个普通人，信可能寄得到吗？

一封信如果只署上普通人的姓名，那肯定是石沉大海，但署上了居里夫人的名字，就能够准确无误地送达，因为几乎每个人都知道居里夫人。巧借名人效应，能够使我们事半功倍地达到目标。

在社会生活的许多领域，名人效应都是行之有效的。在商品销售中，利用人们对名人的仰慕心理更是十分重要的。翻开众多销售成功的案例，名人效应屡试不爽。现在，许多体育用品厂商利用世界级著名运动员大做广告，通过赞助比赛、提供比赛服装和用品的形式让著名运动员为其产品扩大影响力，这样的销售方式已经风行于全世界。

常见的利用名人效应销售商品的方法有以下几种：

（1）在书店里请名作家与顾客见面，对所购书籍签名留念，一般促销都比较好。消费者买书是为了收藏自己所喜爱作家的作品，而作家签名的书籍无疑更有纪念价值。

（2）在商场中请名演员献艺，可以吸引大量顾客，生意自然兴旺。大多数人都有凑热闹的心理，请著名演员献艺，既可以使顾客看到喜欢的演员，又能在商场引起轰动效应，增加客流量。

（3）在商品及包装上请名人写字作画。如布娃娃在美国原售价每个20美元，而"椰菜娃娃"设计者亲手签名的布娃娃售价曾高达300美元，这种"椰菜娃娃"在美国曾一度供不应求。但是邀请名人签字也不宜过多过滥，有的书法家到处为店铺题名，这无疑会在某种程度上失去名人签字的吸引力。

（4）请有关领导到商场，可吸引大批群众进店。领导的权威性无疑是巨大的，在很多百姓心里，领导认可的东西必定是货真价实的东西。

（5）在广告中邀请名人宣讲或表演，效果特别好。名人一般都具有较高的知名度，或者还有相当的美誉度，以及特定的人格魅力等，他们参与广告活动特别是直接代言产品，与其他广告形式相比，更具有吸引力、感染力、说服力、可信度，有助于引发受众的注意、兴趣和购买欲。

　　在选择名人进行宣传的时候，不能盲目追求大牌明星，一定要选择与宣传内容相符的明星，因为名人的类型与所带来的效应有着莫大的关联。譬如，让一位歌星去代言学校，可能起初会有不少人慕名而去，但时间一长，名人效应就会慢慢淡去。如果由一位在教育界非常有名气的学者来为学校做宣传，带来的名人效应可能会长久存在。

【定律链接】被书商利用的总统

　　一个出版商有一批滞销书久久不能脱手，于是他想了一个主意，让总统"帮"他卖书。计划妥当后，他给总统送去一本书，三番五次去征求意见。忙于政务的总统不愿与他过多纠缠，便回了一句："这本书不错。"出版商便借机大做广告："现有总统喜爱的书出售。"于是这些书被一抢而空。

　　不久，这个出版商又有书卖不出去，又送了一本给总统。总统上了一回当，想奚落他，就说："这本书糟透了。"出版商闻之，又做广告："现有总统讨厌的书出售。"仍有不少人出于好奇心而争相购买，书很快又卖完了。

　　第三次，出版商将书送给总统，总统接受了前两次的教训，便不做任何答复。出版商仍大做广告："现有总统难以下结论的书，欲购从速！"居然又被一抢而空。总统哭笑不得，商人大发其财。

　　商人利用总统的声望，大肆宣扬其书是经过总统评论的。购书者出于好奇，想知道为什么总统会觉得那本书不错、讨厌和难以下结论，所以争相购买。由于总统属于众所周知的人物，他的一举一动、一言一行都会被人关注。这位精明的出版商深谙顾客心理，巧用名人效应，在平淡中见神奇，实在是构思奇特，别出心裁。

沉锚效应：成败就在于第一印象

信息影响，先入为主

《汉书·息夫躬传》："唯陛下观览古今，反复参考，无以先入之语为主。""先入为主"是自古就有的一种心理作用，人们在交流中，先听进去的话或先获得的印象往往在头脑中占有主导地位，以后再遇到不同的意见时，就不容易接受。这不是因为首先获得的印象有多重要，而是因为人们的思维已经"沉了底"。

关于这方面，在经济学领域有这样一个著名的假设案例：

一个穷人为了维持生计，要把一幅字画卖给一个收藏家。穷人认为这幅字画至少值20000元，而收藏家是从另一个角度考虑，他认为这幅字画最多值30000元。从这个角度看，如果能顺利成交，那么字画的成交价格会在20000～30000元之间。如果把这个交易的过程简化为：由收藏家开价，而穷人选择成交或还价，如果收藏家同意穷人的还价，交易顺利结束；如果收藏家不接受，交易也结束了，买卖没有做成。

这是一个很简单的讨价还价问题，在这个讨价还价的过程中，由于收藏家认为字画最多值30000元，因此，只要穷人的还价不超过30000元，收藏家就会选择接受还价条件。此时，穷人的第一要价就很重要，如果收藏家的开价是25000元，穷人要价28000元，没有超过30000元，收藏家就有可能接受。同样，如果穷人知足常乐，当收藏家出价25000元，穷人认为在其底线20000元以上，也可能以此价格成交。

其实，无论是穷人还是收藏家，只要对方首先开出价格，他都会根据对方的价格来定价，这就是受"沉锚效应"的影响。

所谓"沉锚效应"，指的是人们在对某人某事做出判断时，易受第一印象或第一信息支配，第一信息就像沉入海底的锚一样把人们的思想固定在某处。具体到讨价还价过程中，就是某方的第一报价或要价会将对方的思维固定在某一处，进而让对方根据这一信息做出相应的决策。这个过程其实就是一场博弈，如果收藏家懂得博弈论，他会改变策略：要么后出价，要么是先出价，但是不允许穷人讨价还价。如果穷人不答应，收藏家就坚决不再继续谈判，也不会购买穷人的字画。这个时候，只要收藏家的出价略高于 20000 元，穷人就一定会将字画卖给收藏家。因为 20000 元已经超出了穷人的心理价位，一旦不成交，就一分钱也拿不到，只能继续受冻挨饿。

关于这种"沉锚效应"，许多销售商深知其妙：当顾客是一个精明的家庭主妇时，他们会采取先报价，准备着对方来压价；当顾客是个毛手毛脚的小伙子时，他们大部分会先问对方"给多少"，因为对方有可能会报出一个比自己期望值还要高的价格，如果先报价的话，就失去了这个机会。

除了报价还价，"沉锚效应"还普遍存在于生活的其他方面，第一印象和先入为主就是它在社会生活中最常见的表现形式。求职时，给面试官的第一印象很重要，往往会决定这轮面试的通过与否；谈朋友时，许多女孩在与男孩初次见面后，由于对对方有着不满意的第一印象，便不愿再交往下去。先入为主，也有很多例子，比如美国的开国总统华盛顿就是应用"先入为主"手段的高手。

一天，邻居盗走了华盛顿的马，华盛顿也知道马是被谁偷走的，于是，华盛顿就带着警察来到那个偷他马的邻居的农场，并且找到了自己的马。可是，邻居死也不肯承认这匹马是华盛顿的。华盛顿灵机一动，就用双手将马的眼睛捂住说："如果这马是你的，你一定知道它的哪只眼睛是瞎的。""右眼。"邻居回答。华盛顿把手从右眼移开，马的右眼一点问题没有。"啊，我弄错了，是左眼。"邻居纠正道。华盛顿又把左手也移开，马的左眼也没什么毛病。

邻居还想为自己申辩，警察却说："什么也不要说了，这还不能证明这马不是你的吗？"

华盛顿利用那句"它的哪只眼睛是瞎的"的暗示，致使邻居认定"马有一只眼睛是瞎的"。他成功地给邻居设置了这个"沉锚"陷阱，使其露出了破绽，邻居的辩解也就不攻自破了。

在生活中，我们同样也可以运用这种沉锚效应获得事半功倍的效果。当孩子一个劲儿闹着要吃巧克力时，如果用强制的手段拒绝，他肯定哭得更厉害。如果在拒绝巧克力的同时，又问他："你是想吃香蕉还是苹果？"孩子就可能顺着这个引导重新做出选择。

在生活中，我们要避开"沉锚"陷阱。不要以貌取人，不要草率地凭着第一感觉去做决策，不要习惯用过去去预测将来，头脑中留有深刻记忆的事件同样会成为"沉锚"，使我们的思维离开正道而偏向陷阱方向。"沉锚"是把"双刃剑"，使用它的时候，我们要学会趋利避害，才能做到游刃有余。

弄清"沉锚效应"，别将自己围于窄巷

"沉锚效应"实际上是一种思维定式，遇事不由自主地将认识"锚"在第一信息上，这是一种常见而有害的现象，中国人用成语"先入为主"来表示这个意思。考虑一个问题时，大脑会对得到的第一个信息给予特别的重视，第一印象或数据就像沉入海底的锚一样，把思维固定在了某一处。第一信息打下的烙印的确深刻，如不辩证地看待，它就像一只无形的巨手，强有力地影响着我们的思维走向。

萧伯纳曾经说，经济学是一门最大限度创造生活的艺术。在很多情况下，这种创造的基础就是建立在报价基础上的讨价还价，或者说，讨价还价本身是创造生活艺术的一种具体方法。在商品交易中，我们完全可以运用"沉锚效应"获得事半功倍的效果。

有一个优秀的推销员，当他见到顾客时很少直接问："你想出什么价？"他会不动声色地说："我知道您是个行家，经验丰富，根本不会出 20 元的价钱，但您也不可能以 15 元的价钱买到。"这句话似乎是随口说出，实际上是在利用先报价的先发优势，无形之间就把讨价还价的范围限制在 15～20 元。

很明显，先报价占据了一定的优势，有一定的好处。但是它泄露了一些情报，对方听了以后，可以把心中隐而不报的价格与之相比较，然后进行调整：合适就拍板成交，不合适就利用各种手段进行杀价，此时，后报价者又有了一种后发优势。

一般情况下，如果你准备比较充分，而且知己知彼，就一定要争取先报价；如果你不是谈判高手，而对方是高手，那么你就要沉住气，不要先报价，要从对方的报价中获取信息，及时修正自己的想法。如果你的谈判对手是个外行，那么，不管你是内行还是外行，你都要争取先报价，力争牵制、诱导对方。

有时谈判双方出于各自的打算，都不会先报价。这时，对于各方来说，就有必要采取"激将法"让对方先报价。譬如当你与对方绕来绕去都不肯先报价时，你不妨突然说一句："噢！我知道，你一定是想付 30 元！"对方就有可能争辩："你凭什么这样说？我只愿付 20 元。"他这么一辩解，就等于报出了价，你就可以在这个价格上讨价还价了。

博弈理论已经证明，当谈判的多阶段博弈是单数阶段时，先开价者具有先发优势；是双数阶段时，后开价者具有后发优势。因此，先报价和后报价都有利弊之处，谈判中是选择先声夺人还是后发制人，要根据不同的情况灵活处理。

【定律链接】巧借沉锚效应，让财源滚滚来

某条街上，有两家卖粥的小店，我们不妨叫它们甲店和乙店。两家小店无论是地理位置、客流量，还是粥的质量、服务水平都差不多。而且从表面看来，两家的生意也一样红火。然而，每天晚上结算的时候，甲店总是比乙店要多出一两百元钱。为什么这样呢？差别只在于服务小姐的一句话。

细心的人发现，当客人走进乙店时，服务小姐热情招待，盛好粥后会问客人："请问您加不加鸡蛋？"客人说加，于是小姐就给客人加了一个鸡蛋。每进来一个，服务小姐都要问一句："加不加鸡蛋？"有说加的，也有说不加的，各占一半。

而当客人走进甲店时，服务小姐同样会热情招呼，同样会礼貌地询问，但是她们的询问不是"您加不加鸡蛋"，而是"请问您是加一个鸡蛋还是两个鸡蛋"，面对这样的询问，爱吃鸡蛋的客人就要求加两个，不爱吃的就要求加一个，也有要求不加的，但是很少。因此，一天下来，甲店总会比乙店多卖很多鸡蛋，营业收入和利润自然就多一些。

顾客在乙店中，是选择"加还是不加"；在甲店中，是选择"加一个还是加两个"，第一信息的不同，消费者作出的决策就不同。

可见，在从事广告、宣传、推销等活动的时候，更应该注重传给市场、传给顾客的第一信息，并且利用准确、鲜明和有创意的信息来吸引顾客，达到商品大卖的目标。

逆向选择：非对称信息下的次优决策

信息太少，逆向选择

在生活中，有些人常常会因虚假广告上当受骗，蒙受损失，这便是由逆向选择造成的。下面我们就从"减肥广告"这个具体案例中了解究竟什么是逆向选择，以及逆向选择是怎样做出的。

减肥广告随处可见，什么"一个半月能减48斤""快速减肥""签约减肥""不反弹不松弛"……单从这些字眼来看，那些渴望瘦下来的人士无疑会心动。再加上那些华丽的包装、煽情的语言，还有一些不为人知的噱头，更让人心驰神往。但是，等你尝试之后就会发现，根本不是那么回事。

商家正是利用消费者对减肥原理、减肥器械、无效退款等不了解或了解不深的情况，故意隐瞒一些真实信息，将买卖双方置于信息不对称的情境下，以此诱惑消费者做出对他们并非最有利的逆向选择，损害了消费者的利益。

因为虚假广告上当，从表面看是因为受害者目光不够准确，一时冲动花钱当了冤大头，但是以信息经济学的眼光看，则是由于受害者掌握的信息不够充分，只能根据手头仅有的信息做出选择。消费者总是希望买到质优价廉的商品，但是现实生活中常常出现等到真正使用时才发现质量糟糕的状况，这就是因为他当初购买该商品时掌握的信息少处于劣势，不能发现真相。

在日常生活中，逆向选择的案例还有很多。逆向选择在招聘中也是经常发生的现象，很多人找不到合适的工作，而单位又慨叹招不到合适的人才。这一反差正是逆向选择在起作用。很多企业总是发愁，一个个求职者的简历五花八门，好不容易筛选出一份简历来，面试过关了，等到工作时，却没有实际能力，给企业造成浪费和损失。尤其是高层次人才，讲起话来滔滔不绝，使听者觉得他见多识广，经验也好像非常丰富，可是一旦开始工作，总是漏洞百出。这是因为招聘方与应聘方的信息不对称所致，招聘方并不了解应聘方的全部信息而产生了逆向选择。

爱情里的逆向选择表现为好女子总是嫁了比较差的男子，有句俗话"好汉无好妻，懒汉娶个花枝女"，说的就是这个意思。在大学校园里，我们也经常慨叹，一对对恋人是那么的不协调。这种结果就是逆向选择造成的。但每个人在选择自己的另一半时可不是这样，我们总是希望找到理想中的好对象，也总是喜欢把自己的优势表现得完美，以引起好女子或好男子的青睐。通常我们看到的征婚广告，都是这么介绍自己的："年轻美貌，身体健康，爱好广泛，对爱情执著，对缘分珍惜。"

爱情本身也是一场交易，男女双方各取所需的一场交易。在当代的信息社会里，如何才能实现一宗公平的交易呢？首先需要双方的诚信，需要双方都拥有足够的共同信息，互通有无，彼此了解。在信息大爆炸时代，假信息实在太多了，只有所获的信息是真实而可靠的，买卖双方的最终决策才可能是最好的"抉择"。

但是很多情况下，卖方知道的信息内容，买方不一定知道，而买方的价格底线，卖方也不知道。甚至，卖方有时候为牟取暴利，故意隐瞒某种对自己不利的信息，由于信息不对称，买方无法排除干扰，做出逆向选择，利益受到损害。在爱情婚姻市场上，当你是卖家的时候，你一定会刻意隐瞒一些对自己不利的信息，只把那些最出彩的精华部分提供给对方。因为爱情的市场经济也是契约经济，契约经济讲究合同关系，所谓合同就是结婚证，以领取结婚证的时间为界限，在这之前，所有的爱情都会存在"逆向选择"的问题。

可以说，只要有市场，只要进行交易，就可能出现逆向选择。出现逆向选择的根本原因在于信息不对称，即买方和卖方所掌握的信息不一样。最佳也是最终的解决办法，就是尽量使交易双方信息对称，信息传递、沟通得愈充分，愈有利于做出最正确的决策。

找出隐匿信息，摆脱逆向选择旋涡

在这个飞速发展的信息时代，无论怎样强调信息对于博弈的重要性应该都不为过。现实的博弈中，除去信息因素外，大家赢的机会均等，谁能提前抓住有利的信息，谁就能稳操胜券。这就是经典的信息博弈理论。

事实上，我们很多时候都会产生一种"不识庐山真面目，只缘身在此山中"的尴尬。也就是说，如果某一方所知道的信息并不为对方所知晓，就会产生信息不对称；而信息不对称所造成的逆向选择，又使我们失去很多本来属于我们的东西。所以，要想摆脱逆向选择的困境，我们必须最大限度地挖掘隐匿信息，做到知己知彼。

A集团公司的业务蒸蒸日上，但是最近老总却陷入了烦恼中。公司准备投资一项新的业务，已经通过论证准备上马了，但是几位高层在事业部总经理的人选上产生了很大的分歧。一派认为应该选择公司内部的得力干将小王，而另一派主张选用从外部招聘的熟悉该业务的小李，大家各执己见，谁也不能说服对方，最后还是需要老总来拍板。那么，究竟哪一种选择更好呢？

就经验而言，小王显然经验要丰富得多，小李到此工作属于空降，而小王更具有本土优势，对业务也十分熟悉。但人事这一块，应该还是外聘较好吧，因为老总觉得自己公司活力不足，应该补充些新鲜血液。最终老总拍板，决定用外聘的小李。

于是小李正式走马上任。他的优势很明显，美国著名高校的MBA，完全的洋式经营理念；而小王不过中专毕业，是从底层一步步熬上来的。老总对小李寄予厚望，小李也很努力，开始认真地对公司的人力资源进行诊断，并煞有介事地挑出了一堆毛病。老总一看，心里开始担忧，这些毛病要整改完成，自己公司将会垮掉！

时间一久，小李只知道挑毛病，却没有对公司进行任何实际操作，弄得公司人人自危，怨声载道。老总一看，这样不行，于是迫不得已又把小李辞退了，而此时的小王却因为没有得到老板的重视，已经跳槽去别的单位了。A集团花费了大量的时间、精力和金钱，最终不但没有给公司带来效益，反而使公司陷入了危机。

A集团所碰到的就是典型的逆向选择。正是因为彼此的信息是不对称的，老板不知道小李的实际操作能力，只看到了小李的海外镀金背景，结果弄得自己很狼狈。要解决这种逆向选择问题，其实老板应该给小王和小李每人一段试用期，在试用期内了解他们的隐匿信息，即实际的工作能力，从而判断谁更适合总经理的职位。

在当今社会，谁充分掌握了隐匿信息，谁就掌握了整个世界，如果信息闭塞，那么你就会陷入逆向选择的困境。

隐匿信息在逆向选择中起着关键作用，如果你能及时掌握全面的信息，就能防止逆向选择的发生。即使在逆向选择表现得最为突出的保险领域，信息的优势一样可以尽量避免逆向选择。如果你事先了解了投保人的情况，知道他之所以投保是因为出事的概率比较大，你就可以要求他增加保费或加上其他的附加条款以减少自己的损失，而找出这些隐匿信息的途径也只有一个——实地调查。

沃尔森法则：能得到多少，取决于你知道多少

信息的优劣和多寡决定你的胜算

信息对于博弈的重要性怎么强调都不为过。

以前有个做古董生意的人，他发现一个人用珍贵的茶碟做猫食碗，于是假装很喜爱这只猫，要从主人手里买下。古董商出了很高的价钱买了猫。之后，古董商装作不在意地说："这个碟子它已经用惯了，就一块儿送给我吧。"猫主人不干了："你知道用这个碟子，我已经卖出多少只猫了？"

古董商万万没想到，猫主人不但知道，而且利用了他"认为对方不知道"的错误大赚了一笔。由于信息的寡劣所造成的劣势，几乎是每个人都要面临的困境。谁都不能先知先觉，那么怎么办？为了避免这样的困境，我们应该在行动之前，尽可能掌握有关信息。人类的知识、经验等，都是你将来用得着的"信息库"。

有了信息，行动就不会盲目，这一点不仅在投资领域成立，在商业争斗、军事战争、政治角逐中也一样有效。

《孙子兵法》云："知己知彼，百战不殆。"这说明掌握足够的信息对战斗的好处是很大的。在生活的"游戏"中，掌握更多的信息也是有好处的。比如，你要恋爱，你得明白他（她）有何爱好，然后才能对症下药、投其所好，才不至于吃闭门羹。猜拳行令（南方的人们喜欢在喝酒时猜拳助兴），如果你知道对方将出什么，那你绝对能赢。

有史以来，人们从来没有像现在这样深刻地意识到信息对于生活的重要影响，信息实际上就是你博弈的筹码，我们并不一定知道未来将会面对什么问题，但是你掌握的信息越多，正确决策的可能就越大。在人生博弈的平台上，你掌握的信息的优劣和多寡，决定了你的胜算。

你知道多少决定你得到多少

美国南北战争时期，市场上猪肉价格非常高。商人亚默尔观察这种现象很久了，他通过自己收集的信息认定，这种现象不会持续太久。因为只要战争停止，猪肉的价格就一定会降下来。从此，他更加关注战事的发展，准备抓住重要信息，大赚一笔。一天，他在报纸上看到了这样一个信息：李将军的大本营出现了缺少食物的现象。通过分析，他认为，战争快要结束了，战争结束就说明他发财的机会来了。亚默尔立刻与东部的市场签订了一个大胆的销售合同，将自己的猪肉低价销售，不过可能要迟几天交货。按照当时的行情，他的猪肉价格实在是太便宜了。销售商们没有放过这一机会，都积极进货。不出亚默尔的预料，不久后，战争果然就结束了。市场上的猪肉价格一下子就跌了下来。这时亚默尔的猪肉早就卖光了，在这次行动中，他共赚了100多万美元！

在知识经济时代，要在变幻莫测的市场竞争中立于不败之地。你就必须准确快速地获悉各种情报：市场有什么新动向？竞争对手有什么新举措？在获得了这些情报后，果敢迅速地采取行动，这样你不成功都难。信息与情报的商业价值在于，它们直接影响到企业的命运，是企业成功的关键因素。所以，美国企业家沃尔森提出了沃尔森法则，强调信息的重要性。

市场竞争的优胜者往往就是那些处于信息前沿的人。在同样的条件下，获取信息更快更多的人，就会优先抢得商机。有人说市场经济就是信息经济，其精髓就在于此。从某种意义上说，关注信息就是关注金钱，信息已经成为一种不可忽视的资源，在商海中搏击，学会收集信息，这样才能抓住有效信息，从而成为赢家。

现在，随着网络的普及，我们正走入信息经济时代，但有几个人能像亚默尔那样，找到对自己有效的信息？如今，人们追求的已经不是信息的全，而是信息的有效。越来越多的信息充斥着电脑的荧屏，人们绝不能困在对全面信息的无限追求中，那将浪费过多的时间和成本，只要能收取到对市场影响最本质的有效信息，就足够了。有则"九方皋相马"的故事或许能给我们以启示。

秦穆公对伯乐说："你的年纪大了，你能给我推荐相马的人吗？"伯乐说："我有个朋友叫九方皋，这个人对于马的识别能力，不在我之下，请您召见他。"穆公召见了九方皋，派他去寻找千里马。三个月以后九方皋返回，报告说："已经找到了，在沙丘那个地方。"穆公问："是什么样的马？"九方皋回答说："是黄色的母马。"

穆公派人去取马，却是纯黑色的公马。穆公很不高兴，召见伯乐，对他说："你推荐的人连马的颜色和雌雄都不能识别，又怎么能识别千里马呢？"伯乐长叹一声，说："九方皋所看见的是内在的素质，发现它的精髓而忽略其他方面，注意力集中在它的内在而忽略它的外表，关注他所应该关注的，不去注意他所不该注意的，像九方皋这样的相马方法，是比千里马还要珍贵的。"马取来了，果然是千里马。

这则故事就是成语"牝牡骊黄"的出处，说明只有透过现象看本质，才能提取有效信息，才能发现真正有价值的东西。在生活中面对同样的信息，不同的人可能做出不同的解读，从而做出不同的决策，这种差别来源于对有效信息的提取不同。

我们生活在信息社会中，要不断提升自己提取有效信息的能力。有句话说得好："世界上从来不缺少美，而是缺少发现美的眼睛。"运用到经济生活中也是同样的道理——生活对大家都是平等的，也从来不缺少成功机会，我们需要有一双敏锐的慧眼，发掘有效信息。

信息与情报给企业带来巨大利益的同时，也给许多企业敲响了警钟：信息既能带来滚滚财富，同样，信息的外泄也会让企业遭到致命的打击。

沃尔森认为，具备了一流的人才与技术只说明企业具备了生产一流产品的能力，这种能力如果没有将灵活地、高效地、及时地把握市场前沿信息的信息系统作为保障，也会化为乌有。同时，沃尔森认为，信息与情报关乎企业的方方面面，企业不但要注重内部信息，而且更要重视外部信息；不但要注意搜集、把握信息，而且要做好信息保密工作。

【定律链接】信息接力棒——对信息敏感，不可多得的财商

获取信息的能力是需要培养的，下面的游戏是一个很好的选择。

游戏说明：

参与人数：5 人一组

时间：15 分钟

场地：教室

材料：一则短文

游戏步骤：

（1）从报纸或杂志上摘取一个 2～3 段长的文章，注意选择的文章不要很热门，要保证大家都不熟悉。

（2）将参与游戏的人分成 5 人一组，并按顺序编号。

（3）请每组的 1 号留在房间里，其他人先出去。

（4）把摘取的文章念给各组的 1 号听，但是不允许他们做记号或者提问。

（5）接下来分别请每组的 2 号进来，让 1 号把听到的内容告诉 2 号，2 号也不许做记录和提问。以此类推，直到 5 号接收到信息为止。

（6）最后，请每组的 5 号复述他们听到的文章的内容。

游戏建议：

我们都知道信息在传递的过程中会失真，即使一段简单的话，经过几个人的传递也会变样。这不仅因为在听的过程中漏掉了信息，更因为每个人在传递信息时都不自觉地加入了自己的理解，使得信息越来越偏离它本来的意思。做这个游戏的时候，要注意以下几点内容：

（1）注意聆听和沟通，以免漏掉有用信息，这样才能将准确的信息传递下去。

（2）造成信息失真的原因有很多，主观因素有本人的记忆力、理解力和表达能力，客观因素有当时的环境和传递者对传递内容的熟悉程度。

（3）提高听力的有效方法有很多，比如做笔记、默记故事的关键词，最有效的就是记下故事里的逻辑关系，这样无论文章多长、关系多复杂，都不会影响我们获取有用的信息。

游戏延伸：

上面这个游戏主要是培训我们收集信息的能力。现代商业竞争越来越激烈，及时、准确地掌握信息，对赢得竞争十分重要。信息就是资历，信息就是竞争力，信息就是利润。一个人如果能及时掌握准确而全面的信息，就等于掌握了竞争的主动权。如何有效掌握信息呢？那就要求我们对信息要敏感。

日本德斯特自动售货机公司董事长古川久好 12 年前曾是一家公司的小职员，平时为老板做一些文书工作，跑跑腿，整理整理报刊材料。这份工作很辛苦，薪水又不高，他时刻琢磨着想个办法赚大钱。

有一天，古川久好从报纸上看到这样一条介绍美国商店情况的专题报道，其中有一段提到了自动售货机，上面写道："现在美国各地都大量采用自动售货机来销售货品。这种售货机不需要雇人看守，一天24小时可随时供应商品，而且在任何地方都可以营业，给人们带来了许多方便。可以预料，随着时代的进步，这种新的售货方法会越来越普及，必将被广大的商业企业采用，消费者也会很快地接受这种方式，前途一片光明。"

古川久好开始在这上面动脑筋，他想："虽然现在自己所处的地区还没有一家公司经营这个项目，但将来必然会迈入一个自动售货的时代。这项生意对于没有什么本钱的人最合适。我何不趁此机会去钻这个冷门，经营此新行业？至于售货机里的商品，应该搜集一些新奇的东西。"

于是，他就向朋友和亲戚借钱购买自动售货机，共筹到了30万元，这笔钱对于一个小职员来说可不是一个小数目。他以一台1.5万元的价格买下了20台售货机，设置在酒吧、剧院、车站等一些公共场所，把一些日用百货、饮料、酒类、报纸杂志等放入其中，开始了他的新事业。

古川久好的这一举措，果然给他带来了大量的财富。当地人第一次见到公共场所的自动售货机，感到很新鲜，因为只需往里投入硬币，售货机就会自动打开，送出你所需要的东西。一般一台售货机只放入一种商品，顾客可按照需要从不同的售货机里买到不同的商品，非常方便。古川久好的自动售货机第一个月就为他赚了100多万元。他把每个月赚的钱投资于自动售货机上，扩大经营规模。5个月后，古川久好不仅早已连本带利还清了借款，而且还净赚了近2000万元。

一条信息造就了新一代的富翁，古川久好的成功让我们清楚地看到：只有保持对信息的敏感，才能成为一个现代社会中高素养的商人，才能够在风险十足的商业竞争中抓住更多的机遇，才能在商场博弈中脱颖而出。

足见，信息不仅仅是我们决策的根据，更是我们制胜的关键。

信息处理定律：不会处理信息就不会生存

信息时代，信息等于机会

你有没有意识到，我们正生活在信息风暴中？

现代社会是一种靠信息生存的时代，在人们的交往过程中，拥有信息的数量多少成为机会和财富的象征。人们总是把眼光盯在瞬息万变的社会中，世界正在成为一个巨大的信息交流场。1988 年，一根光纤电缆能同时传送 3000 个电子信息，1996 年则能传送 150 万个电子信息，2000 年能传送 1000 万个电子信息。一个商业信息也许能够创造一笔不小的财富。只要我们意识到信息的价值，就会通过各种信息的载体去获取更多的信息。

现在生活中布满了信息，承载信息的媒体也种类繁多。过去的媒体主要是书籍、报刊，后来有了广播电视，再后来计算机的普及，直到现在，手机也成了信息的主要传播渠道。

逛商场时，满眼看到的是各种各样的商业信息。某商场返券打折，酬惠新老顾客；某公司推出新一款高性能产品；某样商品的价格发生了怎样的变化；某厂家的产品正在为打入市场而进行营销策划；卖什么商品能赚钱；哪支股票呈"牛市"，哪支股票呈"熊市"，哪个公司即将上市；哪些国外企业要开拓中国市场，中国哪家企业迈出了国门，走向了世界……

在休闲时，你可以接触到数不胜数的生活信息。如国家对盐、糖等生活必需品的价格做了哪些调整；装修房子需要注意室内空气的监察和检测；小区周围又开了几家超市；今年冬天的取暖费是否会有涨幅；出去旅游应做好哪些准备，应该在什么时段选择哪些景点；城市交通线路做了哪些改换……

找工作时，你又会遇到许许多多的就业信息。哪些公司招聘哪些职位，具体要求怎样，公司发展如何，待遇如何等等。

这些信息都是与我们息息相关的，可以说，你的周遭正在发生新一轮的信息革命。无论是个人，还是国家，都不能忽视信息革命所带来的深刻变化。

信息革命的步伐从其产生的那天开始，就没有停止过。21世纪，人们津津乐道的一个词语"知识经济"，就本质而言，正起源于信息革命。现在，知识成为经济增长的基础，是否善于学习成为评价人才的标准，能否掌握有用的信息成为个人成就的关键，人类社会正在面临一场惊天动地的历史性变革。

当今社会，信息已经成为竞争中的关键因素。如果能够敏锐地发掘信息、加工利用信息，则可以在竞争中争得一席立足之地。但是，在信息时代没有常胜将军，往往就在你为成功而沾沾自喜的一刹那，一条关键的信息溜过去了，也许你会因此而丧失许多机会，失去在竞争中的主动性。

正因为这种信息传递的加速，使得生活中处处都充满了机会，只要做一个有心人，善于把握事物中的一切细节，掌握最有效最准确的信息并为己所用，就能为自己创造财富。

我们应当时刻保持冷静和敏感，在纷繁芜杂的世界里捕捉那些对我们至关重要的信息，只有这样才能时刻领先别人一步，成为一名善于把握信息的能人。

让有效信息为我所用

古语云："月晕而风，础润而雨。"其意思就是月亮周围出现光环，那就预示将有大风刮来；础（即柱子）下面的石墩子返潮了，则预示着天要下雨。这是古代人们利用自然现象来预测天气，从而为挡风防雨做准备。

把这句话用在对机遇的把握上，就是告诫我们要善于利用各种信息，从中捕捉机会，从而为成功做好准备。先知"础润"而迅即"张伞"，把握和充分利用机遇，就能有效地改变人生，把潜在的效益变成现实的效益。

1995年，只身到美国留学的王颖，踏入异乡时身上只有200美元，举目无亲。她曾在美国人家里做保姆，在中国餐馆里端盘子。在不到4年时间里，她已创立了自己的公司，经营上千万美元的进出口贸易。她的成功，也是得益于信息效应。一次偶然的机遇，她在美国的一个商店里发现一种新的商品——韩国产的手工缝制提包。这种提包，在美国要30美元一个，而在中国，在王颖的记忆中，原料几乎不需要多少钱！她决定做手工缝制提包生意，当即通过传真同中国工艺品进出口公司联系，向美国进口公司卖出了50个货柜的款式新颖、质量优良的手工提包。短短几年，韩国的手工提包几乎不见踪影了。

王颖正是凭借着对信息的敏感性，把握了这次商机。实际上，获取信息并不像我们想象中那般复杂。用你的眼睛、耳朵和一张嘴巴就能够得到重要信息。

你的朋友、你的竞争对手，报纸、杂志、广播电视都会提供大量信息随时随地提供给你参考；食堂、教室、商场、咖啡屋都能成为信息的源泉。实际生活中处处充满着信息，善于观察生活的人，总能找到成功的机遇。也就是说，只要对信息的敏感性强，就能捕捉到有用的信息。

对信息的敏感性来源于善思考、善联系、善挖掘，透过信息的面纱来感知隐含着的对自己有用的内容。好比在荒原上寻宝，宝不可能明摆在你的面前，要通过表面的异常表现传达出的信息，判断宝可能就在下面，然后把宝挖出来。如果非要等到眼睛直接看到宝才弯腰去捡，那么大量的信息就会从你身边溜过，而机遇也将与你无缘。

有时，你会发现某一条信息对你来说用处不大或毫无用处，但你千万不要将它丢掉，因为也许将这条信息与其他信息匹配起来，会为你打开新思路，你会意识到自己得到的信息量还不够多，这就需要你去广泛地收集信息，不要认为收集信息是一项枯燥的工作。其实你是在积累一个个机会。这就像一个人学习知识一样，刚开始他不可能是一个非常优秀的学者，只能逐步地积累，即使那种非常有天赋的人，也要从积累开始。当一个人的知识积累到一定程度之后，他就会有不同寻常的理解力，于是就可以透过现象抓住本质性的东西。信息其实就是平时积累的材料。通过你不断的积累，再与生活两相对照，你就会发现哪些材料是有价值的，哪些是毫无用处的，这样你就可以披沙拣金。信息就成了你的资源，信息的收集就是生产资料的组织，所以收集好信息，就成了成功路上关键的一步。

收集信息要遵循下列步骤：

第一步，必须认准你的奋斗方向，以明了自己究竟需要哪方面的信息。一般来讲，你的人生目标和你努力的方向，将帮助你决定自己所需的知识和信息。

第二步的要求就是，你知道能从哪些途径获取可靠的信息，其中比较重要的有以下几点：

（1）本人的经验和所受的教育。

（2）与别人合作，与他人交往时可能得到的经验和教训。

（3）向社会开放的大专院校。

（4）公共图书馆。

（5）各类新闻报刊。

（6）专业培训。

（7）网络……

各行各业的成功人士，从不停止获取与他们的主要目标、事业或职业有关的专门知识和相关信息。普通人通常对包含开发价值的信息熟视无睹的原因，就在于缺少捕捉信息的意识和紧迫感，而且缺乏整理所获信息的意识。所以，你必须树立多方收集信息的意识，使自己成为捕捉信息和机遇的有心人。正如俗话所说："说者无心，听者有意。"只要你每天都有意识去收集信息，就好比树起了全天候的"雷达天线"，就能在大量的新闻报道、广告、聊天中发现闪光的金子和难得的机遇。

我们要养成收集信息的习惯，只有掌握了充足的信息，才能够从信息中找到机遇，并做出正确的判断，才能够有更长远的发展。

你会从各种渠道得到各种各样的信息，这些信息中，有的足以决定你的成败，有的是可以促进你获得成功的；有的却是负面信息，它不但不会对你的工作产生促进作用，还会产生阻碍作用；更有些信息本身就是假信息，它会带你走上弯路甚至歧途。我们掌握了这许许多多的信息后，首先，要去伪存真，剔除虚假信息对自己的干扰；其次，就要对真实的信息进行筛选，选出对自己实现目标有利的因素，去除那些阻碍因素；最后，就是要利用筛选出来的有用的信息和自己的认识、判断力采取有效的行动，来达到目标。

收集与积累信息只是一个准备过程，有些信息也许你从来都不会用上，有些信息的出现绝对是一次性的，此后出现的信息也不会与以前的完全一样，那为什么还要去收集与整理信息并建立信息库呢？其实，这是个思维训练的过程，你要学会从所收集的信息中挑选出最有价值的，并努力去应用它。只有当你经过无数事实的检验之后，你才会获得一种特别的经验，那时你就会牢牢抓住那一点点提供成功机会的信息。

我们可以做这样的练习，即仔细、认真地阅读报纸，把自以为重要的信息剪下来，进行前后对比，并对信息进行考察、筛选，看哪些信息现在就可以利用，哪些信息以后可能会有用，然后对信息进行加工处理，寻找并引出结论。读报纸、杂志，以多读多看，分析比较为好。

我们在平时就应该注意进行对信息收集和筛选的训练。生活中多观察、多思考，看哪些信息是真实的，哪些信息是我们可以利用的，哪些信息是可以为自己带来效益的。熟练地驾驭信息，你就能够发现更多的机会，获得更好的发展。

一条信息的价值如何，关键看对自己有多大的作用。如果你对纷繁复杂的信息进行有效地整理和加工，自己的感知系统就有了选择性、方向性，就可以在众多的一般性信息中敏锐地发现别人看不到的机遇，这样你就能在有限时间内掌握更多有价值的信息，找到更多的发展机遇。

然而，在你的工作开始之前，你还没有具体的设想时，面对复杂的信息，你又不能放弃，那怎么办呢？这就需要整理了，可以用简单、方便折封袋档案整理法，将你收集到的信息按照关键字的音序排列起来，将记事便条、报告用纸、小册子、稿纸、收据、报纸剪条等放入档案袋，即可建立你自己的信息管理系统。在你有空闲时间的时候，把这些信息拿出来看看，它们分别是关于什么样的主题，然后把相关主题的信息摆在一起，并串成一"小札"，完成许多"小札"之后，再进一步思考这些小札之间的关系，将逻辑相联者集中在一起。一旦根据逻辑关系归纳出许多小札后，即把它们固定在一起，并附上标题纸片。这样你就可以对这些信息进行使用了。

待信息收集、筛选、整理以后，我们还需要对其进行加工，让其为己所用。加工可以使信息更全面、更系统、实用性更高，加工可以揭示出隐含的深层信息，使你更熟练地驾驭它们，信息加工是发现机遇、把握机遇的方法，是现代人应具备的重要能力。

冰山理论：实际存在的很多，而我们可见的太少

眼睛看到的远远小于看不到的

两个天使在旅途中到一个富有的家庭借宿。这家人对他们并不友好，拒绝让他们在舒适的卧室过夜，而是在冰冷的地下室给他们找了一个角落。当他们铺床时，老天使发现墙上有一个洞，就顺手把它修补好了。小天使问他为什么这样做，老天使答道："有些事并不像它看上去那样。我从墙洞看到墙里面堆满了金块。因为主人被贪欲迷惑，不愿意别人分享他的财富，所以，我把墙洞补上了。"

我们不是老天使，我们不可能像他一样能看透事情的本质。受各种因素的影响，我们认识世界的能力是有限的，甚至有时候我们所看到的世界并不一定是最真实的世界。我们不可能洞悉一切事物，实际上我们眼睛看到的远远小于看不到的。冰山理论就是向我们昭示，我们生活在一个信息不完全的世界中。

在生活中，随处可见信息不完全的情形。比如，你加倍努力干好工作，老板理应多付你工资，但因为他对你的努力程度只是有个模糊概念，所以你的业绩奖金只是你薪水的一小部分。只有老板能完全看清楚你的能力与努力，他才可以将你的薪水与表现挂钩。

如果我们把一个员工的全部才能看做一座冰山，浮在水面上的是他所拥有的资质、知识、行为和技能，这些就是员工的显性素质，可以通过各种学历证书、职业证书来证明，或者通过专业考试来验证；而潜在水面之下的东西，包括职业道德、职业意识和职业态度，我们称之为隐性素质。显性素质和隐性素质的总和就构成了一个员工所具备的全部职业素质。

冰山理论可以用来解释职场中的很多问题。比如：

为什么有经验的"海归"大受欢迎？

为什么有外企背景的人找工作相对容易很多？

为什么有些人学历低收入却很高？

为什么有些人总是能够得到赏识和重用？

为什么许多企业明确表示不招聘应届毕业生？

为什么经验丰富的你，专业很好，求职却屡受打击？

为什么你总是得不到提升，也得不到高薪？

为什么你做事，老板总不满意？

职业化素质有大部分潜伏在水底，就如同冰山有 7/8 存在于水底一样，正是这 7/8 的隐性素质支撑了一个员工的显性素质。显性的因素就像浮于海面上的冰山一角，事实上是非常有限的；冰山水底的隐性因素包括员工的职业意识、职业道德和职业态度，在更深层次上影响着员工的发展。所以，我们应该在注重培养显性素质的同时，培养自己的隐性素质，特别是自己的职业精神、学习能力、团队意识等，并将这些融入自己的职业生涯中，让"冰山"的支持更加牢固。

广泛收集信息，取其精华

鲁迅的"拿来主义"是有选择地、是为我所用地拿，在这个信息泛滥的时代，聪明的"拿来主义者"都是善于收集信息的高手。他们在收集信息的时候，去除无效信息，保留有效信息，是信息让他们在成功的路上走得更顺畅。

我们不要坐在那里被动地等待别人提供信息。当你确实需要资讯时，必须要主动地去搜集，养成收集信息的习惯。

如何养成高效收集信息的习惯呢？应当从以下几方面着手：

1. 要主动出击

优秀的人应当主动去"关心"信息，因为这是搜集信息的一个好方法。例如，在大街上，当你听到消防车喇叭声大作时，你会问："哪里失火了？哪里出现了紧急情况吗？"只有主动询问，你才能立刻了解到哪里出现了事故。当看到街头上围了一大群人，你要走上前挤进去，才能看得见那里发生了什么事。因为，要掌握一件事情的真相，光有好奇心是不够的，还要尽可能地亲身经历或亲眼所见。要搜集资讯，就必须主动出击，抢先获取第一手资料。当然，我们还应当培养自己判断信息价值的能力，这样，才能在浩如烟海的信息世界里找到对自己有用的信息。

2. 建立个人信息网络

建立个人信息网络的重要性在于，当你想要哪一类资讯时，立刻可以找到能提供这方面信息的人；当你想得到最具权威性的资料时，马上有人为你提供最为科学的建议。怎样来建立你的信息资讯网呢？可以先以你的知交良朋、同一母校的校友、同时进入公司的同事、上各类培训班时认识的学员、同行业里认识的朋友为基础，逐渐扩大你的信息网络。若善加利用，这个网将是你一生中最为宝贵的财富之一。

3. 要善于"套"情报

用对信息的保密程度来划分，人不外乎两类：缄默型和主动传播型。当知道一项内部资讯时，主动传播型的人，不用你去问，他都会跑来告诉你整个事情的始末，并且会添油加醋；而缄默型，会三缄其口，不随意传话。

对缄默型的人，你要想办法从他们的嘴里"套"出话来，你不能开门见山，要旁敲侧击。对主动传播型，无论他给你说什么，你都要很有兴趣地听完它，不要对自认为有价值的就认真听，觉得没用的就提不起精神。否则，以后他就不会再告诉你什么东西了。

4. 不要随便传播所得情报

一般来说，对方信任你，才会告诉你内部参考、内幕消息和独家机密，而且他们往往会叮嘱你"千万不要告诉别人"。如果你把这些事情随便告诉了其他人，一旦传到了当初告诉你的那个人耳中，以后你再也不能从他那里得到什么有价值的信息了。

5. 学会适当透露情报给别人

光是别人给你提供信息情报，你却不给别人透露一些他想要的资讯，这样的关系是不可能长久的。你必须提供令对方满意的情报，别人才会给你需要的信息。

【定律链接】买车的冰山理论

如今有车一族已经是数不胜数。

以经济车为例，虽然车降价让人难以抑制购车欲望，但牌照费、停车费、税费、保险费、养路费、保养费、年检费、汽油费、配件费等等，这些才是冰山的全貌！在经济车的整个生命周期内，28％的成本发生在购买初期，72％的成本为使用成本和税费，即经济车的使用成本远远超出价格。成熟的用户应当意识到经济车"冰山"隐藏在水下的巨大部分。假设：一辆8万元的经济车，购置税0.7万元，使用12年按照每年1.2万元计算共14.4万元，另外9万元包牌一次付出的资金，投资收益按照4％计算，12年共减少投资收益4.3万元。这样就很清楚了：8万元的车价，使用成本、税费和减少投资收益共19.4万元，这还不包括一些地方性收费和拍牌费。

冰山看上去很美丽，但如果走近却发现冰山也是陡峭嶙峋，如果没有统筹和预期，买得起车却养不起，汽车看上去还是那么美吗？

第八章　管理学原理

二八法则：抓住起主宰作用的"关键"

无所不在的二八法则

理查德·科克在牛津大学读书时，学长告诉他千万不要上课，"要尽可能做得快，没有必要把一本书从头到尾全部读完，除非你是为了享受读书本身的乐趣。在你读书时，应该领悟这本书的精髓，这比读完整本书有价值得多"。这位学长想表达的意思实际上是：一本书80％的价值，在20％的页数中就已经阐明了，所以只要看完整部书的20％就可以了。

理查德·科克很喜欢这种学习方法，而且一直将其沿用下去。牛津并没有一个连续的评分系统，课程结束时的期末考试就足以裁定一个学生在学校的成绩。他发现，如果分析过去的考试试题，会发现把所学到与课程有关的知识的20％，甚至更少，准备充分，就有把握回答好试卷中80％的题目。这就是为什么专精于一小部分内容的学生，可以给主考人留下深刻的印象，而那些什么都知道一点，但没有一门精通的学生却考不出好成绩。这项心得让他不用披星戴月、终日辛苦地学习，但依然取得了很好的成绩。

理查德·科克到壳牌石油公司工作后，在可怕的炼油厂内服务。

他很快就意识到，像他这种既年轻又没有什么经验的人，最好的工作也许是咨询业。所以，他去了费城，并且比较轻松地获取了 Wharton 工商管理的硕士学位，随后加盟了一家顶尖的美国咨询公司，第一个月，他领到的薪水是在壳牌石油公司的 4 倍。

就在这里，理查德·科克发现了许多运用二八法则的实例。咨询行业 80％ 的成长，几乎全部来自专业人员不到 20％ 的公司，而 80％ 的快速升职也只有在小公司里才有——有没有才能根本不是主要的问题。

当理查德·科克离开第一家咨询公司，跳槽到第二家的时候，他惊奇地发现，新同事比以前公司的同事更有效率。

怎么会出现这样的现象呢？新同事并没有更卖力地工作，但他们充分利用了二八法则，他们明白，80％ 的利润是由 20％ 的客户带来的，这条规律对大部分公司来说都行之有效。这样一个规律意味着两个重大信息：关注大客户和长期客户。大客户所给的任务大，这表示你更有机会运用更年轻的咨询人员；长期客户的关系造就了依赖性，因为如果他们要换另外一家咨询公司，就会增加成本，而且长期客户通常不在意价钱问题。

对大部分的咨询公司而言，争取新客户是重点工作，但在他的新公司里，尽可能与现有的大客户维持长久关系才是明智之举。

不久后，理查德·科克确信，对于咨询师和他们的客户来说，努力和报酬之间也没有什么关系，即使有也是微不足道的。聪明人应该看重结果，而不是一味地努力；应该依照一些解释真理的见解做事，而不是像头老黄牛单纯地低头向前。相反，仅仅凭着脑子聪明和做事努力，不见得就能取得顶尖的成就。

二八法则无论是对企业家、商人还是电脑爱好者、技术工程师和其他任何人，意义都十分重大。这条法则能促进企业提高效率，增加收益；能帮助个人和企业以最短的时间获得更多的利润；能让每个人的生活更有效率、更快乐；它还是企业降低服务成本、提升服务质量的关键。

二八法则的运用

微软的创始人比尔·盖茨曾开玩笑似的说，谁要是挖走了微软最重要的约占 20%的几十名员工，微软可能就完了。这里，盖茨告诉了我们一个秘密：一个企业持续成长的前提，就是留住关键性人才，因为关键人才是一个企业最重要的战略资源，是企业价值的主要创造者。

留住你的关键人才，因为关键人才的流失有时对一个企业来讲是致命的。

因此，在任何时候，你都要和他们保持良好的沟通，这种沟通不仅是物质上的，更是心理上的，让他们觉得自己在公司具有举足轻重的地位。如果他们感觉到老板对自己的赏识，他心中会升华一种责任感，从而愿意与公司共进退。

一家西方知名公司的首席执行官刚刚实行了一项革命性的举措——部门经理每季度提交关于那些有影响力、需要加以肯定的职员的报告。这位首席执行官亲自与他们联系，感谢他们的贡献，并就公司如何提高效率向他们征求意见。通过这一举措，这位首席执行官不仅有效留住了关键性的人才，还得到了他们对公司的持续发展提供的大量建议。

另外，要仔细分析关键人才在什么情况下业绩最佳，在那段时间内，他们是如何工作的。因为即使是一个关键人才，他的业绩也不是每个季度、每个月都一样的。根据二八法则，找出他们创造了 80%的业绩的 20%的工作时间，来分析他们在那段时间内创造佳绩的原因。

你也许会问，对表现差的那 80%的销售员该怎么办？

其实这些问题你不必考虑，你要训练的是那些你打算长久留在身旁的人，若训练随时准备让他们走人的员工，才真是徒劳无功。

让关键人才来训练你打算留下来的人员，经过一个阶段之后，在受训人员中淘汰掉表现较差的一部分，只保留表现最好的 20%，把

80％的训练计划和精力放在他们身上，力争他们也成为公司的关键人才。这样，长江后浪推前浪，整个公司的业绩也就上升了。

一位著名的管理学者说："成功的人若分析自己成功的原因，就会发现二八法则在自己成功的道路上发挥了巨大的作用。80％的成长、获利和发展，来自20％的客人。公司至少应知道这20％是谁，才可能清楚看到未来成长的前景。"

1998年，在梅格·惠特曼出任eBay（易趣网）公司首席执行官5个星期之后，她主持了一次为期2天的会议，讨论收缩销售战线的问题，并再次检查用户数据。如果了解eBay公司每个卖家的交易量（当然这由eBay公司负责），你就可以很容易地列出双栏表格。第一栏按照递减顺序，也就是按照交易量从最大到最小的顺序将客户排列下来。第二栏进行交易量累计（例如第一栏中，第一名客户的交易量为5万美元，第二名客户的交易量为4万美元，那么，在第二栏中，对应第一名客户的交易量累计将会是5万美元，而对应第二名客户的交易量累计则为9万美元）。现在，看看第二栏，我们可以找到累计销售额占eBay公司总销售额80％的客户，从中我们可以知道eBay公司销售的集中程度怎样。

经过2天的整理和排列，惠特曼和她的团队发现，eBay公司20％的用户，占据了公司总销售量的80％。这个消息并非听听而已，它提醒大家，针对这20％客户的决策对于eBay公司的发展和收益非常关键。当eBay公司的管理者追踪这20％核心用户的身份时，他们发现这些人大都是收藏家。因此，惠特曼和她的团队决定不再像其他网站那样，通过在大众媒体上做广告去吸引客户，转而在收藏家更容易关注的玩偶收藏家、玛丽·贝丝的无檐小便帽世界等收藏专业媒体和收藏家交易展上加大宣传力度，这一决策成为eBay成功的关键。

将注意力集中在核心用户身上，促成了eBay公司大销售商计划的诞生。该计划旨在通过提升核心客户的表现，从而带动eBay公司自身有更好的表现。该计划向三类大销售商提供了特权和认可，他们分别是：铜牌用户，每月销售 2000 美元；银牌用户，每月销售 10000 美元；金牌用户，每月销售 25000 美元。只要大销售商获得了买家的好评，eBay 公司就会在这个销售商的名字旁边加注一个专用徽标，并给他们提供额外的客户支持。比如，金牌销售商可以拥有 24 小时客户支持的热线电话。

由此可见，在公司管理中，要运用二八法则来调整管理的策略，就要首先清楚掌握公司在哪些方面是赢利的，哪些方面是亏损的，只有对局势有了全面的了解，才能对症下药，制定出有利于公司发展的策略。如果脑袋里是一笔糊涂账，就无从谈起二八法则的运用，而那些琐碎、无用的事情将继续占据你的时间和精力。所以首要的任务是对公司做一次全面的分析，细心检查公司里的每个细微环节，理出那些能够带来利润的部分，从而制定出一套有利于公司成长的策略。

你要找出公司里什么部门业绩平平，什么部门创造了较高利润，又有哪些部门带来了严重的赤字。通过分析比较，你就会发现哪些因素在公司中起到举足轻重的作用，而另一些则在公司中的作用微不足道。

在企业经营中，少数的人创造了大多数的价值，获利 80％ 的项目只占企业全部项目的 20％。因此，你应该学会时刻注重那关键的少数，提醒自己把主要的时间和精力放在那关键的少数上，而不是用在获利较少的多数上，泛泛地做无用功。

【定律链接】慎用二八法则

实际上，运用二八法则有着严格的前提假设，离开这些假设来谈论该法则的普遍适用性，就会导出十分荒谬的结论。

第一，假设具备事前判断关键与非关键事物所需的各种信息，否则就无法有效区别关键少数与一般多数。管理复杂系统，如果无法事先确定哪些是少数关键因素，也就不可能提出操作对策。

第二，假设少数关键要素与多数一般要素这两者之间互相独立不相关。事实上，在管理系统中，关键少数与一般多数之间往往存在着双向互动的相关性。因此，用对有机系统进行肢解的方式来获取所谓的关键因素，而把其余的部分均归为所谓的一般因素，这种做法非常荒谬。

第三，假设所找到的关键事物或环节等是可调控的，即二八法则所涉及的关键因素是人类群体理性选择的结果，它是一种人类决策可改变、可利用的规律。如果找出的关键因素是管理者及企业力量所不能改变的，却硬要试图违背理性加以改变，就如同头撞南墙、鸡蛋碰石头，其结果将以失败而告终。从这个角度看，除非管理环境在其存在方式、发展趋势、运行模式、因果关系等方面的变化具有一定的可预见、可调控的特性，否则二八法则就只有解释性，而不具可行性，对管理者来说等于无效。

所以，关于二八法则，在使用中应该注意：

（1）要以符合一定的前提假设为先决条件。

（2）要将80％与20％看成是一个整体，也就是要在注重20％关键因素的同时，也关注80％非关键因素，在二者协调的情况下，提高整个系统的水平。

分粥规则：利己并不妨碍公平

分粥的难题

有一个很古老的故事：

有7个小矮人在一起共同生活，其中每个人都没有什么凶险祸害之心，但不免有自利的心理，他们每天要分食一锅粥，但没有称量用具。

大家发挥了聪明才智，试验了各种不同的方法，主要方法如下：

方法一：拟定一人负责分粥事宜。很快大家就发现这个人为自己分的粥最多，于是换了人，结果总是主持分粥的人碗里的粥最多。大家得出结论：权力导致腐败，绝对的权力导致绝对腐败。

方法二：大家轮流主持分粥，每人一天。虽然看起来平等了，但是每个人在一周中只有自己分粥那天吃得饱且有剩余，其余六天都饥饿难耐。结论：资源浪费。

方法三：选举一位品德尚属上乘的人。开始还能维持基本公平，但不久他就开始为自己和溜须拍马的人多分。结论：毕竟是人不是神。

方法四：选举一个分粥委员会和一个监督委员会，形成监督和制约。公平基本做到了，可是由于监督委员会经常提出多种议案，分粥委员会又据理力争，等粥分完，早就凉了。结论：类似的情况政府机构比比皆是。

方法五：每人轮流值日分粥，分粥的人最后一个领粥。结果，每次七只碗里的粥都一样多。

这就是分粥的难题。要让分粥工作既有效率又公平，确实不是一件容易的事情。所幸的是，7个小矮人通过实践，最终实现了效率与公平的共赢。

所谓"分粥规则"，是政治哲学家罗尔斯在其著作《正义论》中提出的。在这个颇有趣味的小故事背后，揭示的是社会财富的分配问题。罗尔斯把社会财富比作一锅粥，这锅粥当然不是敞开的"大锅饭"，所以罗尔斯假设7个小矮人共同分粥——这7个小矮人，实际上代表的就是政治经济学体制下的广大人民；而以上小矮人进行的不同的实验，代表的自然就是不同的政治经济体制。

在没有精确计量手段的情况下，无论选择谁来分，都会有利己嫌疑。经过多方博弈后，解决的方法就是第五种——分粥者最后喝粥，等所有人把粥领走了，"分粥者"喝剩下的那份。因为让分粥者最后领粥，就给分粥者提出了一个最起码的要求——每碗粥都要分得很均匀，否则最少的那碗肯定是自己的。只有分得合理，自己才不至于吃亏。因此，"分粥者"即使只为自己着想，结果也是公正、公平的。

【定律链接】制度决定行为

通过分粥规则我们看到，同样是七个人，不同的分配制度，就会有不同的结果。所以一个单位如果有不好的工作习气，一定是机制问题，没有严格的制度奖勤罚懒。如何制定并执行系统的制度，是每个企业每一位管理者都需要思考的课题。具体可以从以下几个方面入手：

1. 构建制度、奖惩分明

古人说："知易行难。"搞好制度建设是做好工作的前提，执行制度才是提高效率的关键。要想有效执行制度，首先要培养员工对制度的认同感。针对部门、员工岗位的要求，加强组织学习和培训，使每个员工都能清楚地知道自己应该做什么，不应该做什么，企业倡导什么，反对什么，什么是不正确的行为，什么是应该坚持的底线，这样才能确保执行不出现偏差。其次，在执行制度和管理的过程中，还要不断完善和优化各类制度，时刻坚持制度是职工必须遵循的行为准绳，树立制度的权威性和执行制度的刚性，充分强调职工对制度的无条件服从和百分百的执行。再次，在执行过程中，要敢于直面问题，准确、到位、公开地点评工作中的不足，批评不良倾向，提出整改措施。要把上级的要求，与本单位的具体情况、基层班组的工作特点、职工的思想实际等，有机结合起来加以贯彻落实，防止出现形式主义、应付上级的不良现象。

2. 领导垂范、率先执行

古人说："身教重于言教。"领导的执行力是企业制度建设最有力的保证。企业的各级领导干部既是制度的制定者，也是制度的执行者。当前，一些企业中的某些各级干部还不同程度地存在软、懒、散等现象，具体讲，制度执行不下去就是新形势下"软"的表现，缺乏创新意识、工作没有激情就是"懒"的表现，中心工作不突出、工作指导不到位就是"散"的表现。企业执行力的提高，需要领导者有坚定的态度、坚强的决心、有力的措施，更需要领导者身体力行。提高企业执行力，要提高领导者自身的执行力，要坚持真抓实干，说到做到，言出必行；坚持公司制度面前人人平等，严格按章办事，不做企业特殊员工；要深入基层，了解企业，了解员工，掌握实情；要参与执行，关注细节，及时协调解决企业运营过程中存在的各类问题；要加强团结协作，推进民主管理，在重大问题决策上集思广益、群策群力，形成相互支持、协调、团结共事的局面。

3. 文化引领、广泛认同

制度建设是企业文化的重要表现之一。企业执行力文化的核心内容，是一种对制度负责、敬业的精神和服从、诚实的态度。要把"不讲任何借口"的制度准则，融合在企业文化里，印刻在员工心目中，使之成为企业每个员工的一种守则、一种信念和一种精神力量。我们知道，员工的观念改变态度才会变，态度改变执行才会变，执行改变企业才会变。因此，要充分运用"荣辱观"教育、"主人翁"教育、职业道德教育等活动，大力推进企业文化建设。开展经常性的企业精神教育，采取生动活泼、喜闻乐见的形式，灌输"执行制度不是对职工的约束，而是对职工的关爱"、"执行制度就是尊重自己"、"安全是最大的以人为本"等企业观念。教育广大员工，挑战制度和无视规定，就是无视自己生命、践踏生活，是对自己、对家人、对企业、对他人不负责任，其结果必然是失大于得，甚至失去健康和生命。除此之外，还要注重开展榜样教育，把那些体现企业文化、反映企业精神、代表企业形象的先进个人和群体树立起来，彰显他们的地位，作为企业全体员工共同学习的榜样。

犯人船理论：制度比人治更有效

没有规矩，不成方圆

18 世纪，英国政府为了开发新占领的殖民地——澳大利亚，决定将已经判刑的囚犯运往此地。从英国运送到澳大利亚的船运工作由私人船主承包，政府支付长途运输费用。据英国历史学家查理·巴特森写的《犯人船》记载，1790～1792 年，私人船主运送犯人到澳大利亚的 26 艘船共 4082 人，死亡 498 人，死亡率很高。其中有一艘名为海神号的船，424 个犯人中死了 158 人。英国政府不仅经济上损失巨大，而且在道义上受到社会强烈谴责。

对此，英国政府实施了一种新制度以解决问题。政府不再按上船时运送的囚犯人数支付船主费用，而是按下船时实际到达澳大利亚的囚犯人数付费。新制度立竿见影。据《犯人船》记载，1793 年，3 艘新制度下航行的船到达澳大利亚后，422 名罪犯只有 1 人死于途中。此后，英国政府对这些制度继续改进，如果罪犯健康良好还给船主发奖金。这样，运往澳大利亚罪犯的死亡率明显有所下降。

如果从我们熟悉的一般思维方式上寻找解决以上犯人死亡问题的方法，一般可以列举出两种，对船主进行道德说教，寄希望于私人船主良心发现，为囚犯创造更好的生活条件，或者政府进行干预，使用行政手段强迫私人船主改进运输方法。但以上两种做法都有实施难度，同时效果也许甚微。然而，新的制度却既可以顺应船主们牟利的需求，也使得犯人平安到达目的地。

这就是制度的作用。所谓制度，就是约束人们行为的各种规矩。"没有规矩，不成方圆"，制度在维护经济秩序方面起着重要作用。一个好的制度一方面可以避免人们在经济生活中的盲目性，形成统一的管理和流程，例如财务制度的建立，使得公司内部资金使用十分规范，人们只需按照相应的规定行事即可；另一方面，制度能规避机会主义行为。

制度的最大受益者是遵循制度的人

合理的制度确实可以对不规范的行为起到良好的约束与引导作用。阿里巴巴集团创办的支付宝，在电子商务一度遭受信用质疑的时刻横空出世，化繁为简，填补了中国金融业在电子商务领域的空白，让每一个消费者都可以放心地进行网上交易。支付宝取得成功的原因就在于取得了消费者的信任，而它之所以能够取得信任，就在于通过严格的制度，规范了网上交易的程序，买主和卖主的权益都得到了最大程度的保障。

可见，无论是公司的制度，还是国家的制度，跟我们每一个人都有紧密的关系。往往一个新制度的产生，会给社会带来不可估量的影响。虽然"犯人船理论"最初是源自于对犯人的约束，但最终，每一个守规矩的人，都是制度最大的受益者。

【定律链接】制度怎样才合理

在传统的智慧中，市场中的消费者是弱者，而与消费者相对的企业便是强者，为了保护弱者，政府便会出面对市场进行干预，制定出一系列的制度。

经济学的中心目标之一就是解释复杂的经济是如何运行的，这些问题涉及经济的协调机制。不同的经济社会有不同的协调机制，从而形成不同的经济体制。在这些经济体制中，其中一种协调机制是市场经济体制，它是在产权确定的条件下，由价格调节单个经济主体的决策；它像一个非常精巧的机构，通过价格和市场体系，无意识地协调着生产者及消费者的活动；它还是一部传达信息的机器，把千百万个经济主体的偏好和行为汇集在一起，很好地解决了生产什么、如何生产、为谁生产等基本的经济问题。

因此，我们说，在人类的经济生活中，在市场经济制度下，如何建立一种合理的制度，便是由效率最高的生产方式决定的。为谁生产，取决于生产要素的供给与需求，要素市场取决于工资、地租、利率和利润的多少。

公平理论：绝对公平是乌托邦

绝对的公平根本不存在

一个人不仅关心自己所得所失本身，而且还关心与别人所得所失的关系。他们是以相对付出和相对报酬全面衡量自己的得失，如果得失比例和他人相比大致相当时，就会心理平静，认为公平合理，从而心情舒畅；比别人高则令其兴奋，这是最有效的激励，但有时过高会带来心虚，不安全感激增；低于别人时同样会令其产生不安全感，心理不平静，甚至满腹怨气，工作不努力、消极怠工。因此分配合理性常是激发人在组织中工作动机的因素和动力。

早在1965年，美国心理学家约翰·斯塔希·亚当斯就已提出"公平理论"，员工的激励程度来源于对自己和参照对象的报酬和投入的比例的主观比较感觉。该理论认为，人能否受到激励，不但由他们得到了什么而定，还要由他们所得与别人所得是否公平而定。

下面，一起来看古印度《百喻经》里的一个"二子分财"的例子：

古印度有这样的习俗，父母死后要为子女留下财产，而子女之间要平分财产。有一位富商，晚年得了重病，知道自己快要死了，于是便告诉他的儿子们要平分财产。两个儿子遵照他的遗言，在他死后，提出各种平分财产的方案，可是无论哪个方案，兄弟二人都不能同时满意。

就在他们为平分遗产发愁的时候，有一个愚蠢的老人来他们家做客，见此状况，便对两兄弟说："我教你们分财物的办法，一定能分得公平，就是把所有的东西都破开成两份。怎么分呢？衣裳从中间撕开，盘子、瓶子从中间敲开，盆子、缸子从中间打开，钱也锯开，这样一切都是一人一半。"兄弟二人听到这位愚人的建议，顿然醒悟，总算找到平分遗产的方法了。但当他们按这样的方法分完遗产，才发现所有的东西都不能用了……

绝对的公平是不存在的。如果完全都按照数量上的平等来分，就会出现这种形而上学的笑话。所以，效率和公平要兼顾。

公平与否的判定受到个人的知识、修养的影响，再加上社会文化的差异，以及评判公平的标准、绩效的评定的不同等，在不同的社会中，人们对公平的观念也是不同的。但是，面对不公平待遇时，为了消除不安，人们选择的反应行为却大致相同，或者通过自我解释达到自我安慰，主观上造成一种公平的假象；或者更换比较对象，以获得主观上的公平；或者采取一定行为，改变自己或他人的得失状况；或者发泄怨气，制造矛盾；或者选择暂时忍耐或逃避。

寻找公平与效率之间的完美平衡点

在经济学上，公平与效率是个永久的话题，很多人认为两者不可兼得，要么牺牲效率，获得相对的更加公平；要么牺牲公平，去追求更大的效率。事实就是这样，最公平的方案不一定就是最有效的。

两个孩子得到一个橙子，但是在分配的问题上，两人并不能统一。两个人吵来吵去，最终达成了一致意见，由一个孩子负责切橙子，而另一个孩子选橙子。最后，这两个孩子按照商定的办法各自取得了一半橙子，高高兴兴地拿回家去了。其中一个孩子把半个橙子拿到家，把橙子皮剥掉扔进了垃圾桶，把果肉放到果汁机里榨果汁喝；另一个孩子回到家把果肉挖掉扔进了垃圾桶，把橙子皮留下来磨碎了，混在面粉里烤蛋糕吃。

两个"聪明"的孩子想到了一个公平的方法来分橙子：如果切橙子的孩子不能将橙子尽量分成均等两半，那么另一个孩子肯定会先选择较大的那一块，所以这就迫使他要进行均匀的分配，否则吃亏的就是自己。这似乎是一个"完美"的公平方案，结果双方也都很满意。然而，他们各自得到的东西却未能物尽其用，这个公平的方案并没有让双方的资源利用效率达到最优。

如果将橙子果肉掏出，全部给需要榨果汁的小孩，把橙皮全部留给需要橙皮烤蛋糕的小孩，这样就避免了果肉和果皮的浪费，达到资源利用的最大化。但对两个小孩来说，这样的方案，他们会觉得不公平而拒绝接受。

许多公司为了避免员工的不公平心理对工作效率造成影响，都对员工工资采取保密措施，使员工相互不了解彼此的收支比率，从而无法进行比较。这种做法有些类似于"纸里包火"。其实，若想要规避不公平心理的负面效应，不但要公开大家的付出与所得，还需要建立合理的工作激励机制，以及公正的奖罚制度，并铁面无私地严格执行下去。

然而事实上，要提高效率，难免就会存在不平等。要实现平等，则往往要以牺牲效率为代价。世上没有绝对的公平，公平永远是相对的。所以对于我们个人来说，不要刻意去为点滴的不公而大动干戈，也不要为过于追求效率而无视施加于大家头上的不平等。一个优秀的团体，总能做到效率与公平的兼顾，并知道何时需要注重公平，何时需更注重效率。同样，一个聪明的人在处理事务时，也总会在公平与效率之间找到完美的平衡点。

【定律链接】结果公平和机会公平

公司的年终酒会上，一个漂亮的女孩被很多男生看上了。每个人都想邀请她跳舞，却又不好意思。有几个大胆的男生来邀请女孩跳舞，女孩犹豫了一下，选择了一个年轻帅气的男生。其他男生立马撇嘴，觉得这个女孩怎么可以只看男生外表不重内涵呢？真没品位。第二次女孩又和一位中年成熟男士跳舞，其他人又撇嘴，这个女孩怎么只看男生有钱没钱呢？真虚荣。第三次女孩选择了一个长相平平的男生跳舞，其他人还撇撇嘴，他长那么丑，还没有我帅呢！她怎么这么没有品位呢！

可见，这个女孩无论如何选择，都无法达到这些男士所认为的公平。在公平与效率之间，既不能只强调效率而忽视了公平，也不能因为公平而不要效率，应该寻求一个公平与效率的最佳契合点，实现效率，促进公平。但要实现效率与公平的完美结合，又谈何容易？各方要在合作的基础上达成一种均衡，必须考虑各方的利益。在大家实力相当的时候，必须使每个人得失相当。最难的是，每个人都觉得自己得到的是最少的，无论如何都是不公平的。

在诸如此类的生活场景中，之所以总会听见人们抱怨，就是因为公平难以实现。

经济学家把公平划分为结果公平和机会公平。结果公平是由人类社会的整体性所决定的，无论强者还是弱者，每个人都应享有基本的权利，即生存和发展的权利。结果公平更加注重人的差异性，它是通过社会再分配的方式，对于弱者给予补偿，个人所得税、奢侈品税的核心思想就是通过财富转移支配达到促进社会公平的结果。

鲇鱼效应：让外来"鲇鱼"助你越游越快

鲇鱼效应就是一种负激励

挪威人喜欢吃沙丁鱼，尤其是活鱼，市场上活沙丁鱼的价格要比死鱼高许多，所以渔民总是千方百计地想让沙丁鱼活着回到渔港。虽然经过种种努力，可绝大部分沙丁鱼还是在中途因窒息而死亡。但有一条渔船总能让大部分沙丁鱼活着。船长严格保守着秘密，直到船长去世，谜底才揭开，原来是船长在装满沙丁鱼的鱼槽里放进了一条鲇鱼。鲇鱼进入鱼槽后，由于环境陌生，便四处游动，沙丁鱼见了十分紧张，左冲右突，四处躲避，加速游动。这样一来，一条条沙丁鱼欢蹦乱跳地回到了渔港。

这就是著名的"鲇鱼效应"，即采取一种手段或措施，刺激一些企业活跃起来，投入市场中积极参与竞争，从而激活市场中的同行业企业。其实质是一种负激励，是激活员工队伍的奥秘。

比如，一个企业内部人员长期固定，就会缺乏活力与新鲜感，从而容易产生惰性，影响企业生产效率。对企业而言，将"鲇鱼"加进来，会制造一些紧张气氛。当员工们看见自己周围多了些"职业杀手"时，便会有种紧迫感，觉得自己应该要加快步伐，否则就会被挤掉。这样一来，企业就又能焕发出旺盛的活力了。

同样，如果一个人长期待在一种工作环境中反复从事着同样的工作，很容易滋生厌倦、疲惫等负面情绪，从而导致工作绩效明显降低，长此以往，就掉入了职业倦怠的漩涡之中。"鲇鱼"的加入，会使人产生竞争感，从而促进自己的职业能力成长和保持对工作的热情，这样也就容易获得职业发展的成功。

要知道，适度的压力有利于保持良好的状态，有助于挖掘人们的潜能，从而提高个人的工作效率。例如，运动员每临近比赛时，一定要将自己调整到能感觉到适度的压力，让自己兴奋的最佳竞技状态。相反，如果不紧张、没压力感，则不利于出成绩。可见，适度的压力对挖掘自身的内在潜力资源是有正面意义的。

有一位经验丰富的老船长，当他的货轮卸货后在浩瀚的大海上返航时，突然遭遇到了巨大的风暴。年轻的水手们惊慌失措，老船长果断地命令水手们立刻打开货舱，往里面灌水。"船长是不是疯了，往船舱里灌水只会增加船的压力，使船下沉，这不是自寻死路吗？"

船长望着这群稚嫩的水手们说："百万吨的巨轮很少有被打翻的，被打翻的常常是船身轻的小船。船在负重的时候是最安全的，空船时则是最危险的。在船的承载能力范围之内，适当的负重可以抵挡暴风骤雨的侵袭。"

水手们按照船长的吩咐去做，随着货舱里的水位越升越高，随着船一寸一寸地下沉，依旧猛烈的狂风巨浪对船的威胁却一点一点地减少，货轮渐渐平稳下来。

这就是"压力效应"。那些得过且过、没有一点压力的人，就像是风暴中没有载货的船，人生的任何一场狂风巨浪都能将其覆灭。而那些时刻认识到"鲇鱼效应"的存在，在生活中适当存有压力，善于保持工作激情的人，是不会轻易被风浪击倒的，反而时刻走在追求成功的道路上。

适度的压力是必要的，但若压力过度的话，不仅不会消除厌倦慵懒的情绪，反而会激发无助、绝望等更为负面的情绪，从而使自己的状况恶化，这就好比将许多鲇鱼放入了沙丁鱼鱼槽中。鲇鱼是食鱼动物，正因为这种特性，加入一条鲇鱼会给沙丁鱼带来压力，从而发生"鲇鱼效应"；然而如果放入大量鲇鱼，这不但不能给沙丁鱼带来游动的动力，反而给它们带来灾难。

对于企业中的个人来说，"鲇鱼"要么是位奖罚分明、雷厉风行的领导，要么是位表现突出、实力强劲的同事，还有可能是位积极向上、富有活力的下属。这些"鲇鱼"的适当存在，都能让其他员工产生向前奋进的动力。久而久之，我们会慢慢发觉，我们也变成了周围人眼中的"鲇鱼"，大家都处在一个良性循环的竞争中。

在当今这个日新月异的社会中，原地不动就意味着退步。若不想落后于他人，那就给自己找条"鲇鱼"吧，保持着适度的压力，并将压力化为动力，我们就会越游越快。

引入"鲇鱼"员工

本田汽车公司的创始人本田宗一郎就曾面临这样一个问题：公司里东游西荡的员工太多，严重影响企业的效率，可是全把他们开除也不现实，一方面会受到工会方面的压力，另一方面企业也会蒙受损失。这让他左右为难。他的得力助手、副总裁宫泽就给他讲了沙丁鱼的故事。

本田听完故事，豁然开朗，连声称赞：这是个好办法。于是，本田马上着手进行人事方面的改革。经过周密的计划和努力，终于把松和公司的销售部副经理、年仅35岁的武太郎挖了过来。武太郎接任本田公司销售部经理后，首先制定了本田公司的营销法则，对原有市场进行分类研究，制订了开拓新市场的详细计划和明确的奖惩办法，并把销售部的组织结构进行了调整，使其符合现代市场的要求。上任一段时间后，武太郎凭着自己丰富的市场营销经验和过人的学识，以及惊人的毅力和工作热情，受到了销售部全体员工的好评，员工的工作热情被极大地调动起来，活力大为增强。公司的销售出现了转机，月销售额直线上升，公司在欧美及亚洲市场的知名度不断提高。

无疑，本田是"鲇鱼效应"的获益者。从那以后，本田公司每年都重点从外部"中途聘用"一些精干利索、思维敏捷的30岁左右的生力军,有时甚至聘请常务董事一级的"大鲇鱼",这样一来,公司上下的"沙丁鱼"都有了触电式的警觉。

【定律链接】给自己找个对手

人类从古至今,总是生活在各种各样的竞争之中,一个人在职场生存和发展,就要有竞争意识,就要有一种比对手做得更好的意识。

如果没有竞争意识,就不会有奋斗和进取的动力,这样的人,终究逃不过平庸和被淘汰的命运。竞争是一种能力,只有在竞争中才能感觉到生命的存在,只有在竞争中才能感觉到自己活得充实而有意义,只有在竞争中才能真正实现自我。

加拿大有一位享有盛名的长跑教练,由于在很短的时间内培养出好几名长跑冠军,所以很多人都向他请教训练诀窍。谁也没有想到,成功的秘密并不在他,而是几只凶猛的狼。

因为这位教练给队员训练的是长跑,所以他一直要求队员们从家里出发时一定不要借助任何交通工具,必须自己一路跑来,作为每天训练的第一课。有一个队员每天都是最后一个到,而他的家并不是最远的,教练甚至想告诉他改行去干别的,不要在这里浪费时间了。

但是突然有一天,这个队员竟然比其他人早到了20分钟,教练知道他离家的时间,算了一下,他惊奇地发现,这个队员今天的速度几乎可以打破世界纪录。他见到这个队员的时候,这个队员正气喘吁吁地向他的队友们描述着今天的遭遇。原来,在离家不久经过一段5公里的野地时,他遇到了一匹野狼。那野狼在后面拼命地追他,他在前面拼命地跑,最后那匹野狼竟被他给甩掉了。

教练明白了,今天这个队员超常发挥是因为一匹野狼,他有了一个可怕的敌人,这个敌人使他把自己所有的潜能都发挥了出来。

从此,这个教练聘请了一个驯兽师,并找来几匹狼,每当训练的时候,便把狼放开。没过多长时间,队员们的成绩都有了大幅度的提高。

敌人的力量会让一个人发挥出巨大的潜能，创造出惊人的成绩，尤其是当敌人强大到足以威胁你的生命时。敌人就在你的身后，只要你一刻不努力，生命就会有万分的惊险和危难。

不论什么方式的竞争，也不论竞争对手是谁，竞争的具体内容怎样，总之，竞争都是为了使自己在感觉和利益上压倒对方、超越对方，在这种压倒和超越对方的竞争中得到心理上的满足，生命才会变得更有意义。

X效率理论：总有一份难以言说的"X"在发挥效力

"X效率"让鲁国取胜

鲁庄公十年的春天，势力越来越强大的齐国为了争得霸主之位，向各诸侯国展开了进攻，希望让他们臣服。鲁国作为一个小国，最早便成了待宰羔羊，迫不得已的鲁庄公不得不作出迎战决定。曹刿得知这件事后请求和庄公一起出战。在长勺交战中，由于曹刿高超的指挥才能，齐军大败，鲁军乘胜追击，一举获胜，一时声名大噪。

曹刿之所以能指挥有方，打赢一场漂亮的仗，主要靠士气。"一鼓作气，再而衰，三而竭。"他们利用第一次击鼓能振作士兵的士气，第二次击鼓时士气减弱，到第三次击鼓时士气已经消失了的原理，在敌方鸣完三鼓后才让自己的士兵出击，此时士兵士气正旺，所以以少胜多，得以全胜。

鲁国胜利的决定因素是士兵的旺盛士气。假如齐国鸣完第一鼓后，鲁庄公不听曹刿的意见，立刻命令自己弱小的兵团去跟齐国庞大的军队交战，那无异于鸡蛋碰石头。可见，士气在战争中是至关重要的。对此，美国经济学家莱宾斯坦于1966年提出的"X效率理论"可作出解释。

莱宾斯坦的 X 效率理论认为，可以计量的生产要素投入并不能完全决定产量。决定产量的除了生产要素的数量外还有一个托尔斯泰所说的未知因素，即 X 因素。就军队的情况而言，这个 X 因素是士气；就企业生产而言，则为内部成员的努力程度。由资源配置最优化引起的效率称为"资源配置效率"，而由这种 X 因素引起的效率就称为"X 效率"，这两种效率同样都会使产量增加。

"X 效率"让一切成为可能

在传统微观经济学中，将企业作为基本决策单位，也就暗含着假定集体与组成集体的个人的行为是一致的。然而这种假设是难以成立的，在当代企业中，所有权与经营权是分离的。经营者从自己的利益出发，其行为在所有者看来可能会背离企业的经营目标。而且，人的利己与惰性也会导致企业内所有者与经营者、经营者与工人之间的不协调，从而出现个人行为与集体行为的差异。也正是由于这种不一致，才使得 X 因素有了发挥的空间。

在相同的宏观环境下，规模相当的两个企业在投入一样的情况下，组织清晰、权责明确且管理有效的那个企业，肯定会比结构混乱、管理不善的企业产出多得多，这种差额就是 X 效率所产生的。

由于信息的不完全性，企业成员与企业之间的契约也是不完全契约。就工资和奖金来说，如果我们无论干什么工作，干多少，只有一两千块钱的工资，那么人的积极性就会受挫，会出现"反正我干多少都是这么点工资，与其累着自己，还不如少干点"的心理，这种心理的滋生，就会使整个企业的 X 效率降低。相反，如果在某项业务上领导承诺，达到多少万的业绩可以给员工多少提成或多少奖励来刺激他们的积极性，那么作为个体的员工就会考虑自身利益最大化，从而积极投入工作，企业的效益也会增加。

可见，内部刺激不足，外部刺激减弱，甚至人际关系紧张，都会削弱个人的努力程度。如果这些因素影响了企业内部每个人的努力程度，企业就会出现 X 低效率的情况。在激烈的市场竞争中，每个企业若想做到"鹤立鸡群"，就必须使每个员工都创造出 X 效率；若想在人才济济的人事竞争中脱颖而出，就必须充分发挥自己身上所拥有的 X 因素，创造出更多的 X 效率。

对于个人来说，X 因素就是除自身实力外的其他影响你发挥能力的因素。比如，一个自信的人总是离成功很近，此时的"自信"便是那个 X 因素；沉着冷静，往往能让你比对手抓住更多的机会，此时的"沉着冷静"也是那个 X 因素；百折不挠，才能创造更多的惊喜，这种"百折不挠"的精神当然也是 X 因素。总之，一个人身上所有的良好素养，都会成为助你成功的 X 因素。

无论对于个人、企业，甚至是国家，X 效率的存在，使得一切皆有可能。实力虽不能决定一切，但仍然有着重要作用，如果你实力还不够强大，就更需要注意自己所拥有的那些 X 因素，合理地发挥出它们的效用，你同样也能创造出奇迹。

【定律链接】X 低效率产生的原因

X 低效率是怎么产生的呢？主要有以下几点原因：

（1）由于企业的文化氛围因素，使企业对成员的监督成本很大。

任何单位都有自己的文化氛围，小到一个家庭的和睦，大到一个学校或者一个民族的责任感和自豪感，这种文化氛围的潜移默化对组织的效率具有不明显但又重大的作用。

企业文化的核心有两个：一个是整合目标，即把个人目标整合到企业目标中；另一个是塑造共同的价值观，即让成员们有共同的价值取向和信念追求。价值观也是在变化的，例如服饰风尚的变化、人们对金钱的观点的变化等。

（2）由于人的因素，企业难以实现成本极小化。

例如，企业内部对边角废料的利用，如果没效率，则是 X 低效率。

（3）由于企业中人的因素，导致大量的本来可以利用的机会没被利用，造成 X 低效率。

例如，如果企业在职责分明的同时凝聚力强，员工能主动为企业争取机会、献计献策，则可以通过提高 X 效率来使产出逼近最大产出；如果企业人心涣散，劳资对立，大家都只管拿工资，都不关心企业发展，则必然带来 X 低效率。

（4）由于组织结构的问题，使企业难以充分调动每个人的积极性。

从企业规模的发展过程看，从家族式企业、合伙式企业向职能分明的组织结构的发展充分证明了，要调动员工的积极性，企业的组织结构一定要设置合理，约束适度，有集权有分权，不然不能充分发掘内部潜力，造成 X 低效率。

总而言之，由于人和人行为目标的不一致，从而使得成本增加、积极性弱化等，最终导致了 X 低效率。

艾奇布恩定理：不要把摊子铺得过大

规模经济才是经营的最好选择

经营管理企业，小有小的好处，大有大的难处。企业在做大的过程中，难免会出现管理瓶颈，艾奇布恩定理正是反映了这一问题。艾奇布恩定理是指，如果你遇见员工而不认得或忘了他的名字，那你的公司就太大了点。摊子一旦铺得过大，就很难把它照顾周全。

如果让经济学家来看待规模问题，他们会引入一个经济学上更通俗的名词：规模不经济。按我们一般的理解，企业当然都希望规模越大越好，然而，经济学却认为，规模并不是越大越好。

虽然规模的扩大能够在一定程度上节约成本，优化资源配置，使企业的长期费用呈下降趋势，但规模的盲目扩张却也面临着规模不经济的风险。

　　我国调味品行业中某知名民营企业老总是一个思维敏捷、做事干练的企业家，短短几年时间，公司就由一个小作坊发展到千余人的中型企业。面对大好形势，当地领导和专家都建议他抓住机会，扩大规模，取得规模优势。于是他经过近一年的投资拼搏，使企业规模几乎翻了一番，但公司的经济效益却有所下降。公司老板感到困惑：不是说规模经济吗？为什么到我这里就显示不出规模效益，反而出现规模不经济呢？

　　实际上，这不是一个人的困惑，许多人都面临同样的困惑。规模的扩大，可能让公司生产成本提升，如必须新增大量人工成本、增加营销管理费用来支撑更大的销售规模，由于需求走高使原材料供给出现紧张导致采购价格上涨，信息传递费用增加等，从而使企业走向规模不经济。

　　一个企业的生产规模可以在短时间扩大，但管理却是一个循序渐进的过程，不可能在短时间内有较大的飞跃。管理学家弗兰克·奈克有一句经典论述："在处理和管理复杂事物中，企业家的能力显然是有极限的。"这种解释的一个前提条件是大企业必定比小企业复杂，企业规模的扩大，导致经营管理上的极限。也就是说，企业规模的扩大，必然伴随组织规模的扩大；组织规模的扩大，必然伴随企业人员的增加；人员的增加，又必须伴随管理层次的增加。此时，如果企业管理方式、管理手段没有跟上，仍然沿用过去的经验和方法，那么，企业管理的效率就会下降，给企业带来管理成本的上升，致使企业管理的总成本增加，产生规模不经济。

　　有很多企业，成本降不下来，效率上不去，一个重要的原因就在于没有实现适度规模。亚伦·艾奇布恩提出的"艾奇布恩定理"，就是为了提醒人们注意规模。显然，他衡量一个公司是否超过应有规模的标准，就是你是否能够记住每一名员工的名字。这或许更多的是一种西方式幽默，然而，艾奇布恩提出的定理却一直在提醒每一位成功的管理者：把自己的摊子照顾周全，否则，就不要铺得过大。

积微成巨才是王道

贪大是创业者的常见"病症"之一。贪大有两个含义：一是贪规模，也就是说，尽管是在起步阶段，也尽可能地将摊子铺大；二是贪大利，在很多创业者眼里，小利润从来都不被看上眼，认为只有捕捉到鲸鱼才是真正的出海。殊不知，以新创企业那么瘦小的身板，即使是捕捉到鲸鱼，也有可能被噎死。

阿里巴巴和淘宝网是中国最成功的电子商务网站。探究它们成功的秘诀，就在于创始人着眼于小利来设计企业的发展战略，抓住小利，而不是将企业的未来押在大利上。

在一次名人访谈节目中，博鳌亚洲论坛秘书长龙永图问了马云一个问题：你（阿里巴巴）现在供应商当中有多少是中小企业？马云的回答令龙永图有些吃惊："我们现在整个阿里巴巴的企业电子商务有1800万家企业支持会员，几乎全是中小企业，当然沃尔玛也好，家乐福也好，海尔也好，甚至GE都在我们这儿采购，但是我对这些企业一点兴趣都没有。"龙永图笑着说："难怪人家说你是狂人，口出狂言。"在场的人们显然都不太相信马云的大话。怎么可能会有对大客户不感兴趣的企业呢？马云不慌不忙地解释道："我只对我关心的人感兴趣。我对中小型企业感兴趣，我就盯上中小型企业，顺便淘进来几个大企业，它不是我要的。就像你刚才讲，龙（龙永图）先生不购物，网上不购物，我一定没有吃惊。但有一样，我坚信一个道理，有的人喜欢在海里抓鲨鱼、抓鲸鱼，我就抓虾米。我相信是虾米驱动鲨鱼，大企业一定会被中小型企业驱动。所以我那时候就想企业在工业时代是凭规模、资本来取胜，而信息时代一定是靠灵活快速的反应。我唯一希望的就是用IT、用互联网、用电子商务去武装中小型企业，使它们迅速强大起来。"

从这段对话中，我们了解到马云把大企业比做"鲸鱼"，把小企业比做"虾米"，阿里巴巴只对虾米感兴趣，它的主要客户是小虾米而不是鲸鱼。马云之所以盯紧"小虾米"，眼里只有"小虾米"，其实是因为他对中国中小企业，以及阿里巴巴自身的成长经验的了解。

关于这一点，马云讲了一个故事：

2003 年的冬天，他到沈阳去看市场，顺便见了两个客户。其中一个客户见了他就拉着他的手说："我真想把你像佛一样供起来。"马云奇怪地问："怎么了？"原来，那位客户的生意多亏了阿里巴巴。客户在 2003 年一共有 60 个客户，58 个是从阿里巴巴来的。马云好奇地问他："你是做什么生意的？"客户回答说："我们企业很小，我们是做标牌生意的。"马云自小生长在私营中小企业发达的浙江，从最底层的市场一路摸爬滚打过来，深知中小企业的困境——被大企业压榨、控制。"例如市场上一支钢笔订购价是 15 美元，沃尔玛开出 8 美元，但是1000 万美元的订单，供应商不得不做，但如果第二年沃尔玛取消订单，这个供应商就完了。而通过互联网，小供应商就可以在全球范围内寻找客户。"

马云要做的事就是提供这样一个平台，将全球的中小企业的进出口信息汇集起来。"中小企业好比沙滩上一颗颗石子，但通过互联网可以把一颗颗石子全粘起来，用混凝土粘起来的石子们威力无穷，可以与大石头抗衡。互联网经济的特色正是以小搏大、以快打慢。""我要做数不清的中小企业的解救者。"另外，马云还考虑到，因为亚洲是最大的出口基地，阿里巴巴以出口为目标，帮助全国中小企业出口是阿里巴巴的方向，他相信中小企业的电子商务更有希望、更好做。

电子商务要为中国中小企业服务，这是阿里巴巴的战略。在马云的眼里，小虾米并不小，他们集中起来可以形成很强大的力量，他只注重虾米的世界。

小利照样能够赢得巨额利润。古人云："不积跬步，无以至千里；不积小流，无以成江海。"在创业的过程中，很多梦想"一夜暴富""一口吃成胖子"的人没有达到目的，而那些独辟蹊径、不嫌小钱的人，却赢得了成功。从企业发展的角度来考虑，利润的薄厚不是关键，关键在于企业能否长久赢利。因此，抱定"莫以利小而不为"的经营理念，一定能成为"积微成巨"的大赢家。

【定律链接】格兰特公司的没落——看重实力，不要看重规模

威廉·格兰特算得上美国商业史上的"少年英雄"，他白手起家创立的格兰特公司，由小本经营起步，发展成为美国屈指可数的大企业。

威廉·格兰特生于 1876 年，19 岁时就显示出了自己过人的经营才华，当时他掌管波士顿公司的一家鞋店。

1906 年，格兰特拿出自己的全部资金在林恩市投资 1 万美元开设了第一家日用品零售店。两年后，他在美国其他城市开设了格兰特连锁店。到 20 世纪 60 年代，格兰特的年销售额近 10 亿美元，它跻身于美国知名大企业行列。

值得一提的是，格兰特公司定价策略的运用，是其成功的重要环节。在零售业竞争十分激烈的情况下，格兰特认真研究后，将其经营的日用品价格定位在 25 美分，高于"5 美分店"和"10 美分店"，但低于普通百货公司的价格，而格兰特公司的陈设格局又比廉价的"5 美分店"和"10 美分店"档次高。这一价格定位同时吸引了百货公司和廉价商店的顾客。

但是后来的盲目扩张却使格兰特公司最终走上了没落之路。格兰特公司不断发展连锁店，到 1972 年，公司新开办的商店数量就已经是 1964 年的 2 倍，但利润却没有随规模的扩大而增长。到 1973 年 11 月，格兰特公司的利润只有 3.7%，该年格兰特全年营业额达 18 亿美元，但利润却只有可怜的 8400 万美元，创该公司历史最低。让人遗憾的是，

它并没有放慢扩张的速度，1974 年，格兰特公司的连锁店猛增到 82500 家，是 10 年前的 1000 多倍。与此同时，它的总债务节节攀升，在 143 家银行的债务达 7 亿美元，公司信誉急剧下降。1975 年 10 月，格兰特公司不得不申请破产，使 8 万多员工丢了饭碗，成为美国历史上第二大破产公司，也是美国零售行业中最大的破产公司。

不难看出，有效的扩张可以造就一代企业枭雄，没有节制的扩张可能是一场浩劫的开始。过快的扩张速度，会使企业面临巨大的不确定性。

企业由于在发展的鼎盛时期盲目扩张导致失败的例子不胜枚举，如格兰特、飞龙集团等。企业的高层管理者为了避免盲目扩张给企业带来灾难，在决策时应该深思以下问题：

(1) 企业何去何从。

(2) 资金的储备能支撑企业走多远。

(3) 人力资源能否跟上。

(4) 市场的容量有多大。

(5) 竞争对手的竞争策略如何。

(6) 与原材料供应商的合作如何。

(7) 公司现在的盈利能力和生命力怎样。

(8) 股东的承受能力。

(9) 管理方面有无经验。

如果以上诸多因素都对企业有利的话，才能考虑扩大企业规模，否则，盲目的扩张只会给企业带来巨大的损失。

格乌司原理：在竞争中找准自己的"生态位"

生存就要做好"生态位"的定位

俄罗斯人格乌司将一种叫双小核草履虫和一种叫大草履虫的生物，分别放在两个相同浓度的细菌培养基中，几天后，这两种生物的种群数量都呈S形曲线增长。然后，他又把它们放入同一环境中培养，并控制一定的食物，16天后，双小核草履虫仍自由地活着，而大草履虫却已消逝得无影无踪。经过观察，并未发现两种虫子互相攻击的现象，两种虫子也未分泌有害物质，只是双小核草履虫在与大草履虫竞争同一食物时增长比较快，导致大草履虫死亡。

接着，格乌司又做了相反的一种实验。他把大草履虫与另一种袋状草履虫放在同一环境中进行培养，结果两者都能存活下来，并且达到一个稳定的平衡水平。这两种虫子虽然竞争同一食物，但袋状草履虫占用的恰恰是不被大草履虫需要的那一部分食物。

这就是一种"生态位"现象。大自然中，存在者都有自己的"生态位"：亲缘关系接近的、具有同样生活习性的物种，不会在同一地方竞争同一生存空间。若同时在一个区域，则必有空间分割，即使弱者与强者共处于同一生存空间，弱者仍然能够很容易地生存下来。没有两种物种的生态位是完全相同的。物种在食物依赖上完全不同，有吃肉的就必有吃草的，吃肉吃草的分时供应；狮子白天显威，老虎傍晚横行，狼深夜觅食等等。人们把格乌司的这种发现称为"格乌司原理"。

一个物种只有一个"生态位"，但这并不排斥其他物种的侵占。商业竞争也一样，企业的产品在刚开始进入某个特定市场时，往往没有竞争对手，形成竞争前"生态位"。但是，只要市场是开放的，很快就会有其他竞争者大举进入该市场，形成"生态位"的部分重叠。如果市场容量足够大，大家尚能暂且相安无事，但随着市场份额的相对缩小，竞争就会日趋激烈。这时，企业无论大小强弱，都要像狮子与羚羊一样训练快速奔跑，否则你就会被"吃"掉。

竞争能带来活力。对于个人，大家在你追我赶的激烈追逐中能共同获得迅速的进步；同样，企业的活力也往往来源于竞争的威胁。商家之间的竞争，不但会促使其改善服务与提高产品质量，往往还会使其做出调整管理结构的举措，从而保持长久的竞争力。消费者们往往会在竞争中享受到降价以及服务与产品质量提高的实惠；经营者也会因消费增长而获得更多的利润。竞争不但激发了企业的商业创新能力，还有效提升了企业的生存能力。

在竞争中，无论企业还是个人，强者与弱者的结合，才是对自己"生态位"的高度发挥。老虎是强者，但由于人们对其生存环境的开发，使得其数量越来越少；而被视为弱者的老鼠，虽然时刻都面临着被人类迫害的命运，但还是到处都有。因为老鼠的"生态位"没有发生根本的变化，使得它可以避开老鼠药和人们的棍棒而生存。

同样，衡量企业成功的标准是生存，而不是强大。事实证明，世界上的好企业都是百年不衰的企业。做企业不是"百米冲刺"，而是"马拉松赛跑"。能生存就是好企业，偏离自己的"生态位"去做强者的企业，那注定是"昙花一现"。

个人的"生态位"也是指人的生存与发展环境，这不但包含自然环境，还包括由文化、观念、道德、政策等组成的社会环境。每个人都必须找到适合自己的"生态位"，即根据自己的爱好、特长、经验、社会资源等，确定自己的位置。看清楚自己目前所处的"生态位"，再给自己一个合适的定位，这样方能"到中流击水，浪遏飞舟"！

定位决定市场成败

第一次世界大战以后，美国的年轻人习惯在嘴上叼着一支香烟以表示沮丧的情绪，同样也包括许多女青年。众所周知，香烟是男人的专利品。

开发女士香烟被莫利普·莫里斯公司认为是一个千载难逢的机会，他们决心从女士的腰包里大捞一笔。很快，人们在各种媒体上频频地看到这样的广告：娇丽的女郎叼着香烟吞云吐雾。有幸被叼在她们嘴上的，就是莫利普·莫里斯公司的杰作：万宝路香烟。

制作那些广告花了不少钱，公司里很多人为此感到不安，但经营层信心十足："大家不要担心，不出一年，万宝路一定会打开市场，到时候我们就等着数钱吧！"

但事实上呢？1年，2年，10年，20年，万宝路的包装换了好几回，广告中的佳人也换得更加靓丽，但不知道为什么，经营者们心目中的热销场面始终未曾出现。大家都不明白其中的原因。是质量不过关吗？万宝路在制作过程中，从选料到加工，始终把好质量关，选取优质的烟草，精心处理，万宝路是不折不扣的高品位香烟啊，绝对不会辜负姑娘们的红唇。是价格太高吗？在美国国内的香烟市场上，万宝路的价格，对于大众烟民来说都是可以接受的。

20年后的一天，公司一位高层管理人员脑中极其偶然地闪过一个念头："是不是我们的市场定位出现了问题呢？"他们当即请来广告策划专家，给万宝路把脉诊断。一番望闻问切后，专家也认为是定位出了问题，并当即指出，应该抛弃坚持了20年的广告定位，另起炉灶。一个宣传了20年的品牌要割舍，肯定是一件痛苦的事情，抛开感情不说，仅花掉的钞票就让人心痛不已。但为了走出20年的低谷，公司经营层终于同意了专家的意见。

一个全新而又大胆的创意诞生了：以富有阳刚之气的美国男子汉形象来代替原来的娇俏女郎。广告公司费了很大的周折，在西部一个偏僻的农场找到一个"最富男子汉气质"的牛仔，并让他出演万宝路广告的主角。新广告于1954年推出，立即引起了烟民的狂热躁动，他们争相购买万宝路，要么叼在嘴上，要么夹在指尖，模仿那个硬汉的风格。万宝路的销售额也直线上升，新广告推出后的第一年，销售额就增加了3倍，万宝路一举成为全美十大香烟品牌之一。

在经营中，定位决定市场成功。定位就是要让自己进入消费者的大脑，让消费者对你的产品有个清晰的了解。这一理念，多年来一直影响着美国乃至世界企业的市场营销战略。

企业在全面了解、分析目标消费者、供应商需求的信息，以及竞争者在目标市场上的位置后，再确定自己的产品在市场上的位置及如何接近顾客，这样才能使营销获得最大限度的成功。

总的来说，企业要做出正确有效的定位，往往需要遵循一定的步骤：

1. 确定定位层次

确定定位层次是定位的第一步，就是要明确所要定位的客体，这个客体是行业、公司、产品组合，还是特定的产品或服务。

2. 识别重要属性

定位的第二步是识别影响目标市场顾客购买决策的重要因素。这些因素就是所要定位的客体应该或者必须具备的属性，或者是目标市场顾客具有的某些重要的共同特征。

3. 绘制定位图

在识别出了重要属性之后，就要绘制定位图，并在定位图上标示出本企业和竞争者所处的位置。一般都使用二维图。如果存在一系列重要属性，则可以通过统计程序将之简化为能代表顾客选择偏好的最主要的二维变量。定位图选择的二维变量，既可以是客观属性，也可以是主观属性，还可以是将两者结合起来的。但无论是选择主观属性，还是客观属性，都必须是"重要属性"。

4. 评估定位选择

里斯和屈劳特曾提出三种定位选择。一是强化现有位置，避免正面打击冲突。二是寻找市场空隙，获取先占优势。三是竞争者重新定位，即当竞争者占据了它不该占有的市场位置时，让顾客认清对手"不实"或"虚假"的一面，从而使竞争对手为自己让出它现有的位置。

5. 执行定位

定位最终需要通过各种沟通手段如广告、员工的着装和行为举止以及服务的态度、质量等载体传递出去，并为顾客所认同。

【定律链接】市场定位准确是品牌成功的关键

奇瑞 QQ 是现代都市的一道亮丽的风景线，它之所以能迷倒这么多人，与它对市场的准确定位分不开。

奇瑞 QQ 的目标客户是收入并不高但有知识、有品位的年轻人，同时也兼顾有一定事业基础、心态年轻、追求时尚的中年人。一般大学毕业两三年的白领都是奇瑞 QQ 潜在的客户，人均月收入 2000 元即可轻松拥有这款轿车。

许多时尚男女都因为 QQ 的靓丽、高配置和优良的性价比而把这个可爱的小精灵领回家，从此与 QQ 结成快乐的伙伴。

为了吸引年轻人，奇瑞 QQ 除了轿车应有的配置外，还装载了独有的"I—say"数码听系统，成为"会说话的 QQ"，堪称目前小型车时尚配置之最。

据介绍，"I—say"数码听是奇瑞公司为用户专门开发的一款车载数码装备，集文本朗读、MP3 播放、U 盘存储等多种时尚数码功能于一身，让 QQ 与电脑和互联网紧密相连，完全迎合了离开网络就像鱼儿离开水的年轻一代的需求。

在产品名称方面，QQ 取自网络语言，意思为："我找到你。"如此一来，就使得"QQ"突破了传统品牌名称非洋即古的窠臼，充满时代感的张力与亲和力，同时简洁明快，朗朗上口，富有冲击力。

在品牌个性方面，QQ 被赋予了"时尚、价值、自我"的特质，在消费群体的心理情感中注入品牌内涵。

　　企业通过品牌定位有效地建立品牌与竞争者的差异性，所以在消费者心中占据一个与众不同的位置。在产品越来越同质化的今天，要成功打造一个品牌，品牌定位已是举足轻重。

　　品牌的市场定位，就是要确定企业的品牌情感到底是要凝聚在谁的身上。对于大多数做产品的企业来说，这种品牌情感一定是落在需要你产品的那群消费者身上。如果说你的品牌情感不是建立在需要你产品的那群人身上，而是在另外的群体身上，那么你的品牌就没有价值了。

　　为此，你需要做到以下几点：

　　第一，找准自己的品牌所面向的人群，比如儿童、青年人等。

　　第二，着重向目标群体进行宣传。

　　第三，务必使自己的产品符合你所定位的那个群体的要求。

诚信法则：人无信不立

贩卖诚信等于贩卖自己

　　经济学非常注重诚信，"人无信不立，业无信不兴"。诚信的本义就是要诚实、诚恳、守信、有信，反对隐瞒欺诈，反对假冒伪劣，反对弄虚作假。诚信虽然归属于道德范畴，但同时也是市场经济得以运行的基石。晋商成功靠的就是"诚信"两个字。八国联军进北京后，晋商在北京的票号被毁，账本库存全无，但票号对持有存单的人全部照付，不惜血本保信用。古人云："无诚则有失，无信则招祸。"如果厂商失去诚信，不仅坑害消费者，最终也会为自己招致祸端。那些践踏诚信的人也许能得利于一时，但终将作茧自缚，自食其果；那些制假售假者，或欺蒙诈骗者，则往往在得手一两次后，便会陷入绝境，导致人财两空。

诚信的巨大作用在几千年前就被我们的祖先提出了。在今天，诚信依旧发挥着巨大的作用。要知道，所有的商业声誉都建立在诚信的基础上，今天，由于信息传输更快、更难以捕捉，声誉也就更容易丧失，所以，诚信比以往任何时候都显得更为重要。

在市场经济的今天，"假"可谓是一个比较时髦的字眼。官员造假数字，商人造假产品，学校卖假文凭，诚信受到极大冲击。恢复诚信，重建信任关系，已成为市场经济成败的关键。市场经济归根结底是以诚信为基础的。西方有句谚语说，你能永远骗少数人，也能暂时骗所有人，但你不能永远骗所有人。

一对夫妻开了家烧酒店。丈夫是个老实人，为人真诚、热情，烧制的酒也好，人称"小茅台"。有道是"酒香不怕巷子深"，一传十，十传百，酒店生意兴隆，常常供不应求。为了扩大生产规模，丈夫决定外出购买设备。临行前，他把酒店的事都交给了妻子。几天后，丈夫归来，妻子说："我知道了做生意的秘诀。这几天我赚的钱比过去一个月赚的还多。秘诀就是，我在酒里兑了水。"丈夫给了妻子一记重重的耳光，他知道妻子这种坑害顾客的行为将他们苦心经营的酒店的牌子砸了。"酒里兑水"的事情被顾客发现后，酒店的生意日渐冷清，最后不得不关门了。

如今，诚信被越来越多的人看重。诚信是为人之道，是立身处事之本，是人与人相互信任的基础。诚实守信作为职业道德，对于一个行业来说，其基本作用是树立良好的信誉，树立值得他人信赖的行业形象。它体现了社会承认一个行业在以往职业活动中的价值，从而影响到该行业在未来活动中的地位和作用。

假的真不了，真的假不了

在现代经济社会，即使一个企业拥有雄厚的资本实力和现代化的机器设备，有誉满全球的品牌优势，建立了很好的采购和销售网络，并且有一支高素质的员工队伍和高学历的管理者队伍，但如果它在财务报表、商品和服务上做假，欺骗投资者和客户，丢掉了信用资本，就没有银行愿意给他贷款，企业的股票、债券和商品就没有人买。合作者和客户没有了，所有物力资本和人力资本就都失去了它的意义，企业必然会陷入困境。

2008 年的"三鹿奶粉"事件震惊全国，从层层剥开的真相来看，令人震惊的是一些企业商业道德的沦丧。

河北三鹿集团生产的婴幼儿奶粉价格低廉，是广大处于中低层经济水平家庭的育婴首选产品。但是，为了节约成本、牟取暴利，三鹿集团选择了添加大量廉价"大豆蛋白粉"的奶源，而这些所谓的"大豆蛋白粉"实为伪造蛋白质的化学原料三聚氰胺。实验表明，三聚氰胺会影响人体泌尿系统，可能导致泌尿系统结石。很多婴儿就是食用了含有三聚氰胺的奶粉而得了结石。据新华网报道，三鹿集团从 2008年 3 月份开始就陆续接到一些食品安全的投诉，却置众多婴幼儿的生命健康于不顾，继续生产"毒奶粉"，直至同年 9 月份该事件被大规模曝光，才停止生产。据不完全统计，全国共有 5.3 万儿童因食用添加三聚氰胺的奶粉中毒，其中 4 人死亡，1200 多人住院观察。

通览"三鹿奶粉"事件中企业的表现，他们有见利忘义的冲动，有明知故犯的侥幸，有心知肚明的"默契"，就是没有起码的道德良知。这种行为重创了奶制品行业，更重创了社会的诚信机制。

诚信是社会契约的前提，道德是商业文明的基石。作为人们共同的行为准则和规范，诚信是构成社会文明的重要因素，也是维系和谐人际关系、良好社会秩序的基本条件。如果诚信缺失、道德败坏、是非不分、荣辱颠倒，文明底线失守，再好的制度也无法生效，发展也会出问题。

任何经济行为如果忽视其道德价值，任由各利益主体只追求自己的利益最大化，而不惜损害他人的利益，不仅会引发质量危机、责任危机、信用危机，更有可能导致经济生活的全面混乱，祸害整个社会。

如今我们的经济体制有了根本性的转变，市场经济虽然存在竞争，但竞争必须公平。公平就要求人们相互尊重、以诚信为本，尔虞我诈不符合道德要求。市场经济价值取向要求人们具有开拓进取精神，要求人们必须通过正当的经济活动实现人生价值，每个企业都要以诚信作为前提。

【定律链接】诚信的品格往往比能力更重要

人无信则不立，这是千万年来永恒不变的做人之根本。古今中外的人无一不把守信看做是一名君子必备的品质。一个可以为了实现自己许下的诺言，不惜一切代价的人，一定可以获得成功。

戴维森成立了一家玩具公司，由于资金周转不灵，无奈之下，只得向一位好友借了 50 万美元，并答应 2 年后还清。一晃 2 年的时间过去了，戴维森因某些原因仍然无法在短时间内还清好友的借款。戴维森想尽所有办法，用尽各种方法，好不容易筹到了 20 万美元，可余下的 30 万美元他实在无能为力。这可如何是好呢？眼见还钱日期日益接近，戴维森愁得头发都白了许多。他的太太看着十分心痛，便让他向朋友求情，宽限几天还钱的日子或是先开张空头支票，等有了钱再补上。谁知，戴维森非常生气地向太太吼道："这怎么可能！那我成什么了？！"

经过一夜的反复思考，戴维森决定把自己的别墅抵押给银行，希望银行能贷给他 30 万美元，可银行只同意贷给他 27 万美元。无奈之下，戴维森忍痛割爱，将别墅以 30 万美元的超低价出售给可以立即付现的买主，他们一家人则搬到了一处远郊的小平房里。戴维森终于在限期之内还清了好友的欠款。

不久，好友打电话给戴维森，说是周末想到他家聚聚，可没想到被平时非常好客的戴维森一口回绝了。好友很是不解，于是独自前往他家想看个究竟。当好友经过千辛万苦，终于找到戴维森的"新家"

时，立刻惊呆了。当他得知戴维森竟是为了按期还自己的借款才如此时，感动不已。临走时，好友真诚地说："你这么讲信用，以后有事尽管找我。"

后来戴维森重新迈入了成功企业家的行列，此后他的事业一直一帆风顺。每当有人问起戴维森他的成功经验时，他都会深有感触地说："是诚信使我获得了财富，获得了成功。"

诚信是人格的体现，是人类社会平稳发展、人与人和平共处的基础，是人性中最珍贵的部分。一个人失去了诚信，就会失掉别人的信赖，也会因此而失掉成功的机遇。在一个人成功的道路上，诚信的品格往往比能力更重要。

古狄逊定理：聪明主管和笨主管的距离

聪明主管和笨主管的差别

有一天，一个男孩问迪斯尼的创办人沃尔特："你画米老鼠吗？"

"不，我不画。"沃尔特说。

"那么你负责想所有的笑话和点子吗？"

"也不。我不做这些。"

男孩很困惑，接着追问："那么，迪斯尼先生，你到底都做些什么啊？"

沃尔特笑了笑，回答说："有时我把自己当做一只小蜜蜂，从片厂一角飞到另一角，搜集花粉，给每个人打打气。我猜，这就是我的工作。"

童言童语之间，一个亲和的管理者形象不禁映入我们眼帘。相反，美国著名管理学家哈默却为我们提供了这样一个实例：

哈默有一个客户：日常工作时，他除了要自己对外联络外，还要处理公司大大小小的事情，桌子上的公文一大堆，每天都忙得不可开交。

每次到加州出差，哈默都要约他早上6：30见面。他必然会提前3个小时起床，处理公司转来的传真，做完后，再将传真送回公司。哈默曾与他谈论，觉得他做得太多，而他的员工只做简单的工作，甚至不必动脑筋去思考，也不必承担任何的责任与风险。像他这种做法，好的人才不可能留下奉陪到底。而这位客户说，员工没有办法做得像他一样好，只好亲自上阵，忙得焦头烂额。

上面两个故事中，沃尔特和哈默客户的管理风格形成了鲜明对比。沃尔特是一个懂得激励员工，充分授权的领导者，而哈默的客户则是一个不愿信任员工，凡事都要亲历亲为的典型。二者的区别显而易见，而他们二人所处的生活状态自然也大相径庭，沃尔特工作得轻松自如，而哈默的客户却永远忙得团团转而疲惫不堪。

在现实生活中，我们会发现有不少管理者常常忙得焦头烂额，恨不得一天有48小时可用；或者常常觉得需要员工的帮助，但是又怕他们做不好，以致最后事情都往自己身上揽。虽然一个称职的管理者最好是一个"万事通"，但一个能力很强的人并不一定能管理好一家企业。管理的真谛不是要管理者自己来做事，而是要管理者管理别人做事。

这也正是"古狄逊定理"的精髓所在。这个由英国人古狄逊总结出的定理，明确地指出："一个累坏了的主管，是一个最差劲的主管。""古狄逊定理"得到管理界一致认同，成为经典管理定律。

懂得正确授权才是优秀的管理者

有些管理者把困难工作留给自己去做，是因为他们认为别人胜任不了这种工作，觉得自己亲自去做更有把握。即使如此，管理者要做的也不是自己亲自处理困难的工作，而是发现有能力的人去做这些事。

正如有人说，管理者不应是保姆，而应当是教练。教练式的管理者不是大事小事亲力亲为，而是给予下属最大的成长空间，发现并培养得力的下属。当然，要做一名成功的教练式领导，秘诀之一在于合理地授权，毕竟企业的发展壮大不能光靠一个或几个管理者，必须依靠广大员工的积极努力，借助他们的才能和智慧，群策群力才能逐步把企业推向前进。领导者将所属权力的一部分和与其相应的责任授予下属，摆脱能够由下属完成的日常任务，可以使自己专心处理重大决策问题，同时有助于培养下属的工作能力，提高士气。

正确的授权应该包括以下 4 个方面的内容：

（1）要看重员工的长处。任何人都有长处和短处，如果管理者能够着眼于员工的长处，那么他就可以对员工放心大胆地予以任用；如果只看到员工的短处，那么他就有可能由于担心员工的工作而加倍操心，这样，员工的工作积极性必然会降低。作为管理者，不妨在授权的时候让员工真切感受到他对员工的信任感。

（2）不仅交工作，还要授权力。领导者将工作目标确定以后，需要交付员工去执行，此时必须将相应的权力授给员工。一般来说，将工作委托给员工去干，这一点是不难办到的，因为这等于减少自己的麻烦；将权力授给员工，就不那么简单，因为这意味着自己手中的权力被削弱。身为管理者，应该把权力愉快地授给承担相应工作的员工。当然，所授的权力也不是没有边际的。

（3）不要交代琐碎的事情，只要把工作目标讲明白就可以。作为一个领导者，对待员工最忌讳的就是"婆婆嘴"。既然已经授权给下属去做，就不应该再指东指西，使下属无所适从。否则，下属的自主性不易发挥，责任感也随之减弱。

（4）对员工不应放任自流，要给予适当的指导。身为领导者，千万不要以为授权之后就万事大吉了。尽管将权力授予给员工，但责任仍在自己。作为一个领导者，将权力授出之后，还应该对员工进行必要的监督和指导。若是员工走偏了方向，就应该帮助修正；若是员工遇到了难以克服的困难，就应该给予指导和帮助。

做到了这些，员工就会死心塌地跟着领导者打拼，省去领导者很多麻烦。与自己万事亲力亲为相比，哪个更好呢？

【定律链接】事必躬亲或许是管理者最大的错

在生活中，我们常常看到许多公司领导者整天忙忙碌碌，事无巨细地发出详细的命令，员工们为了完成各种文件签字或者命令签署则需要排上长队。实际上，根据麦肯锡的调查，每个人在一天所做的事情中，至少有80%是并不重要的。为什么经理们宁可自己花费时间亲力亲为做一些并不重要的事情，而不授权给手下人做呢？这是因为他们不懂得授权的艺术。

授权就是将权力授予其他人，使其完成特定的任务，它将决策的权力从组织的一个层级移交至一个更低的层级。如果管理者想使工作落实得更有成效，就必须向下属授权。

诸葛亮在上后主的《自贬疏》中写道："街亭违命之阙，箕谷不戒之失，咎皆在臣授任无方。"诸葛亮忠心耿耿辅助阿斗，日理万机，事必躬亲，乃至"自校簿书"。其对手司马懿一次接见诸葛亮的使者，问诸葛亮身体好吗，休息得怎么样。使者对司马懿说，诸葛亮"夙兴夜寐，罚二十以上，皆来览焉，所敢食不至数升"。使者走后，司马懿对人说："孔明食少事烦，其能久乎！"果然不久，诸葛亮病逝军中，蜀军退师。诸葛亮为蜀汉"鞠躬尽瘁，死而后已"，但蜀汉仍最先灭亡，仔细分析可知，这与诸葛亮不善于授权不无关系。

西汉著名丞相陈平认为："……宰相者，上佐天子，理阴阳，顺四时，下遂万物之宜，外镇抚四夷诸侯，内亲附百姓，使卿大夫各得任其职也。"作为领导必须学会正确授权。诸葛亮为蜀汉丞相，工作勤勤恳恳，每日起早睡晚，各种事务都要亲自处理、亲自过问，以致积劳成疾，过早离开人世。

可见，倘若一个管理者"无权不揽，有事必废"，不愿授权，什么都干，那他会弄得自己的工作也做不好，因此，事必躬亲也就成了他最大的错。

从诸葛亮身上，我们可以将阻碍授权的因素归纳为：对下属不信任，害怕削弱自己的职权，害怕失去荣誉，过高估计自己的重要性等等。但问题是：集权就能有效解决问题吗？

"条条大路通罗马"，只要问题能够有效解决，领导大可不必亲自处理烦琐事务，而应授权下属处理。也许在此过程中，下属能够想出更科学、更出色的解决办法。作为领导者的你，也可以不必整天把自己搞得精疲力竭、焦头烂额，而是可以把时间用来做那些更重要的工作，从而提高整体工作效率。